U0829753

面向高等职业院校基于工作过程项目式系列教材
企业级卓越人才培养解决方案规划教材

网络管理与配置

（第2版）

天津滨海迅腾科技集团有限公司　编著

天津大学出版社
TIANJIN UNIVERSITY PRESS

图书在版编目(CIP)数据

网络管理与配置（第2版） / 天津滨海迅腾科技集团有限公司编著. -- 天津 : 天津大学出版社, 2021.7（2024.1重印）

面向高等职业院校基于工作过程项目式系列教材　企业级卓越人才培养解决方案规划教材

ISBN 978-7-5618-7004-4

Ⅰ. ①网… Ⅱ. ①天… Ⅲ. ①计算机网络管理－高等职业教育－教材 Ⅳ. ①TP393.07

中国版本图书馆CIP数据核字(2021)第148398号

WANGLUO GUANLI YU PEIZHI

出版发行 天津大学出版社
地　　址 天津市卫津路92号天津大学内(邮编:300072)
电　　话 发行部:022-27403647
网　　址 www.tjupress.com.cn
印　　刷 廊坊市海涛印刷有限公司
经　　销 全国各地新华书店
开　　本 185mm×260mm
印　　张 15.5
字　　数 399千
版　　次 2021年7月第1版　2024年1月第2版
印　　次 2024年1月第2次
定　　价 59.00元

面向高等职业院校基于工作过程项目式系列教材
企业级卓越人才培养解决方案规划教材
指导专家

周凤华　教育部职业技术教育中心研究所
姚　明　工业和信息化部教育与考试中心
陆春阳　全国电子商务职业教育教学指导委员会
李　伟　中国科学院计算技术研究所
许世杰　中国职业技术教育网
窦高其　中国地质大学（北京）
张齐勋　北京大学软件与微电子学院
顾军华　河北工业大学人工智能与数据科学学院
耿　洁　天津市教育科学研究院
周　鹏　天津市工业和信息化研究院
魏建国　天津大学计算与智能学部
潘海生　天津大学教育学院
杨　勇　天津职业技术师范大学
王新强　天津中德应用技术大学
杜树宇　山东铝业职业学院
张　晖　山东药品食品职业学院
郭　潇　曙光信息产业股份有限公司
张建国　人瑞人才科技控股有限公司
邵荣强　天津滨海迅腾科技集团有限公司

基于工作过程项目式教程
《网络管理与配置》

主　编　李艳坡　何芳原
副主编　王　伟　陈富汗　安敬鑫　王　刚
　　　　　周耀华　李增绪　孙永明　李树真

前　言

随着计算机的普及以及计算机通信技术的不断发展，计算机网络也取得了长足的进步，如今计算机网络已经渗透到社会的方方面面，从日常生活到工业生产，以一种前所未有的方式改变着人们的生活。在这种情况下，计算机网络技术显得尤为重要，其应用型人才需求也不断增加。在计算机网络平台中，交换机、路由器是最为常见的网络设备，这些网络设备的使用也渐渐成了计算机网络的核心技术。

本书从基本的理论出发，由浅入深地讲解计算机网络方面的知识，从基本的历史、概念入手，进而深入学习理论知识和相关协议标准。最后由最基础的诸如制作双绞线、配置路由器、配置 FTP 服务器、综合布线等案例进行讲解，使读者深入理解网络配置的方法。

本书分为 8 个项目，分别是网络配置的基本属性、双绞线接头的制作、TCP/IP 协议查看网络状态、办公室无线局域网的组建、搭建 FTP 服务器、网络设备构建办公网络、Linux 操作系统的网络配置和综合布线项目。循序渐进地讲述了计算机网络的发展历史以及相关的基础知识，使读者了解计算机网络基本协议。通过本书的学习，读者可以掌握计算机网络的基本知识，更加熟练地配置基础的网络设备，掌握基本网络设备的搭建方式，了解综合布线的整体过程、设备选择和测试方法。

本书每个模块都设有学习目标、任务描述、任务技能点详解、任务实施、任务总结、英语角和课后习题。结构条理清晰、内容详细，任务技能点中的知识点可充分应用到实战中。

本书由李艳坡、何芳原共同担任主编，王伟、陈富汗、安敬鑫、王刚、周耀华、李增绪、孙永明、李树真担任副主编，李艳坡和何芳原负责整书统筹。项目一由王伟负责编写；项目二由陈富汗负责编写；项目三由安敬鑫负责编写；项目四由王刚、周耀华负责编写；项目五由李增绪负责编写；项目六由孙永明负责编写；项目七由李树真负责编写；项目八由李艳坡、何芳原负责编写。

本书理论内容简明，任务实施操作讲解细致，步骤清晰，操作以及理论讲解过程均附有相应的效果图，便于读者直观、清晰地看到操作效果。细致学习本书，会使读者更加顺利地对计算机网络的学习，网络管理与配置的能力更上一层楼。

天津滨海迅腾科技集团有限公司
2021 年 6 月

目　录

项目一　熟悉网络配置的基本属性

学习目标

通过学习计算机网络的基础知识，了解计算机网络的相关概念，明白计算机网络是什么，学习计算机网络的功能、分类和应用，更深一步掌握计算机网络的相关知识，掌握三大网络的知识，了解网络安全的现状以及网络安全的发展前景，使我们更加注重网络安全。

- 掌握计算机网络的基本概念。
- 掌握计算机网络的功能。
- 掌握计算机网络的分类和应用。
- 掌握三大网络的相关知识。
- 掌握网络安全的现状和发展前景。

学习路径

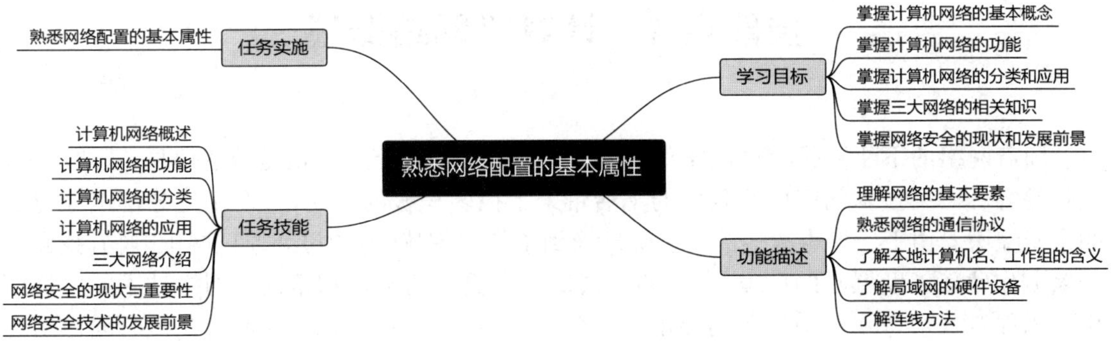

任务描述

【情景导入】

如今，随着互联网（Internet）的发展，人与人之间的沟通、交往、休闲娱乐及商业运作都可以借助互联网来完成，“地球村”这一概念已经成为当今时代具有代表性的词汇。人们之间的距离也随着 Internet 的发展而越来越近，它影响着人们生活的各个方面，也可以说计算机网络极大地改变了人们的生活方式和认知方式。所以理解网络的基本要素有哪些，了解计算机网络的相关概念都变得尤为重要。

【功能描述】

- 理解网络的基本要素。
- 熟悉网络的通信协议。
- 了解本地计算机名、工作组的含义。
- 了解局域网的硬件设备。
- 了解连线方法。

任务技能

技能点 1　计算机网络概述

随着网络的不断发展，网络已经成为人们生活中的一部分，无论是获取信息、获取服务、支付等等。网络技术的应用给我们的生活带来了很多积极的影响，一个学生分享了他母亲的亲身经历。由于一场事故他的父亲腿部受到了伤病困扰，他的母亲通过网上购物，找到了一家制作残障辅助器具的厂家，让他的父亲得到了更好的护理和帮助。网络技术的广泛应用可以促进社会进步和增加人类福祉。在全球网络覆盖的环境下，人们可在短时间内访问网络连接的任何地方，如图 1-1 所示。

图 1-1　全球网络覆盖

1. 计算机网络的产生与发展

1946 年世界上第一台电子计算机被设计研发出来，但这种计算机的数量很少，且价格十分昂贵。所以早期的计算机和计算机互联网，主要就是为了能够有效地解决这些问题而设计产生的，它的核心就是将一台电脑经过通信线路和若干台终端进行直接互联，这一实现方式可以理解为最早的简单局域网。

美国国防部高级研究计划局，简称 ARPA（Advanced Reasearch Project Agency），其商标如图 1-2 所示。

ARPA

图 1-2　ARPA 商标

ARPA 的 ARPAnet 建立了早期的 Internet，ARPAnet 已经深入地研究了许多现代计算机网络的基础概念，如分组交换技术等。ARPAnet 不但对无线、卫星网络的分组交换技术进行研究，还对租用线互联的分组交换技术进行研究。1977 年—1979 年，ARPAnet 研发组和设计组提出了 TCP/IP 设计体系的基本结构与操作协议。从 1980 年开始，ARPAnet 所有的计算机都开始进行 TCP/IP 协议的并行转换，而且以一个 ARPAnct 为其协议主体，建立了最初的 Internet。1983 年，ARPAnet 的全部计算机都已经成功完成了对一个 TCP/IP 的协议转换，在 Unix 上也已经成功实现了一个 TCP/IP。然而，1984 年，美国国家科学基金会（NSF）重新设立了一个国家高等教育社会科学研究信息网络以及 13 个新的国家超级数字计算研究中心，NSFnet 取代了 ARPAnet 的传统地位。之后的 Internet 于 1988 年 9 月开始向所有公众市民提供免费广播电视服务。1991 年的 6 月，在连接到 Internet 的所有计算机中，商务用户数量首次超过了其他学术性的用户，这是 Internet 技术发展历程中的一个里程碑，在此之后 Internet 的发展速度变得一发不可收拾。

观察一下计算机的发展史可以清楚地看出，计算机与大多数其他事物的发展史与现实生活历程相似，它们都经历着由低级到高级，由简单到复杂，由传统的单机向多机转换的过程。在这个过程中，通信技术和电子计算机技术紧密地融合，最后产生了电子计算机的网络。

计算机网络的形成和发展，可以划分为 4 个主要的阶段：面向终端的通信网络阶段、计算机互联网络阶段、网络互联阶段、Internet 与高速网络阶段。

1）面向终端的通信网络阶段

1946 年，世界上第一台电子数字积分计算机埃尼阿克（ENIAC）问世，这是人类历史上的一个里程碑，但当时计算机非常昂贵，并且数量极少。那时候的计算机基本都是采用批量处理的方法。1954 年收发器（Transceiver）正式问世，利用收发器可以实现将穿孔卡片上的信息资料通过计算机和电话接口线路发送到远处。在此之后，电传打字机可以作为一台计算机和远程的终端互联网相连接，用户只需要使用计算机在远处的电传打字机上输入应用程序，计算机所产生的结果就可以直接传送给远处的电传打字机上并且被打印出来，这个应用程序就是目前的计算机互联网络的基本原型，如图 1-3 所示。

图 1-3 计算机网络的基本原型

因为早期的计算机主要是为了实现对网络线路接口进行批量化处理而被设计和制造出来的，因此当一台计算机与远方的终端机器无法正常互联时，需要在这台计算机上重新添加一些连接线路与微控制器的网络接口。但是随着各种遥感器远程数据终端的同时使用，线路数量越来越多，为了尽量避免同时使用一台多种遥感远程计算机或者同时需要使用多个不同线路的遥感控制器，在 20 世纪 60 年代，多重不同线路的遥感控制器应运而生，它们可以和多种遥感数据终端互相连接，这就直接使它构成了目前面向各种遥感远程终端的第一代遥感计算机远程互联网。

第一代单一平台计算机信息网络主要的基本原理：首先是由一台单一的用户计算机与多台不同用户的计算机终端网络相互连接，其次每个平台用户都需要通过平台终端执行命令，并以交互的软件形式来控制一台新的计算机信息系统，最后把单一的平台计算机信息系统网络中的各种信息资源同时分别发送给单一平台的用户。这种运营模式大大提高了网络资源的有效综合利用率，使得计算机用户量迅速不断扩大。

但是第一代计算机网络仍然存在两个主要缺点：第一，主机系统的负荷比较大，系统的响应时间太长；第二，一条无线通信线路只能与一个终端互相连接，通信线路的综合利用率过低。

随后产生了多机连机控制系统，它的一个基本特点就是在主机和通信线路之间分别设置一个前端的处理机，如图 1-4 所示。

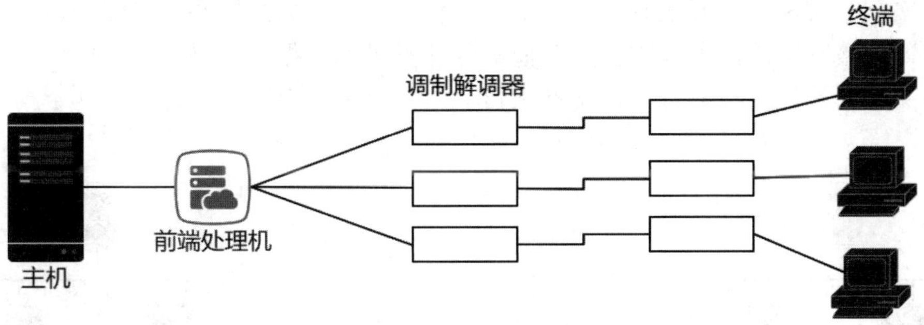

图 1-4　多机连机系统

前端处理机可以承担所有通信任务，提高了处理数据的速度和效率，减少了后端主机的工作量。在遥控远程设备终端比较密集的位置添加一个集中器（Concentrator），其一端采用一条较高速的无线通信线路与主机进行连接，另一端采用低速线路与多台终端进行接口，如图 1-5 所示。

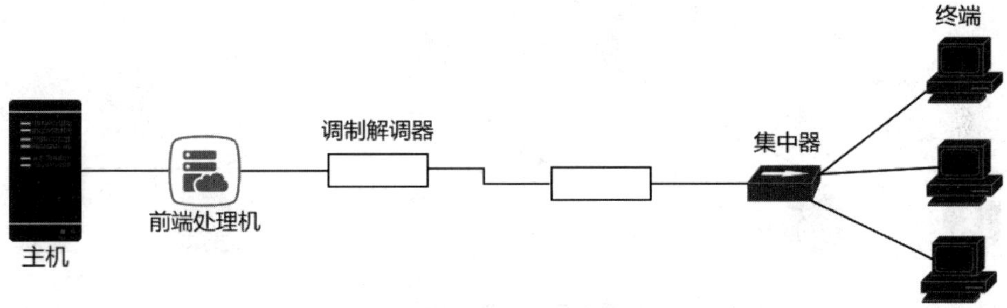

图 1-5　添加集中器

这样就可以实现多台终端同时分享一条无线通信网络，提高了无线通信网络对于线路的综合利用率。多机连机系统的一个典型代表是 1963 年在美国首次投入使用的一种新型航空客运订票服务系统，其核心是位于纽约市的一台大型中央计算机，2 000 个客运售票服务终端已经遍及全国。

2）计算机互联阶段

伴随着移动计算机的发展和普及以及计算机整体价格的下降，出现了许多关于移动计算机互联应用的需求，希望将在不同地点且各个功能独立的移动计算机通过网络或者线路互联起来，彼此之间几乎可以相互传递资料、交换数据等等。效果如图 1-6 所示。

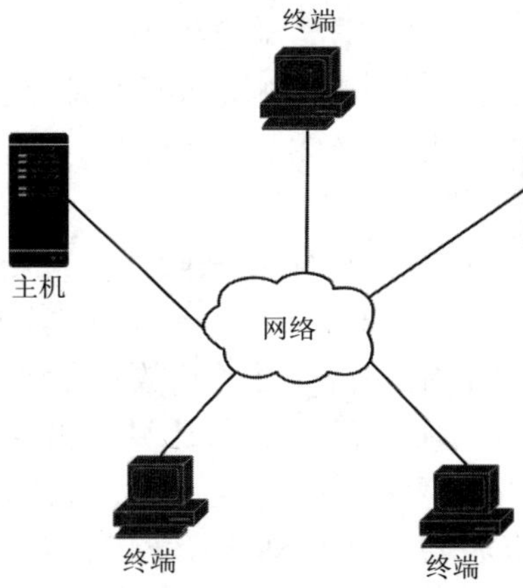

图 1-6　计算机互联

为了实现计算机的数据资源共享，可以使用本地计算机的软件、硬件与数据资源，还可以直接通过连接互联网的方式来使用其他地方计算机的数据资源、软件和硬件。

现在关于计算机网络的许多概念都来自 ARPANET，如图 1-7 所示。

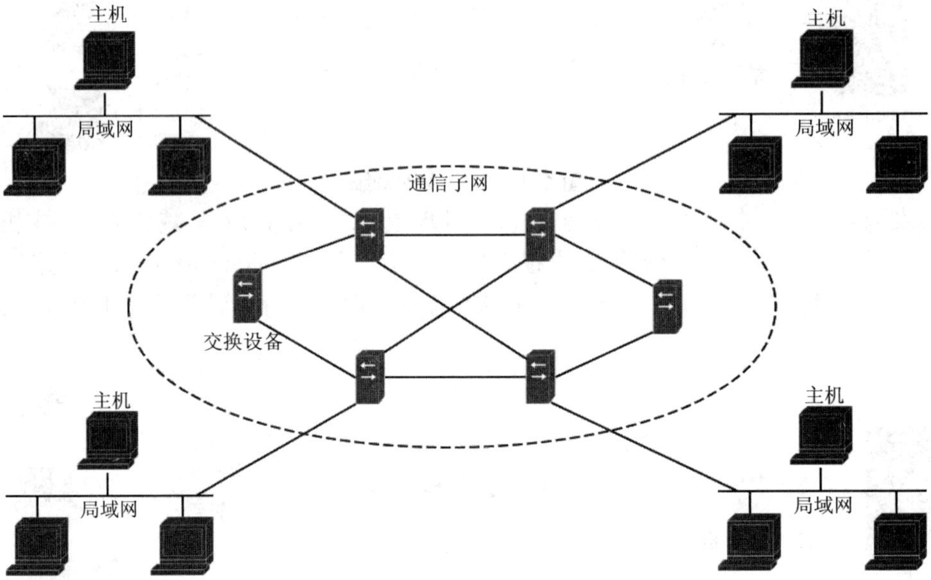

图 1-7 计算机网络

20 世纪 70—80 年代，随着计算机信息网络的广泛普及和快速发展，在原有 ARPANET 网络的基础上，出现了大量的新型计算机信息网络，并且逐渐发展出现了大学校园网、科学技术研究网等实验性的信息网络。

计算机网络发展的第二阶段所取得的成果对推动网络技术的成熟和应用极其重要，所研究出来的网络系统体制结构和网络协议等相关理论成果已经为以后的网络理论的形成与发展打下了坚实的基础，许多网络系统经过适度的修改和充实之后至今还能被广泛使用。目前在国际上应用最广泛的 Internet 便是从 ARPANET 这个概念出发并且开始进一步发展的。

但是，20 世纪 70 年代后期，人们已经清楚地意识到当时计算机互联网在技术发展中可能会出现的一个主要问题，即网络体系结构和协议标准不完全统一限制了计算机互联网络的发展和应用。网络体系结构和网络协议必然要走国际化、标准化之路。

3）网络互联阶段

计算机网络发展的第三个阶段，就是网络互联阶段。此阶段是加速网络体系结构与协议国际化、标准化的研究与应用的时期。1984 年，经过多年卓有成效的探索和工作，国际标准化组织（ISO）正式研究制定并批准了“开放系统互连参考模型（OSI）”。OSI 已经被世界各地的人们普遍认为是新一代电脑和计算机网络技术标准的研究与开发的理论依据。OSI 标准将各种不同的网络之间互连、相互通信转换为现实，从而实现了在更大程度上覆盖全球的计算机资源共享。1989 年，我国在《国民经济体系设计与应用标准》中明确选择了 OSI 标准，以此作为我国互联网建设的标准。阿帕网于 1990 年 6 月退役。随之发展壮大起来的 Internet 的覆盖面已经扩大到整个世界，全球各类计算机都能够直接通过互联网设备将其连入到 Internet 上，实现了在全球各地进行数据通信与资源共享。

OSI 和国际标准协议的建立与完善，推动了我国电子计算机技术和网络的健康快速发展。许多大型计算机制造企业已经宣布对 OSI 标准的支持，并且正在积极开发 OSI 标准的产品。各种适用于符合 OSI 和协议标准的远程计算机网络、局部计算机网络与城市地区计算机网络已开始广泛应用。随着科学技术的进步，OSI 的标准将不断提高。

4）Internet 与高速网络阶段

目前，计算机网络的建设仍然处于第四阶段。在计算机网络的发展过程中此阶段是拥有属性互联、快捷、智能化、应用更为广泛的时期。互联网已经成为世界各地的信息基础设施之一。对于用户而言，互联网作为一个巨大的远程计算机网络，用户已经可以直接通过互联网完成世界范围内的数据传输、信息查询、电子邮件、语音和视频通信等各种服务。事实上，互联网本身就是一个新型的国际网络，它用这种网络相互连接设备来连接许多遥控网络和局域网，如图 1-8 所示。

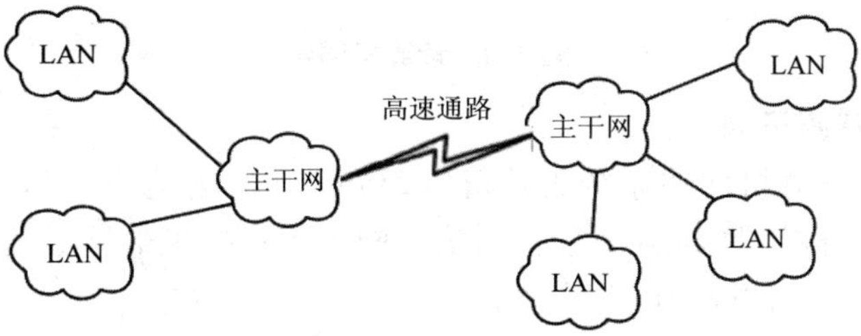

图 1-8　高速网络

随着我国移动手机互联网的不断普及和快速发展，高速网络与智能网络（Intelligent Network, IN）的发展也引起了人们越来越多的关注和兴趣。高速网络互联化和网络通信技术快速发展的主要类型体现为宽带虚拟综合网络运营网、业务数据网（Broadband Integrated Service Digital Network, B-ISDN）、帧中继、异步数据传送模式（Asynchronous Transfer Mode, ATM）、高速网络局域网、交换型高速局域网和宽带虚拟网络化的高速局域网。

2. 计算机网络的基本概念

计算机网络是一个庞大而强大的网络，它把不同国家和地区的计算机与其他专用外部设备紧密地连接在一起，这样许多计算机就可以十分轻松地进行网络传输，共享各种硬件、软件、数据信息和其他资源。

计算机网络包括连接对象、连接介质、连接控制机制和连接方式。其中“对象”主要是指各种类型的计算机（如大型机、微型计算机、工作站等）或其他数据终端设备；“介质”指通信线路（如双绞线 、同轴电缆、光纤、无线电波等）和通信设备（如桥梁、网关、中继器、路由器等）；“连接控制机制”主要是指网络协议和各种网络软件；“连接方式”主要是指所使用的网络拓扑结构（如星型、环型、总线型和网络型），如图 1-9 所示。

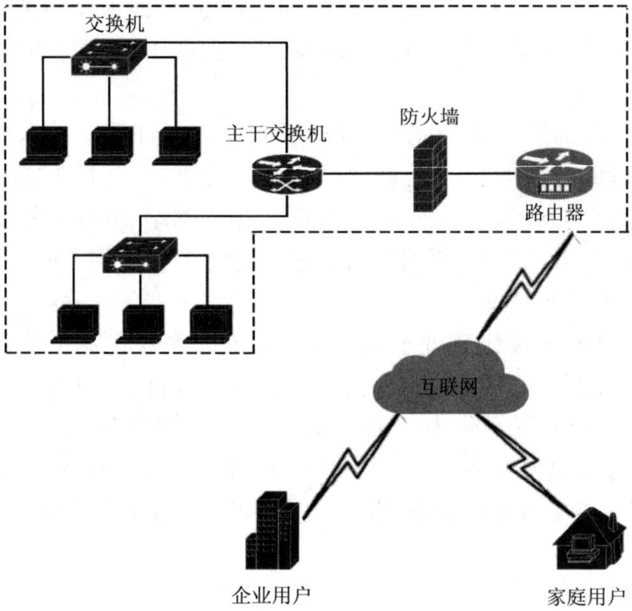

图 1-9 计算机网络

3. 通信子网和资源子网

从功能角度看，计算机网络系统大致可以划分为一个通信子网和一个资源子网。我国现有的计算机网络结构如图 1-10 所示。通信子网为用户提供数据通信的功能，资源子网为用户提供网络服务和资源共享功能。

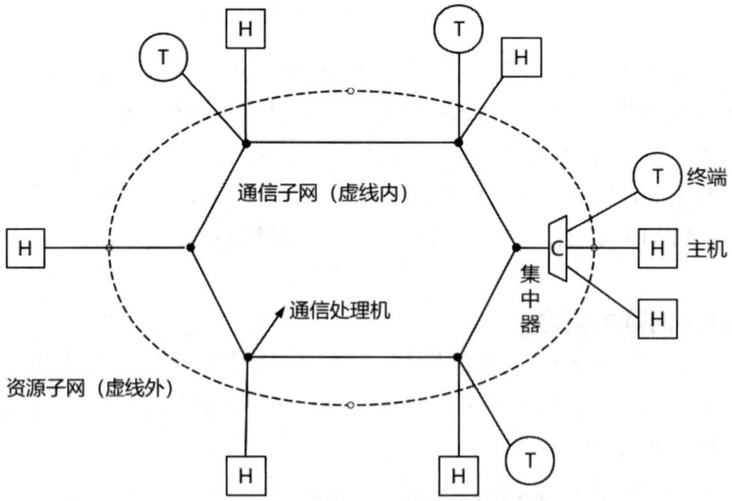

图 1-10 计算机网络结构

1）通信子网

通信子网由通信控制处理机（Communication Control Processor，CCP）、通信线路和其他各种网络通信设备共同组成，主要负责整个网络的数据传输、转发、加工、变换等通信和处理工作。通信线路就是各个网络节点之间进行信息传递的通路。通信控制处理器通常被简称为网络拓扑中的节点。

其主要的功能有两个：第一，作为网络主机和互联网之间的通信接口，负责管理和接收网络主机和互联网之间相互交换的信息；第二，作为一个用于发送信息、接收信息、交换信息和转发信息的互联网通信设备，负责将从一个网络节点发出的信息，选择一条恰当的互联网通信路径发送给用户，完成对信息的交换和转发。通信子网如图 1-11 所示。

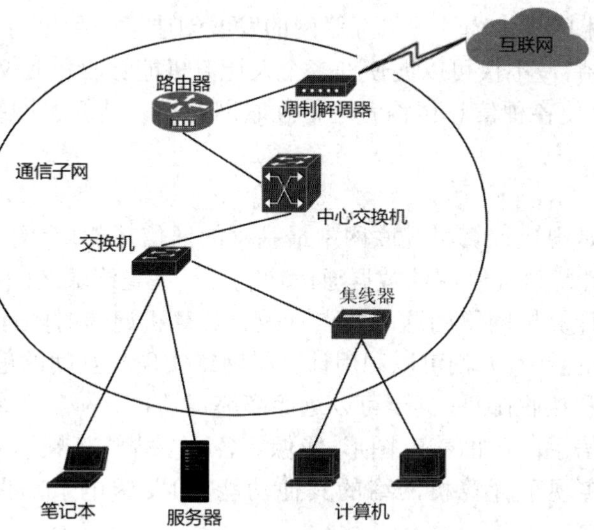

图 1-11　通信子网

2）资源子网

资源子网的主要功能是负责全网数据收集处理和网络运营，为使用者提供所需的网络数据资源和国际网络服务。资源子网主要包括网络主机、终端、控制器、网络外部通信装置、软件资源及网络信息系统资源等部分。

主机系统是资源子网的重要组成部分，它们也可以被认为是主机、中型电脑、小型电脑，或者是局域网中的微型电脑。主机作为软件资源与信息资源共享的所有者，一般由高速线路与通信子网中的各个节点联系在一起。

终端是一个直接面对用户的交互式设备。终端产品种类很多，如交互式终端、显示式终端、智能化终端、图形终端等。

联网外部设备主要是指位于网络系统中的一些小型分布式的可共享网络装置，例如高速数字打印机、测绘分析仪器和一些大容量的固态硬盘。资源子网如图 1-12 所示。

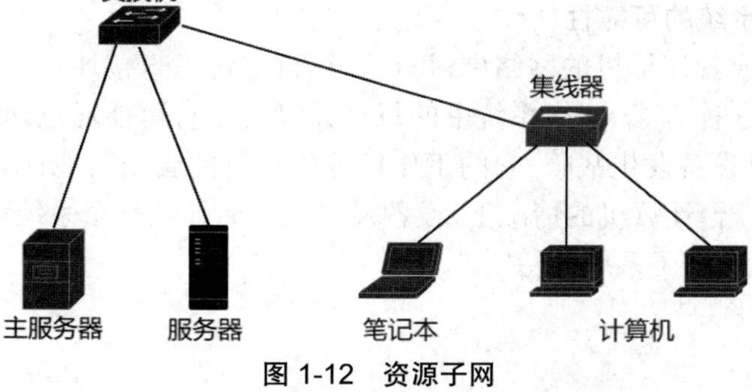

图 1-12　资源子网

技能点 2　计算机网络的功能

社会和科学技术的进步为计算机互联网的发展创造了一种更为有利的环境。计算机网络与通信网的紧密结合，不仅可以促使许多个人计算机能够收集到文字、数据、图像、声音等各种信息，还可以促使各种信息传输者进行互联网交换。计算机网络的主要作用归纳为如下几个方面。

1. 数据通信

数据通信系统是现代计算机互联网中最基本的通信功能，为网络上的用户提供了一种强大的通信方式。计算机互联网的数据通信功能已经满足终端之间或计算机与计算机之间各种信息的传送。计算机网络的这一特点打破了计算机通信时的地域限制，拉近了用户之间的距离。在日常生活中，人们可以利用计算机网络实现相互间的远距离网络连接，可以交换信息、文件，发送和接收邮件，甚至可以远距离完成协同作业。计算机网络的这一特征大大改变了传统的通信手段（如声音、图形、影像等各种多媒体资料），在实现了数据通信功能的前提下，也完全实现了计算机网络的其他功能，如发送电子邮件、远程注册、连接会议等等。

2. 资源共享

（1）实现硬件与软件共享。计算机网络使得在网络上的每个用户都能够分享不同种类的硬件设备，包括打印机、光驱、超大容量的磁盘和图像传输器。软件共享泛指某一个操作系统中的软件或者一个应用程序（如数据库管理系统），无须在客户端进行软件的安装，只需部署在一台服务器上，将其属性设置为共享，这样就可以使用互联网在其他计算机上直接使用，节约了客户端的空间。

（2）实现信息共享。信息本身就是一种珍贵的资源，Internet 就好像一个浩瀚的大海，拥有取之不尽、用之不竭的信息与数据。每一个接入网络的用户均能够获取到这些重要的信息来源（如各种类型的电子出版物、网上新闻、网上图书馆及网上超市等等）。

3. 均衡负荷与分布式处理

当一个网络中计算机的任务负载过重时，可利用均衡负载和分布式处理，把这些任务分配到另一个网络的计算机中，由网络中的空闲计算机分担负载。这样不仅可以处理大型任务，使一台计算机不会产生过重的负荷，而且还能够大大提高计算机的可用性。

4. 提高计算机系统的可靠性

在一台计算机或者计算机的网络中，每台计算机都可以直接通过网络将数据备份到另一台计算机。通过这种方式，网络系统中的每台计算机都有可能通过网络相互地成为后备机，一旦某台计算机设备发生故障，它的工作任务就有可能会由其他计算机来完成，这样就可以有效地避免在一台计算机的情况下，设备发生故障而导致整个系统运行停止、间断或者失灵的情况，大大地提高了系统的稳定性。

技能点 3　计算机网络的分类

对于计算机网络的分类有许多规定标准，例如拓扑结构、应用协议、介质和数据交流方式等。但是，这些规范不能直接反映一个网络技术的实践性和基础，而且它们也仅仅是一个单独的组成部分，反映了一个网络的一些重要方面。网络覆盖率是一种反映信息网络技术的本质和特点的一种分类指标。

1. 计算机网络的分类

计算机网络大致可以划分为局域网（LAN）、城域网（MAN）、广域网（WAN）及国际互联网（Internet），如表 1-1 所示。

表 1-1　计算机网络分类

网络的分类	分布距离	跨域地理范围
局域网	10 m	同一房屋
	100 m	同一建筑物
	1 000 m	同一校园内
城域网	10 km	城市
广域网	100 km	同一国家
国际互联网	1000 km	同一洲际

（1）局域网（LAN），局域网的地理位置、地理空间分布以及区间覆盖范围一般控制在几千米以内，一般的大型局域网络都只建立在某个事业单位所属的某个大型建筑物群内或者是一个高中学校的某个大型校园内部。而小型的局域网络，简单来说可以通过几台个人计算机直接构建。由于目前网络局域网的覆盖面积有限，数据信息传输的持续时间和传输距离很短，因此目前局域网内的视频信号和网络数据传输的最高速率均比较高，一般在 10~100 Mbit/s，现在高速的局域网内对信号数据传输的最高速率已经可以直接达到 1 000 Mbit/s，如图 1-13 所示。

（2）城域网（MAN），城域网的网络涵盖面与区域范围介乎于局域网（LAN）与广域网（WAN）之间。

城域网是介于广域网与局域网之间的一种大范围的高速网络，它的覆盖范围通常为几千米至几十千米，传输速率为 2 Mbit/s~1 Gbit/s，如图 1-14 所示。城域网在现实中最常见的就是城市的有线电视网络。随着使用局域网所带来的利益和好处越来越多，人们逐步要求扩展局域网的覆盖范围，或者要求将已经使用的局域网相互连接在一起，使其发展成为规模较大的城市区域范围内的一个网络。

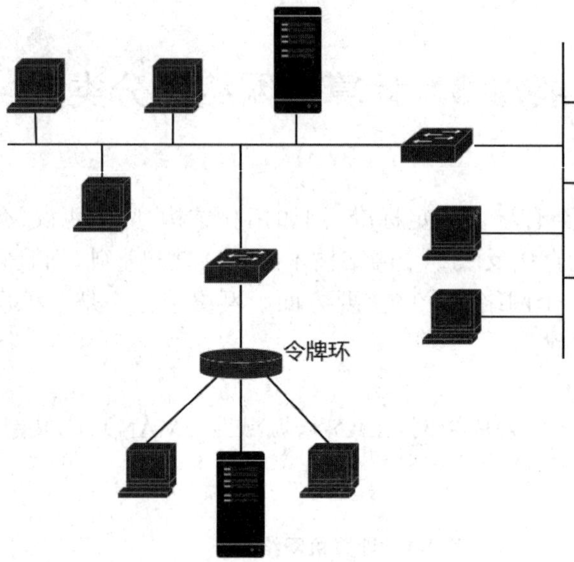

图 1-13 局域网

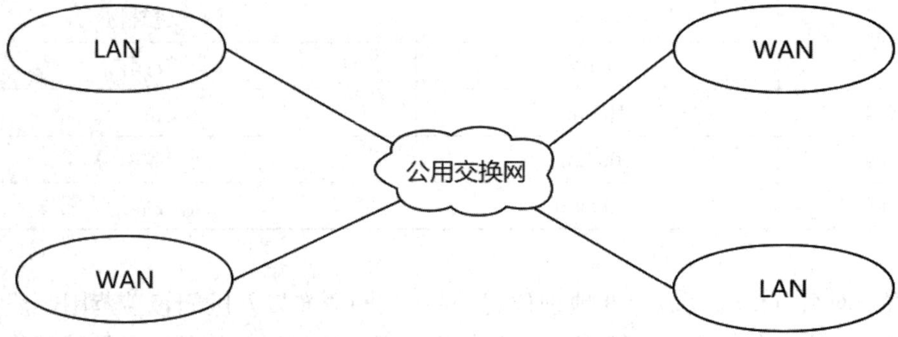

图 1-14 城域网

（3）广域网（WAN），又称遥控远程网络，它是一种具有长距离、大规模特点的移动式计算机网络。该种网络的功能主要是为了实现遥感器与计算机之间的远程数据传送与信息分享。广域网通常可以认为是一个跨越地区、城市、国家的计算机网络，覆盖范围一般从几百千米到几千千米，通信的线路大多借用公用通信网络（如公用电话网 PSTN）。由于广域网所涉及和连接的网络范围很广，连接广域网的平板电脑和移动计算机众多，因此整个广域网上的基础信息量非常大，共享的基础信息和网络资源极为丰富。然而，广域网的网络数据流对传输和处理效率要求相对来说比较低，通常在 164 Kbit/s~2 Mbit/s，如图 1-15 所示。

（4）国际互联网（Internet）。Internet 网络并非仅仅是一种具体的物理网络连接技术，而是把其他相同类型和不同区域范围内的各种物理互联网（包括新的局域网、广域网和城域网）通过某种协议互联起来的一种高层技术。

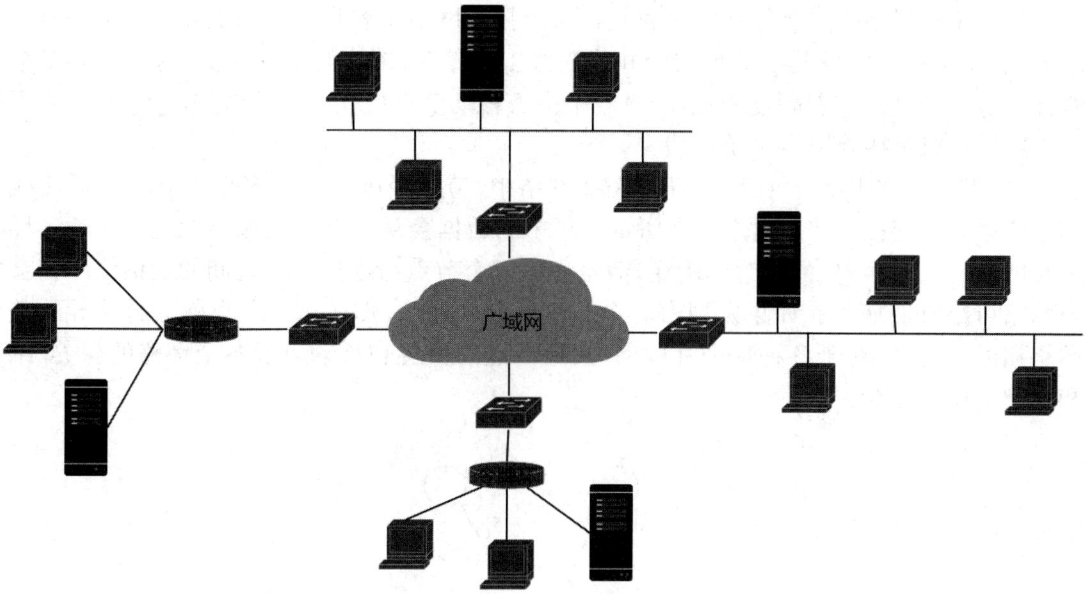

图 1-15　广域网

2. 计算机网络的拓扑结构

拓扑学由传统的图论演化而来，是一种研究点、线、面三种特征的方法，与尺寸和形状无关。网络拓扑结构是通过介质连接设备的物理布局。将工作站、服务器等网络单元抽象为“点”，网络中的通信介质抽象为“线”，从拓扑理论的视角出发，计算机和互联网络系统可以在点和线之间形成一个几何图形，从而可以抽象得出互联网络系统的具体框架。网络拓扑结构并不涉及网络中信号的实际流动，只是关心介质的物理连接形态。网络拓扑结构在整个网络的设计、功能、可靠性和成本方面起着重要作用。

常用的计算机网络拓扑有星型、环型、总线型、树型和网络型。

（1）星型拓扑网络。在星型拓扑网络中，每个节点都是通过点到点的线路连接，任何两个节点之间通信都要经过中心节点转接，如图 1-16 所示。中心的节点可以直接作为网络交换的数据中心，起到连通的作用；也就是说此时它被认为是主机，具有了用来进行网络数据处理与网络转接的特殊应用功能。

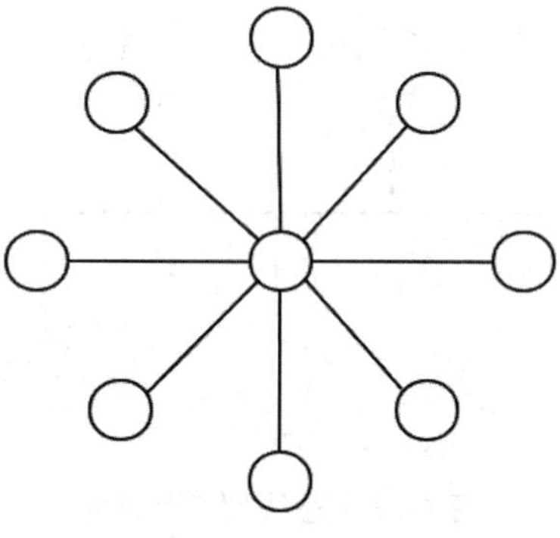

图 1-16　星型拓扑网络

星型拓扑网络的主要优势之一就是在整个拓扑网络中容易自动添加和管理中心移动控制节点，易于快速实现其在数据安全和优先级上的控制；缺点是它属于集中控制，对多个中心移动节点控制存在着高度依赖，一旦一个中心移动节点控制丢掉或者控制失效，很有可能会直接导致整个拓扑网络系统崩溃。

（2）环型拓扑网络。在这种环型拓扑网络中，节点经由一个或多个点对一个通信线路相互联系并且连接起来，如图 1-17 所示。环中的数据会从一个方向循环地进行传输。环型拓扑网络的结构简单，传输时延确定，但是环中每个节点与连接节点之间的通信线路都会成为网络可靠性的瓶颈。如果发现有一个节点已经失效了，那么这个节点就会直接导致整个网络崩溃。另外，对于各种环型互联网，网络节点的扩展和移动以及各个环路的保养、维修和管理也相当复杂。

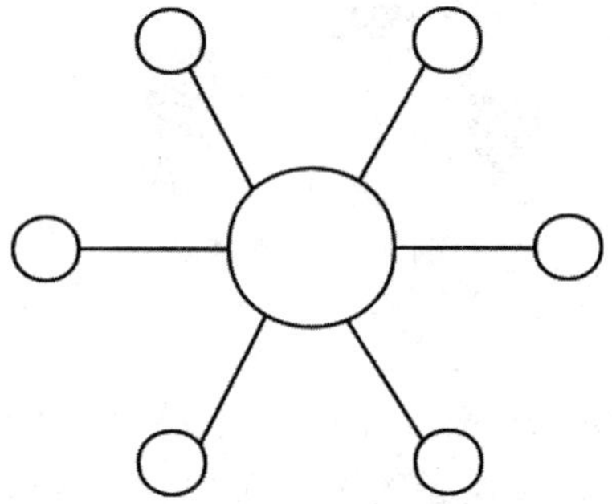

图 1-17　环型拓扑网络

（3）总线型拓扑网络。在一个总线型拓扑网络中，所有的节点都是共享一个相同的数据通路，如图 1-18 所示。一个节点传递给另一个节点的信息能够被网络中的各个节点接收。由于多个节点直接连在一条公用信道上，所以必须采取一定的方式来分配信道，以决定哪个节点能够优先向客户发送信息。总线型拓扑网络以其具备结构简单、安装方便、敷设电缆时间短、成本低廉、单站故障不严重影响整个网络等特征，成为最受欢迎的计算机网络拓扑结构之一。其缺陷主要在于其实时性相对较差，在某些情况下发生了一定程度的故障，就可能会造成整个网络的崩溃。

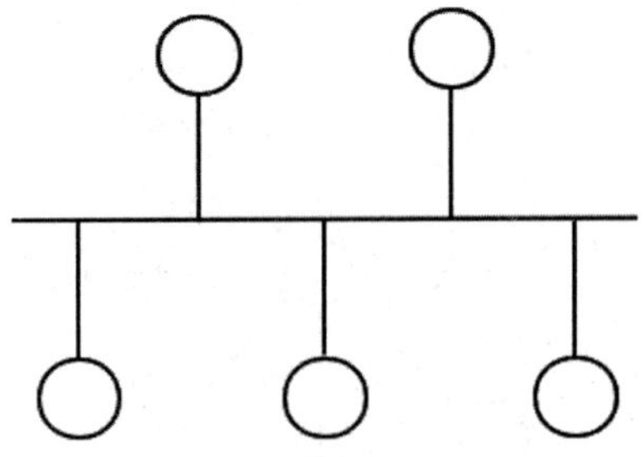

图 1-18　总线型拓扑网络

（4）树型拓扑网络。在树型拓扑网络中，网络节点可以形成层次性的结构，如图 1-19 所示。树中的各个节点通常都被称为高层主机，树中的低层主机与其功能和实际应用方式有关，一般都包含明确的规划或者定义的功能，如对数据的采集、变换等等；高层主机必须具备一些通用的功能，以便于协调整个系统的运行，如进行数据处理、命令实现等。一般而言，树型拓扑网络的层数不宜过多，以免切换费用太大，使得较高层的节点过载。

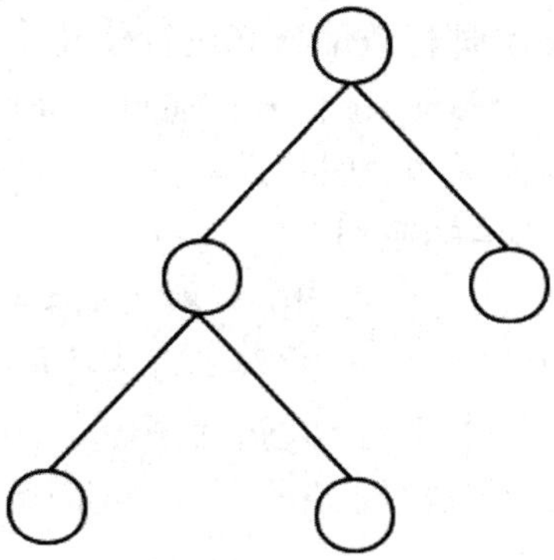

图 1-19　树型拓扑网络

（5）网状拓扑网络。在一个网状拓扑网络中，各个节点之间的相互连接都是任意和不规则的，如图 1-20 所示。它的主要优势是系统可靠性很好，但系统结构烦琐，必须使用路由算法及对流量进行控制。广域网（WAN）就是一种网状的拓扑结构。

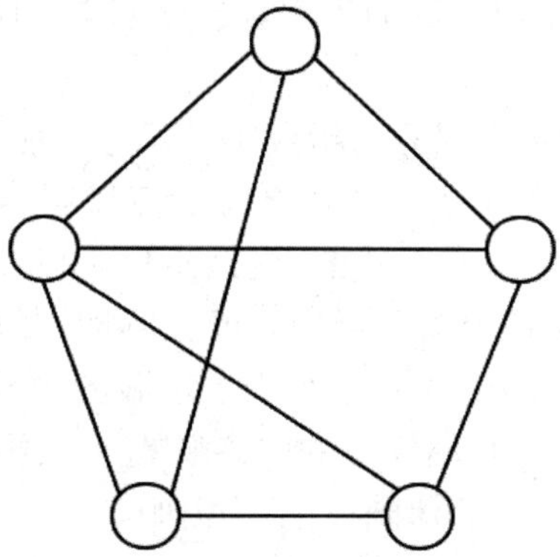

图 1-20　网状拓扑网络

技能点 4　计算机网络的应用

随着我国现代化和信息社会演变进程的加快推进和通信与计算机科学技术的飞跃式发展，现如今的计算机网络几乎已经深入到了社会的每一个领域。Internet 已经成为当今世界上最大的综合性计算机互联网，并已经成为家喻户晓的网络名称，同时也被认为是一条连通整个世界的“信息高速公路主干道”。计算机网络主要提供以下服务，通过这些服务，我们就能够很好地将计算机网络应用在社会的各个方面。

1. 计算机网络在企事业单位中的应用

计算机应用互联网进行办公可以有效促进广大企事业用人单位、公司内部等社会组织的工作人员随时实现办公自动化，做到软硬件资源的实时共享。若把内部的网络接口直接在线连入 Internet，则可以直接实现内部异地在线办公。比如，通过电子商务邮件，公司完全可以很方便地与同一公司分布在不同国家和地区的子公司或其他行政性企事业单位之间直接建立联系，不仅可以让公司能够及时有效地与其进行信息交换和及时收集个人信息，还真正实现了一个完全无纸化的办公。在外的工作人员通过互联网账户可以直接与相关公司进行即时通信，便于得到公司的明确指示和及时协助。

2. 计算机网络在个人信息服务中的应用

个人通过计算机和网络所接受到的信息服务一般大概可以分为 3 个不同的类型。

（1）远程信息的访问。可以通过 WWW 的方式直接访问各种信息网络系统，获取包括政府、教育、艺术、卫生、保健、娱乐、科学、运动、旅行等各个方面的资料，甚至可以浏览各类商业广告。随着阅读报纸的形式转移到网上并个性化，人们可以在线阅读报纸或新闻，或者通过频道技术自动下载感兴趣的内容。

（2）目前，个人财务服务已被广泛应用。很多人通过网络接收账单、管理银行账户以及处理投资。通过计算机网络进行购物变得越来越普遍。

（3）个人与个人之间的通信。20 世纪，我国个人与个人之间进行通信的基础工具是计算机和电话。21 世纪，我国个人与个人之间进行通信的基础工具就是计算机和互联网。目前，电子邮件在我国已经得到了很广泛的运用。初期的电子邮件主要用来传输和发送文本，后来进一步用于传送语音与图像文件。

（4）家庭娱乐。家庭在线娱乐服务对于我国信息电子服务行业快速的发展已经产生极其深远的社会影响，已经让很多人在家中直接免费点播网络上的电影或者是网络电视剧。目前，一些新的网络影视都已经是交互式的，观众不仅可以在网络上观看一部网络电影，还可以不时地参与到一部电影的各个情节当中。而且家庭网络电视算是完全的交互式的，观众可以直接加入到各种游戏活动中。家庭在线娱乐服务中最重要的应用是游戏。目前，许多人都非常喜欢尝试玩各种实时互动模拟的网络游戏。如果我们直接使用基于虚拟化和现实的穿戴头盔，再配合三维、实时、高清晰度的虚拟画面，就可以共享虚拟现实的很多游戏和训练。

3. 计算机网络在商业上的应用

随着工业现代化和计算机电子信息网络的广泛应用，电子资料交换（Electronic Data Interchange，EDI）已经逐步发展并成为各种国际贸易服务合作信息往来的重要传输方式和有效手段，是被世界公认的国际信息电子资料传输格式。它使分布在世界各地的电子贸易服务合作伙伴之间能够通过平板电脑或者移动互联网直接传输各种电子贸易合作单据，代替了以前传统的各种贸易合作单据，节约了时间和空间，减少了大量的人力和财力，提高了工作效率。

随着现代网络科学技术的进一步发展和对网络技术应用的更高要求，计算机网络技术应用的覆盖面和领域也在不断地扩大，许多新型的计算机网络技术应用体系不断形成和发展，如远程教育、遥感医疗、产品工业自动化、电子博物馆、数字图书馆、全球信息检索和网络信息查询、视频会议、电子商务等。

计算机网络在各种商业领域的应用范围可以说是最广泛、最快速的。目前我国的互联网电子商务正在蓬勃发展，它彻底地改变了大部分人的传统购物习惯。电子商务能够有效地降低经营费用与成本，简化交易的流程，改善物流与现金流、商品流、信息流不同的环境和体系。随着我国互联网电子商务经历了十几年的时间由一个刚刚萌芽的状态逐渐发展形成一个初具规模的行业，网商、互联网企业、网银等行业的专门化服务和其从业者呈现出几何数量的快速递增，已经发展成为一个引领我国现代服务业快速发展的战略性新兴产业，在促进我国现代服务业深度融合、推动创业、完善商务条件和环境方面所起到的重要性越来越明显。

计算机网络为我们的生活提供了很多便利，在企业中依靠网络可进行在线办公、及时有效的完成工作，在个人生活中各类服务可在线上完成，节省人力资源。可见未来发展中，计算机网络能够为社会发展提供很多帮助，正如党的二十大报告中提到的“加快建设制造强国、质量强国、航天强国、交通强国、网络强国、数字中国。”作为未来社会的一份子，要努力学习网络技术知识，为我国未来的发展添砖加瓦。

技能点 5　三大网络介绍

当前，在我国通信、计算机和信息技术产业以及计算机和电视等领域，实际应用运行且在全球范围内都有重要影响的三大互联网网络分别是电信网络、广播电视网络和计算机网络。

1. 电信网络

电信网络的发展主要是以电话网为基础发展而来的，其中电话系统是由以下 3 个部分组成的。

（1）主干线。它们都是通过一根光缆把交换局联系在一起的，承载着大量的数字信号。

（2）本地网络。它主要指的就是通过一根双绞线直接进入企业或者一户家庭中，所承载的都是模拟信号。

（3）交换局。它的特点是可以使电话从其中一条干线直接接入另一条干线进行广播和呼叫。

在以前，整个电话系统中传输的每一个信号都完全是通过模拟来显示的。但是随着数字电路、计算机和光纤的发展出现，现在的各种交换装置和干线基本上都实现了数字化，模拟的信号仅剩下本地回路。

选择数字传输是因为不需要像模拟传输一样，当长途呼叫时信号要进行很多次的放大，并且需要重新产生模拟信号。使用数据传输，只需要区分信号 0 和 1 就可以了，所以数据传输比模拟传输更加可靠，并且成本更低。

电信服务除了包括一个传统的移动电话网和通信数据交换网（PSTN），还包括帧中继网（FR）、异步传输模式网（ATM）和无线数字数据网（DDN）等，如图 1-21 所示。

①帧中继网主要是以统计复用技术作为基础方式来对数据进行分布式的包交换、包传输的，适宜为客户提供非实时的各种多媒体通信业务，它的速度一般控制在 64 Kbit/s~2.048 Mbit/s。

②异步传输模式网既可以实现传输图像，包括静态图像和活动影像，还可以实现传输语

音，是支持高速数据网络运行的关键设备，支持 25 Mbit/s~ 4 Gbit/s 之间数据的高速传输。

③由于数字化的多媒体数据网特别适宜用来提供实时多媒体通信业务，所以它们也可以是一种固定式或者半永久性相互连接的无线电路交换。

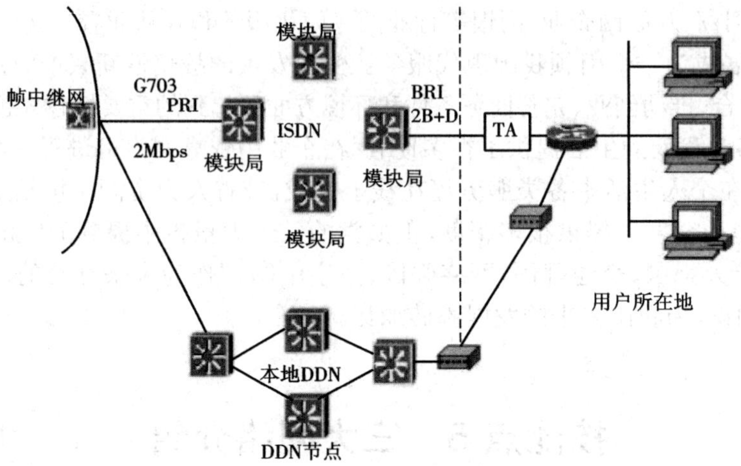

图 1-21 帧中继网

电信网络除了上述的几种比较有特点的网络外，还包括综合业务数据网（ISDN）、X.25公共数据网和中国公用计算机网等等。

2. 广播电视网络

广播电视网络主要指的是有线电视（CATV）网，现在主要的方式还是依靠同轴电缆向用户直接传送电视节目，目前还只是处于一个模拟信号传输的时期，但是网络的技术和设备十分先进，主干网都是采用光纤，可以连通各个城市。

其他混合光纤同轴电缆（HCF）方式与电话接入的方式进行比较，混合光纤同轴电缆的最大优点之一就是电话传输带宽是双绞线的一万倍左右。这样用户就能同时打电话、看电视、上网，并且在无线电视的同一根同轴电缆上，不会相互产生干扰。

现在，广播电视网络的信息源主要是以一点对多点或者单向实时的形式直接连接给所有的用户，这使得用户在网络中只能被动地选择是否可以接受。所以我们可以通过利用混合光线同轴电缆进行视频的点播、通过无线电视网接入 Internet 来直接进行通话或者视频的点播，这是无线电视网的主要发展趋势。有线电视网络的主要服务范围包括广播电视数字化传输、远程广播电视文化教育、电视会议、有线电话、有线电视点播等，如图 1-22 所示。

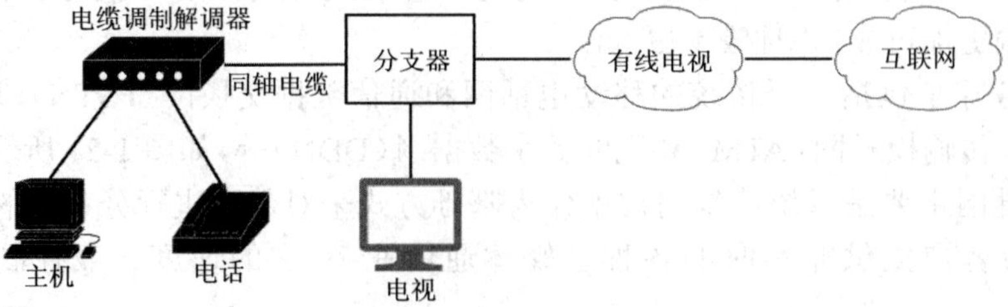

图 1-22 广播电视网络

3. 计算机网络

计算机网络早期以使用局域网为主。广域网通信技术是Internet技术得到非常大规模的快速发展之后才逐渐走向普通人们的家中。目前由于我国计算机的传输网络基本上完全依赖于中国电信网，所以其网络传输数据的速度也就已经受到了很大程度的技术限制。中国公用计算机网（CHINANET）是依托强大的中国公用数字数据网（CHINADDN）和公共交换电话网（PSTN）等公用网，采用先进设备，而成为我国Internet的主干网的。其为用户提供的软件服务内容包括文件共享、信息浏览、电子邮件、网络电话、视频点播、FTP文件下载和网上会议等。

（1）在计算机网中，用户之间的联系和连接方式可以说是一对一的，也可以说是一点或者多点。

（2）相互之间的通信既有实时的，也有非实时的，但在大多数情况下都是非实时的，采用一种存储或者转发的方式。

（3）这种通信方式可能是双向交互的，也可能是单向交互的。

从以上3个互联网络中所能够提供的服务来看，在未来的互联网和信息社会，人们绝对不会仅仅局限于使用比较传统的只能进行通话服务的无线电话机、只能单向接收电视节目的电视机及只能提供文件共享和上Internet的计算机，而是需要进行更多、更快、更直接的信息沟通，同时还需要包含更多的语音、图像和数据在内的多媒体技术，这就必然需要将“三网”进行融合，即“三网”结合。所谓“三网合一”是把我国现有传统电信网络、广播电视网络和计算机网络的各种业务进行互相整合，逐渐建立起一个统一的网络系统，由一个完全数字化的网络基础设施组成，来实现对包括数据、语音和影像等各种业务的整体通信。近年来，三网合一逐步成为最热门的讨论话题之一，从我国乃至全世界的范围来看，也已经成为当今社会通信和计算机网络发展的重要趋势。

技能点6　网络安全的现状与重要性

随着全球信息化的快速发展，全世界的信息正在迅速融为一体。许多社会组织、企业、事业单位和其他政府部门也在努力建立和开拓自己的网络，并连接到Internet上，来合理利用和分配互联网的信息资源和数据。社会和人们现如今已十分依赖互联网，而且互联网的重要性和地位也愈加提升，并且互联网现如今已成为社会进步和发展的强大推动力。但是，当信息资源的共享被广泛应用在政治、军事、经济以及社会与科学等各个方面的时候，也就会产生各种不同的问题，其中安全问题尤为突出。我们需要认识到网络所面临的各类威胁并且知道如何有效地消除和预防这些威胁，实现整个网络的安全，这已然成为现如今整个网络建设与发展的主要内容。

1. 网络安全的基本概念

国际标准化组织（ISO）将计算机安全定义为“为数据处理系统建立和采取的技术与管理方面的安全保护，保护计算机硬件、软件数据不因偶然和恶意的原因而遭到破坏、更改和泄露”。国际标准化组织标志如图1-23所示。网络安全是在计算机网络安全的环境下进一步延伸和发展，所以，网络安全可以简单地理解为：通过采取相应的技术和措施，使得网络系统的各种硬件和软件连续、可靠地正常运行，使系统内部的网络数据受到严格的保护，不因意外和其他恶意的原因受到攻击、更改、泄露，保证数据的真实可用性、完整度和资料的保密性，使其互联网网络服务无法中断。

图 1-23　国际标准化组织标志

2. 网络面临的威胁

随着全球互联网自身协议的开放，各种计算机网络的互联便捷化，大大扩展了共享资源。但是，因为早期的网络协议忽略了网络安全问题并且在网络的使用和管理中存在无序现象，网络安全也遭受了巨大的威胁，安全事故常有发生。现在，网络安全从技术到管理还都处于被动、落后的状态，情况不容乐观。

随着移动互联网的广泛应用，出现了非常多的采用客户 / 服务器模式的互联网，为企业和用户之间共享互联网提供了便利，但同时对企业的重要信息埋下了一个致命的隐患。用户必须清醒地意识到，大到整个 Internet，小到每一个 Internet 及每一个校园网，均有可能存在来自网络内部和外部的威胁。对互联网造成的威胁主要分为两种：无意损害和故意伤害。

故意破坏网络安全的犯罪分子主要包括 3 种类型：故意破坏者，又称黑客（Hackers）；不遵守规则者（Vandals）；刺探秘密者（Crackers）。

破坏者利用各种方式和手段来破坏网络信息和数据库等资源，比如修改系统的配置，造成其系统严重瘫痪；没有遵循规则的人试图访问一个不能被访问的系统。他们很有可能只是试着上网来查找信息，或者很有可能尝试着偷窃其他人的电脑资源（如 CPU 时间）；刺探秘密者通过非法手段侵入他人系统，以窃取重要秘密和个人资料。除了信息泄露对于企业互联网的威胁外，还存在着有害信息被入侵的风险。例如：在互联网上发表不健康的影像、文章或其他不负责任的内容；不严格遵守互联网使用准则的用户很有可能会进行一些游戏，将病毒直接带入到操作系统，轻则造成信息错误，严重时将会造成网络瘫痪。网络面临的威胁主要来自以下几个方面。

（1）黑客的攻击。对于大家来说，黑客已经不再是高深莫测的人物，黑客技术逐渐被越来越多的人掌握和利用。因此，系统、站点遭受攻击的可能性就变大了。尤其是现在还缺乏针对网络犯罪卓有成效的反击和跟踪手段，黑客攻击的隐蔽性好、“杀伤力”强，这都是网络安全的主要威胁。

（2）监督管理不到位。对网络系统进行严密的管理，就是保障企事业单位和使用者不被攻击和遭到恶意破坏的重要手段。事实上，许多大型的企事业单位和互联网网站或者系统的使用者都疏于这方面的管理。

（3）网络的缺陷。Internet 的共享性和开放性使网上信息安全存在先天不足，因为其赖以生存的 TCP/IP 簇缺乏相应的安全机制。而且 Internet 最初的设计考虑的是该网不会因局部故障而影响信息的传输，基本没有考虑安全问题，因此在安全可靠、服务质量、带宽和方便性等方面存在不适应性。

（4）软件的安全泄露称为漏洞或“后门”。随着当前企业软件安全系统应用规模的进一步扩大，系统中的安全漏洞或“后门”也不可避免。举例来说，普通电脑操作系统，无论用的是 Windows 还是 UNIX，几乎都有或多或少的安全漏洞，不同系统种类的服务器、浏览器、桌面应用软件等都被发现存在安全隐患。

（5）在企业互联网内部。网络的内部使用者由于信息资源的滥用、恶意行为或者错误操作，使防火墙没办法抵御。防火墙无法阻止来自网络内部的攻击，也无法对网络内部的滥用做出反应。

技能点 7　网络安全技术的发展前景

1. 网络加密技术的发展前景

1）对称加密算法的发展前景

在对称加密算法（私钥加密算法）中，DES 加密算法的影响力最大，是国际上通用的加密算法之一。

1999 年 1 月，EFF 和分散网络，在短短一天的时间里，成功破解了 56 位数字 DES 的加密信息。DES 的统治者地位由于这个问题而被严重打击。为此，美国政府引入了一种 DES 的改进版本——3DES（三重密码加密技术标准）。

在使用 3DES 时，接收方和发送方都使用 3 个密钥进行解密和加密，这种 3×56 的加密方式极大地提高了密码的安全性，在现在计算机的速度下，想要去破解几乎是不可能的。但是在为数据提供强有力的安全保护的同时，也要花更多的时间来对信息进行 3 次加密和解密。同时，使用这把钥匙的每一方必须有 3 个密钥。这样，不仅密钥数量增加了 3 倍，而且倘若其中的任何一方把钥匙丢失了，另外两把钥匙将变成根本无用的旧钥匙，这显然是不可取的。因此，美国加州国家质量标准与工业技术工程研究所（NIST）推出了一项新的安全措施——高级加密标准（AES）以保护金融交易。

AES 内部具有更简单、更准确的数学算法，对每一个数据都只进行一次加密。AES 具有可靠和高速的安全运行性能，可以支持很多小型设备。与 3DES 相比，AES 不但在安全和技术性能上都存在明显差异，而且在性能的实际运行和对资源的合理有效利用上也相差甚远。虽然迄今为止，AES 的具体算法还没有正式宣布，但是我们可以清楚地看到 AES 的巨大优势。3DES 和 AES 的比较见表 1-2。

表 1-2　3DES 和 AES 的比较

算法名称	算法类型	密钥大小	解密时间	速度	资源消耗
3DES	对称 feistel 密码	112 位或 168 位	46 亿年	低	低
AES	对称 block 密码	128 位、192 位、256 位	1 490 000 亿年	高	中

2）非对称加密算法的发展前景

自从一个公钥加密出现以来，学者们已经提出了很多关于公钥加密的方法，其安全程度是建立在一个复杂的数学问题之上的。根据它们所需要依据的各个数学问题进行分类，目前认为安全有效的系统有 3 种：大整数因子分解系统（具有代表性的为 RSA）、椭圆曲线离散对数系统（具有代表性的为 ECC）和离散对数系统（具有代表性的为 DSA）。RSA 分解算法被广泛认为是最典型的一种分解算法。在这个公钥加密系统里，RSA 是公钥系统中最具有典型意义的方法，由于 RSA 的安全性是基于大整数因子分解的困难性，而大整数因子分解问题是数学上的著名难题，至今没有有效的方法予以解决，因此可以确保 RSA 算法的安全性。目前，大多数使用公钥密码进行加密和数字签名的产品和标准使用的都是 RSA 算法。

ECC（又称椭圆曲线加密）也属于公钥加密算法，与 RSA 相比，它有以下优点。

（1）安全效率更高。与其他公钥体制相比，ECC 在抵御外部的攻击时就占据了一个绝对的优势。

（2）计算量小，处理速度快。

（3）存储空间占用小。

（4）带宽要求低。

2. 入侵检测技术的发展趋势

目前，国内外网络入侵检测技术的发展趋势主要为以下 3 个方面。

（1）分布式网络入侵安全检查。这个概念主要包括两层基本意思：第一层，针对分布式网络进行恶意攻击的实时检测技术手段；第二层，使用了一种分布式的实时检测手段，以此手段作为实时检测方法针对分布式网络攻击，其中的关键技术为检测信息的协同处理与入侵攻击的全局信息的提取。分布式系统分析是当前 IDS 的主要技术研究点和发展技术思路之一，能够在数据收集、入侵分析和自动响应方面最大限度地发挥系统资源的优势，其设计模型具有很大的灵活性。

（2）智能化入侵检测。智能化入侵检测即使用智能化的方法与手段来进行入侵检测。现阶段常用的智能化方法有神经网络、遗传算法、模糊技术、免疫原理等，这些方法常用于入侵特征的辨识与泛化。利用专家系统的思想来构建 IDS 也是常用的方法之一。

（3）各项专业网络安全管理技术紧密地相互融合在一起。结合防火墙、公钥基础设施（PKIX）、安全电子交易协议（Secure Electronic Transaction，SET）等新的网络安全与电子商务技术，提供完整的网络安全保障。例如，将基于网络和基于主机的入侵检测系统相结合，把现有的基于网络和基于主机这两种检测技术很好地集成起来，相互补充，提供集成化的检测、报告和事件关联等功能。

3. IDS 的应用前景

在 Internet 高速发展的今天，随着网络安全事件的急剧增加以及网络入侵检查技术的日益成熟，这些新型入侵检查系统必然会拥有很多广阔的应用空间。例如，银行 Internet 应用系统（如网上银行）、科研机构的开发系统、军事系统、一般电子商务系统、ICP 等均需要配备 IDS 进行保护。IDS 在无线网络和家居中也同样具有良好的应用前景，IDS 概述如图 1-24 所示。

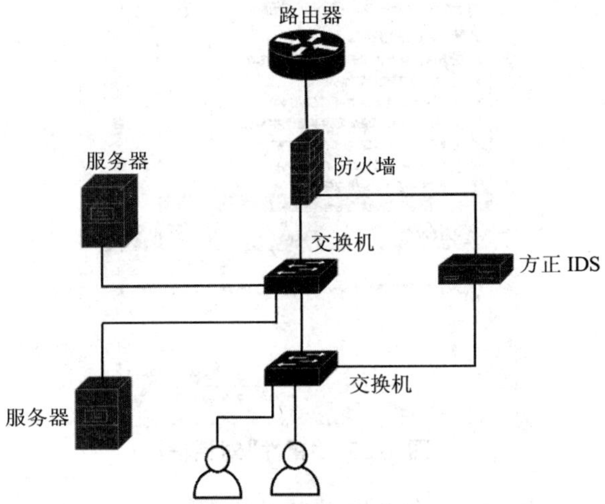

图 1-24　IDS 概述

（1）无线网络。移动用户和互联网之间并没有固定的无线或物理连接，因为互联网是一个移动通信系统，为了使互联网能够正确地识别移动用户的身份，移动用户必须需要通过无线渠道传输自己的身份信息。这些数据有可能会被第三方拦截，冒充该注册用户身份来使用本地的通信服务。而且，无线网络也十分容易遭遇病毒或者是黑客的攻击，所以，入侵检测的技术对无线网络十分重要。

（2）家庭网络。如今越来越多的用户将家中的计算机连入 Internet。由于无线宽带的大量使用，用户的所有无线网络或者是 ADSL 的调制解调器一直保持在正常打开的状态，就这样黑客可以直接侵入网络，盗窃用户的信用卡、身份证明或者直接攻击网络安全管理控制系统。目前一些勒索病毒也经常会将计算机软件中的内容泄露出去，向网络黑客公开曝光。这些都预示着 IDS 将逐渐正式走入用户的家中。

任务实施

熟悉网络配置的基本属性

第一步：首先点击“开始”按钮；其次点击“网络”选项，打开“网络和共享中心”窗口，点击“更改适配器设置”选项，点击鼠标右键选择“本地连接”；最后选择“属性”，查看网络配置的基本属性及网络基本协议，如图 1-25 所示。查看本地计算机安装的网络组件，了解各组件的作用。

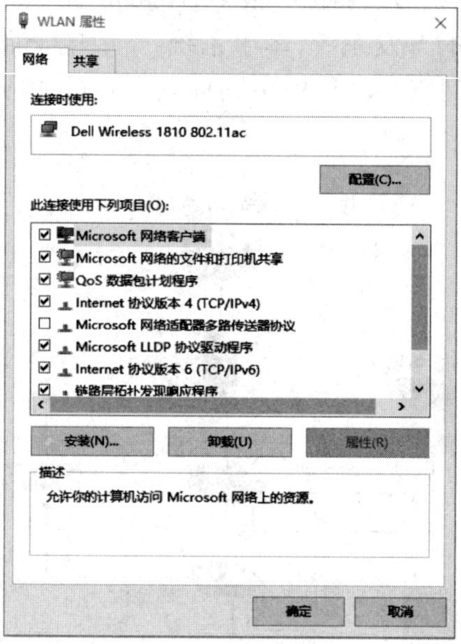

图 1-25 “属性”对话框

第二步：了解本地计算机名、工作组的含义

首先点击“开始”按钮，选择“控制面板”；其次点击“系统和安全”→“系统”→“更改设置”，进入“系统属性”窗口；最后点击“计算机名”选项卡，查看本地计算机使用的工作组名和计算机名，了解各名称的含义，如图 1-26 所示。

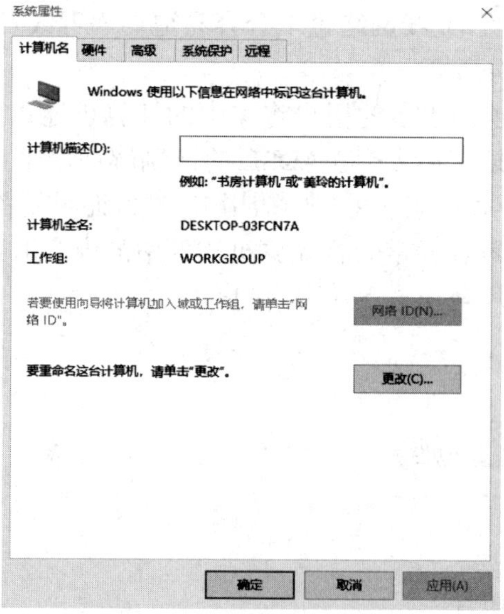

图 1-26 “计算机名”选项卡

第三步：了解局域网的硬件设备。

构成小型局域网的硬件设备主要有集线器、网卡、路由器、网关、交换机、网桥等。

使用交换机组成的网络称之为交换式网络，交换机支持全双工和半双工，在交换式以太网中，交换机为每个用户提供专用的信息通道，除非两个源端口企图同时将信息发往同一个目的端口，否则多个源端口与目的端口之间可同时进行通信而不会发生冲突。

使用集线器组成的网络称之为共享式网络，集线器只能在半双工方式下工作。共享式以太网存在的主要问题是所有用户共享带宽，每个用户的实际可用带宽随网络用户数的增加而递减。

交换机只是在工作方式上与集线器不同，其他如连接方式、速率选择等与集线器基本相同。下面主要介绍网卡、交换机等网络设备。

（1）网卡（NIC）称为网络适配器，是连接计算机与网络的硬件设备。网卡插在计算机或服务器扩展槽中，通过网络传输介质与网络交换数据、共享资源，如图 1-27 所示。

图 1-27　网卡

（2）交换机（Switch）是局域网中计算机和服务器的连接设备，是局域网的星型连接点。每个工作站通过双绞线连接到交换机上，由交换机对工作站进行集中管理。交换机如图 1-28 所示。

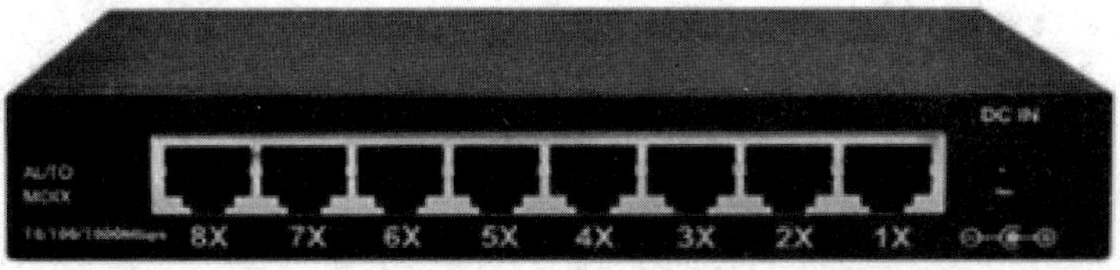

图 1-28　交换机

（3）网络传输介质。网络传输介质是网络中传输数据、连接各网络站点的实体，如双绞线、同轴电缆、光纤。除此之外，网络信息还可以利用无线电、微波和红外技术传输。

双绞线是局域网中最常用的网络传输介质，特别适用于短距离的信息传输。双绞线和连接双绞线的 RJ-45 水晶头分别如图 1-29 和图 1-30 所示。

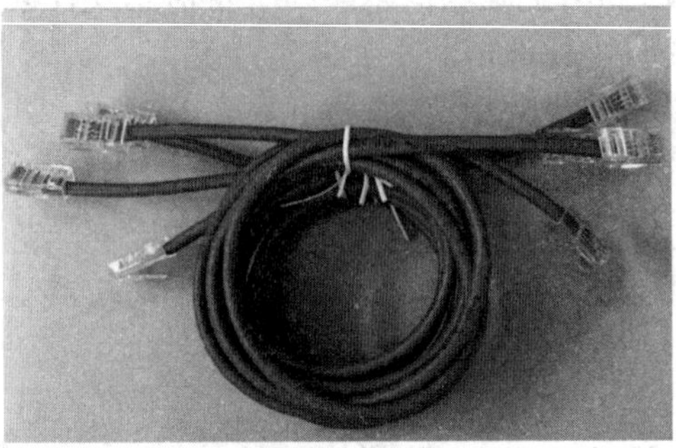

图 1-29 双绞线

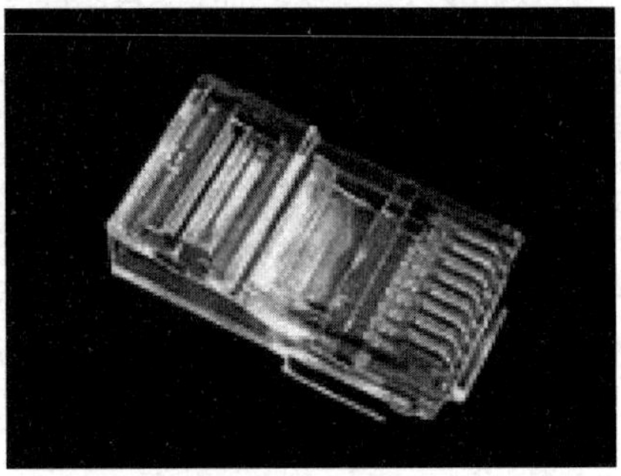

图 1-30 RJ-45 水晶头

第四步：了解连线方法。

采用星型网络连接，各个工作站通过双绞线连接到交换机的端口上，服务器上的网卡只需直接和交换机端口相连即可。下面是几个安装实例。

（1）网卡和双绞线的连接，如图 1-31 所示。

图 1-31 网卡和双绞线的连接

（2）交换机和双绞线的连接，如图 1-32 所示。

图 1-32　交换机和双绞线的连接

任务总结

通过对本章的学习了解了计算机网络的基本知识、计算机网络的基本功能、计算机网络的分类，熟悉了计算机网络的应用方式、部分网络安全的知识以及发展前景。本次任务主要是讲解了网络的基本要素，通过本次任务，读者熟悉了网络配置的基本属性以及网络的通信协议，为之后学习计算机网络知识打下坚实的基础。

英语角

CHINANET	中国公用计算机网
Electronic Data Interchange	电子资料交换
Concentrator	集中器
Transceiver	收发器
Asynchronous Transfer Mode	异步传输模式
Secure Electronic Transaction	安全电子交易
Hackers	黑客

任务习题

一、填空题

1. 早期的计算机网络系统由 ______ 组成。

A. 计算机—通信线路—计算机　　B. PC—通信线路—PC

C. 终端—通信线路—终端　　D. 计算机—通信线路—终端

2. 计算机网络中实现互联的计算机之间是 ______ 工作的。

A. 独立　　B. 并行　　C. 相互制约　　D. 串行

3. 在计算机网络中处理通信控制功能的计算机是 ______。

A. 通信线路　　B. 终端

C. 主计算机　　D. 通信控制处理机

4. 下述对广域网的作用范围叙述最准确的是 ______。

A. 几千米到几十千米　　B. 几十千米到几百千米

C. 几百千米到几千千米　　D. 几千千米以上

5. 在计算机网络的发展过程中，______ 对计算机网络的形成与发展影响最大。

A. ARPANET　　B. OCTOPUS

C. DATAPAC　　D. NOVELL

二、简答题

1. 按照覆盖范围来分，计算机网络可以分为哪几类？

2. 什么是计算机网络？计算机网络由哪几部分组成？

项目二　双绞线接头的制作

学习目标

学习计算机网络的通信技术，对理解计算机网络中最基本的数据通信知识有很大的帮助。本章主要系统地介绍数据通信的基本概念、传输介质、无线与卫星通信技术、数据传输技术。

- 掌握数据通信的基本概念。
- 掌握传输介质的基本介绍。
- 掌握无线与卫星通信技术。
- 掌握数据传输中的重要概念。

学习路径

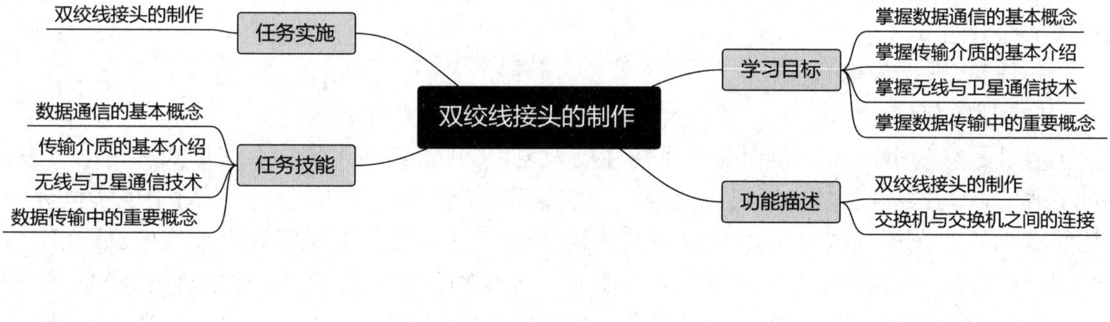

任务描述

【情景导入】

计算机网络是计算机技术与通信技术相结合的产物，而通信技术本身的发展也和计算机技术的应用有着密切的关系。数据通信就是以信息处理技术和计算机技术为基础的通信方式，数据通信技术为计算机网络的应用和发展提供了技术支持和可靠的通信环境。

【功能描述】

- 双绞线接头的制作。
- 交换机与交换机之间的连接。

任务技能

技能点 1　数据通信的基本概念

数据通信是通信技术和计算机技术结合而产生的新的通信方式，一般由信息、数据和信号 3 个部分组成。

1. 信息、数据与信号

1）信息的概念

信息是客观事物属性和相互联系特性的表现，反映了客观事物的存在形式和运动状态，对于通信，其主要目的是为了进行交换。一般来说，信息学被认为是一个人对于现实世界中某些事物的存在模式或者运动状况的某些认知。信息的载体主要可分为数值信息、文字信息、图像信息、声音信息以及视频信息。任何一个事物的存在均会与其他事物相联系，信息不但能够直接反映一个事物的性质和行为，还必须能够借助于媒体（如空气、光波、电磁波等）进行传播和扩散。这里将“事物发出的消息、情报、数据、指令、信号等当中包含的意义”界定为信息。

2）数据的概念

数据是数据化的信息。数据既可以用来识别，也可以直接用来进行描述。数据按其连续性可分为模拟数据与数字数据。模拟处理数据最后取连续值，数字处理数据最后取一个离散连续值。

3）信号的概念

一个数据被发送并快速传递到一个目标所在地点之前，要变成适合于传输的电磁信号，其分为模拟信号和数字信号。可见，信号（signal）是数据的电磁波表示形式，一般以时间为自变量，以表示信息（数据）的某个参量（振幅、频率或相位）为因变量。

其中，模拟数据和数字数据都可用这两种信号来表示。模拟信号是一种随着时间连续变化的信号，如图 2-1 所示。这种信号的特定参量（如振幅和频率），可以用来表示需要传送什么样的信息。例如电视画面信号、语音信息、温度压力传感器的输入信号。数字信号是一个离散信号，如图 2-2 所示。如计算机通信中使用的由二进制代码“0”和“1”组成的信号。当数字信号在一个通信线路中进行传输时需要借助于电信号的状态来表示二进制编码的取值。电信号可以呈现两种工作状态，分别为“0”和“1”。

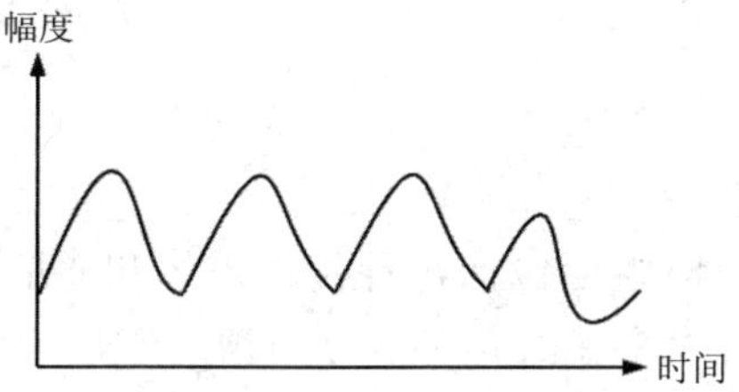

图 2-1　模拟信号波形

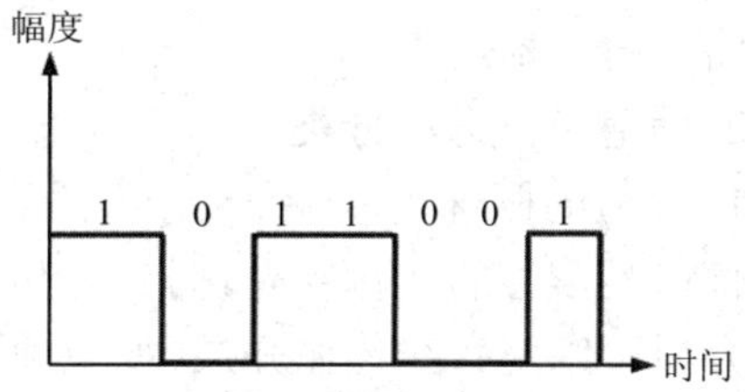

图 2-2　数字信号波形

这两种信号有着明显的差异：数字信号只包括“开”和“关”两种离散的状态；模拟信号则包括从“开”到“关”之间的所有状态。但是这两种信号，在一定的时间条件下是可以直接进行转换的。模拟信号可以由图像采样、量化、编码等多个主要步骤转换成为模拟数字信号，而其他模拟数字信号同样可以由图像解码、平滑等多个主要步骤转换成为其他数字模拟信号。

2. 基带信号与宽带信号

信号的另一种分类方法是将信号分为基带信号和宽带信号。

1）基带信号

基带信号是指一种信源向人们发出的没有经过调制的原始无线电信号。比如人们讲话的音频和声波就是基带信号。

基带信号的主要特点之一是频率相对较低。信号的频谱自零频附近起步，并且具有低通的形式。由于在相对近距离的范围内，基带信号的增加和衰减幅度并非很小，信号的内容也不会随之发生改变，因此当传输的距离相对较近的时候，计算机和网络均选择了基带信号进行传输。例如从电脑到监视器、打印机等所有外设的信号便是通过基带信号进行传输的。大多数局域网也都是采用基带信号进行传输的，如以太网、令牌环印机等。基带信号如图 2-3 所示。

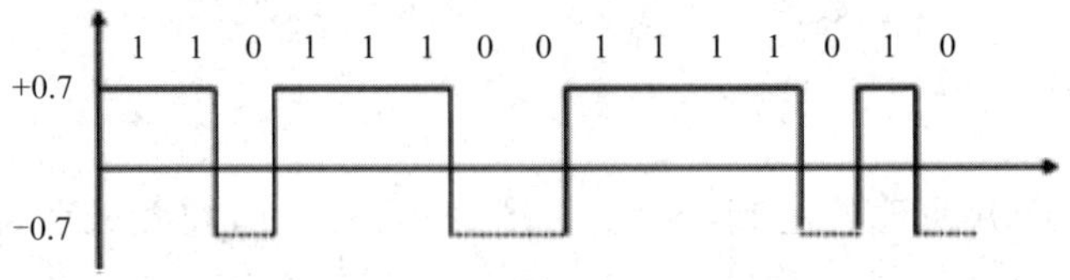

图 2-3 基带信号

2）宽带信号

宽带信号也被称为频带信号，指如果一个信号只包含了一种频率的交流成分或者有限几种频率的交流成分，则称为宽带信号。其中在远程或短程通信中，由于这些基带信号本身都具有频率非常低的特点，出于对频率极小而又能够大幅度地增加传输速度的考虑，一般宽带信号不宜直接进行传输，需要将这些基带信号转化为其他频带上的适合在各个信道中进行传输的信号，变换后的信号即为频带信号。频带信号主要适用于互联网、无线电视和移动设备上进行信号的传输，为了提高传输介质的带宽利用率，频带信号在传输过程中通常要采用多路复用技术。

3. 信道及信道的分类

1）信道的概念

信道是信号的传输媒介，为数据传输的通路。信道主要包括各种传输媒体和通信设备。传输介质可以是有线传输介质，如电缆、光纤等，也可以是无线传输介质，如电磁波。

2）信道的分类

信道可以按不同的方法进行分类，常见的分类方法如下。

（1）有线信道和无线信道。使用有线的传输介质的信道被称为有线信道，主要包括双绞线、同轴电缆和光缆等。而使用电磁波进行信息传输则被称为无线信道，它是利用电磁波在一定空间上进行信号传播的一种传输方式，主要包括长波信道、短波信道和微波信道等。

（2）物理信道和逻辑信道。物理信道泛指利用网络传送物理信号或者发送数据的一种主要物理通路，网络中两个物理节点之间的一种主要物理通路被统称为通信链路，物理信道由各种传输介质和与其息息相关的通信设备构成。逻辑信道也被广泛认为是一种通路，但一般是指人为定义的信息传输通路，实际上在信号收、发点之间并不存在一条物理传输介质，通常把这种逻辑信道统称为“连接”。

（3）数字信道和模拟信道。传输一个离散式数字信号的信道被统称为数字信道，利用数字信道传输数字信号时不需求对其进行转换，通常情况下只需要对其进行数字编码；传输模拟信号的一个信道被统称为模拟信道，利用模拟信道传送数字信号时，需要经过一个数字信号和另一个模拟信号之间的转换。

4. 数据通信的技术指标

1）数据传输速率

传输速率是泛指在各个信道上传输消息的频率，它也是各种数据传送系统的重要技术指标。传输频率一般主要有两种表示方式，即信号频率和控制器的频率。

信号速率是指单位时间内所传送的二进制位代码的有效位数，以每秒多少比特数进行计算，单位为比特 / 秒（bit/s）。数字信号的速率通常用“比特 / 秒”来表示。

调制速率主要指的是每秒传送的脉冲数，即波特率，单位是波特 / 秒（Baud/s），是指在信号进行脉冲调制时，各种调制信号状态每秒频率变化的脉冲次数。

2）信道带宽

信道带宽是指信道中传输的信号在不失真的情况下占用的频率范围，单位用赫兹（Hz）表示。为了能够更深入地认识和正确理解信道带宽的基本概念，不妨举一个关于人的耳部听觉生理系统的例子。一个人的耳朵所能直接听到的声波强度的范围大概是20~20 000 Hz，低于这个声波范围的声波被称为次声波，高于这个声波范围的声波被称为超声波。人的听觉生理系统很难将次声波和高声波同时传递给大脑，所以用 20 000 Hz 减去 20 Hz 所得的值就好比是人类听觉系统的带宽。数据通信信息系统的信道主要传输的不是一种无线声波，而是一种电磁波（主要波种包括无线电波、微波、光波等），其带宽就是所能传输电磁波的最大有效频率减去最小有效频率得到的值。

3）信道容量

信道的容量是每一个信道在传输数字信号时重要的测量参数。信道的传输容量和能力也是有一定条件限制的，某个信道在每秒内传输数据的频率有一个上限，即在一定的时间内，每个信道上所能够进行传输的最高比特数，单位是比特 / 秒（ bit / s ），将其统称为信道容量。无论是采用什么样的编码技术，传输数据的频率和速度都不能够超出信道的容量，否则这些信号就可能失真，导致数据失效。

4）信道带宽和信道容量的关系

理论上的分析表明，信道的容量与信道的带宽之间是成正比的关系，即每一个信道的带宽越宽，信道的容量就会越大。

5. 通信方式

1）单工、半双工与全双工通信

按照信号传送方向与时间的关系，可以将数据通信分为以下 3 种方式。

（1）单工通信。单工通信主要指通信中单方向传输的工作方式，即双方之间只能由一方将自己的数据发送给另一方，数据信号只能沿一个方向进行传输，发送方只能发送不能接收，接收方只能接收不能发送，任何情况下都不可以改变信号的传输和发送方向，如图 2-4 所示。例如，有线电视广播是一种简单的单工通信方式，电视台只可以发送信息，用户的无线电视机只能接收电视台发送的信息。

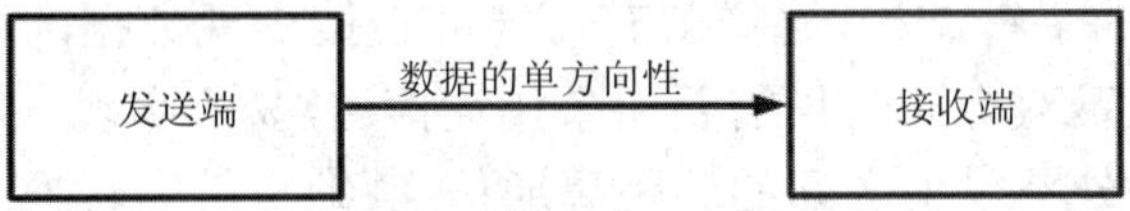

图 2-4　单工通信方式

（2）半双工通信。半双工通信主要指通信的双方都可以发送和接收信息，但不能同时发送，只能在两者之间交替传输。这种通信的方式主要适用于一方向客户发送消息另外一方接收消息，经过一段时间后再相互转移（通过启动器或者开关设备进行切换），如图 2-5 所示。对讲机和步话机的工作方式就是典型的半双工通信。

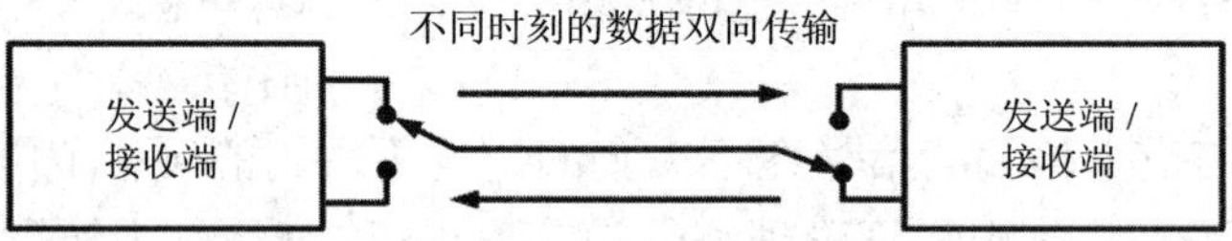

图 2-5 半双工通信方式

（3）全双工通信。全双工通信是指进行通信的双方能够同时进行信息的传输。全双工通信需要两条信道，一条主要用来接收信息，另一条主要用来发送信息，其通信的效率很高，但是它们的结构复杂、成本高，如图 2-6 所示。例如，在一个电话系统中，用户既可以直接拨打电话，又可以接听电话。在正常的电话通信过程中，通话的任何一方都在说话，当然，说话和听到电话的任何一方都是完全可以进行相互转换的，这时候的电话通信就属于半双工通信方式。如果通话双方之间发生争执，同时提出意见，采用的便是全双工通信方式。目前大多数网络中的通信都实现了全双工通信。

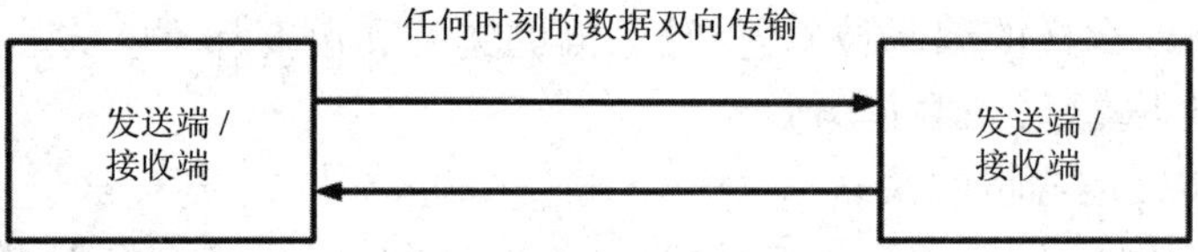

图 2-6 全双工通信方式

2）串行通信和并行通信

计算机通常是用 8 位二进制代码（1 字节）来表示一个字符。按照字节使用的信道数，可以将数据通信分为以下两种方式。

（1）串行通信。在数据通信中，可将等待传送的每一个字符的二进制代码按照由低至高的顺序，依次发送，如图 2-7 所示。从发端传送 8 比特数据，将数据按位依次传输，每位数据占据固定的时间长度，即使用少数通信线路就可以完成系统间的信息交换。这种简单的工作方式被统称为串行通信。由于整台计算机内部都是采用串行通信，因此，数据在被发送之前，要先将整台计算机内部的字符通过转换器进行串 / 并转换，收端再经过串 / 并转换，还原后形成整台计算机的字符结构，这样就有可能够直接实现数据的串行通信。串行通信的主要优点之一就是收、发双方同时只需要一条传输信道，易于实现，成本低，特别适用于计算机与计算机、计算机与外部设备之间的远距离通信；其缺点就是转换速度相对缓慢。

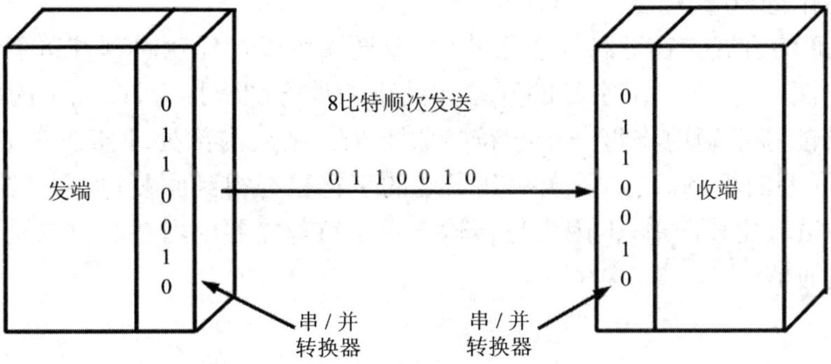

图 2-7　串行通信方式

(2)并行通信。并行通信指多数据同时通过并行线进行传送,即将数据编组成一块或一个多段以并行数据的方式,在一或多条不同的并行数据信道上自动实现同时数据传递。常用这种数据传输方式的主要原理是将构成 1 个字符代码的几位二进制比特分别通过几条并行的信道同时进行数据传输。如图 2-8 所示,在并行传输中一次需要同时发送 8 比特的数据,即并行发送 8 比特。并行传输的主要技术优点之一是传输速度快,但需要在数据发送端和接收端之间至少设置若干条传输线路,费用高,仅适用于近距离、高速数据实时通信的网络环境下。

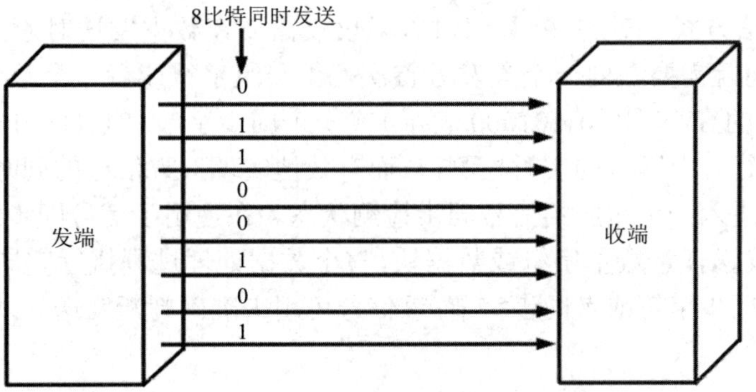

图 2-8　并行通信方式

3)同步技术

同步技术是保证通信网络中各种信号之间协同工作的技术。即要求通信的发收双方在发送和接收数据时在时间基准上保持一致,同步技术是数字通信系统中的关键技术,没有高度的同步能力,在传输数据的成功率和正确率上就没有保障。在串行通信中,通信的双方在进行数据的交互时,其传输速率、持续时间以及时间间隔都需要保持一致。

例如,在项目实施时,任何一方都需要根据制订的计划开展工作。在工作的过程中,也要保持沟通和交流,根据实际情况和计划一步一步地完成项目。若没有一个良好的同步协同能力,那么项目将难以进行。数据通信的过程更是如此。

但在实际的数据通信过程中,需要更多的技术支持以及根据不同的情况,应用不同的同步方式，基本的同步方式有以下几种。

（1）异步通信方式。在这种异步模式中，发送端可以在任意时刻发送字符，为了保证数据传输的完整性，需要在一个字符的开始和结束的地方加上标志，即加上起始位和停止位，以便使接收端能够正确地将每一个字符接收下来。之后内部处理器在完成了相应的操作后，通过一个回调的机制，通知发送端其发送的字符已经得到回复，如图 2-9 所示。异步通信方式的应用虽然比较简单，但因为每传输一个字符都需要使用 2~3 位二进制代码，所以特别适用于低速通信。

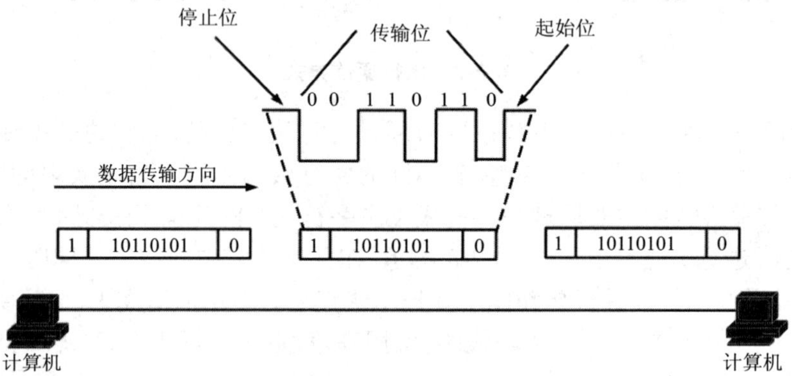

图 2-9　异步通信方式

（2）同步通信方式。对这些同步数据，不仅仅需要在数据发送时附加一个字符起始位和一个停止位，而且需要在向一个收发方首次寄出一组字符或者一个数据块之前对它发送一个相同字符串的 SYN（以 01101000 表示）或一个同步字节（01111110），用于对两个收发方的信号质量进行一个同步的实时检测，从而有效地实现双方信号的同时收发和同步输出，使双方能够同时进入一个相应的信号同步检测状态。在使用了信号同步字符或者同步字节之后，可以连续发送任意数量字符或数据块，整个数据处理过程执行完毕后，可以再次使用一个相应的信号同步字符或者同步字节，该信号可用来准确判断发送处理过程的起始终点，如图 2-10 所示。

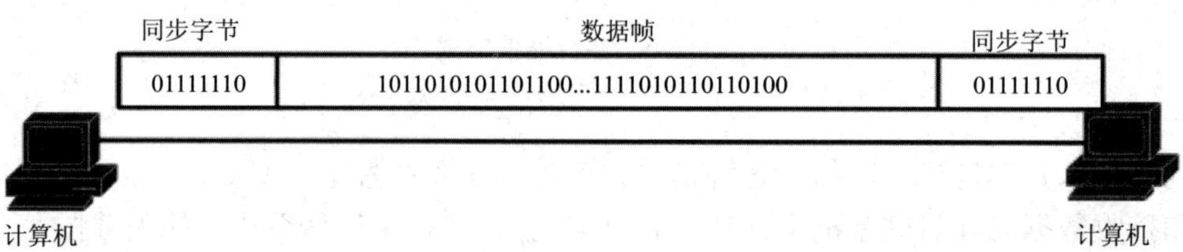

图 2-10　同步通信方式

在进行同步传送时，由于信号的发送方和接收方把整个数据字符组当作一个独立的单位进行传送，且其附加的位又很少，从而大大提高了数据传输的准确性和效率。这种技术一般应用于计算机之间的高速传递数据通信系统中。

此外，在同步通信中，收发双方的时钟需要严格地同步，而且需要使用同步字符或同步字节，只是用于同步接收的数据帧，只有确保接收方所需要接收的每一比特都与发送端保持一致，接收方才能真正做到正确接收数据，这需要采用位同步的方式。对于位同步，收发双方可以利用一个专门信道发送同步的时钟信号来维护和保持收发双方的同步，也可以直接利用编码技术把时钟进行编码。在接收数据的同时，还可以获取到同步时钟，两种方法相比，后者的效率更高，使用最为广泛。

技能点 2　传输介质的基本介绍

在网络上进行数据传输所需要的“传输媒体”可以比作高速公路，驾驶员在高速公路上驾驶汽车，高速公路质量的好与坏将直接决定驾驶员行车时是否安全舒适。同样，网络传送介质的品种和性能也直接影响数据传送的质量，例如有线传输和无线传输都有各自的优势和劣势，在保障基础传输功能的顺畅之后，可依据实际情况选择更好的传输方式。只有保证好基础，才能更好地完善其他更高级别的服务。

1. 传输介质的主要类型

常用的网络传输介质可分为两类：一类是有线的，另一类是无线的。有线传输介质主要有双绞线（Twisted Pair，包括屏蔽双绞线和非屏蔽双绞线），如图 2-11 和图 2-12 所示；同轴电缆（Coaxial Cable），如图 2-13 所示；光纤（Fiber Optics），如图 2-14 所示。无线传输介质有无线电波、红外线等。

图 2-11　屏蔽双绞线

图 2-12　非屏蔽双绞线

图 2-13　同轴电缆

图 2-14　光纤

2. 双绞线

1）双绞线的物理特性

双绞线是由相互绝缘的两根新型铜线按一定的扭矩相互地移动绞合在一起的，每根新的铜线都分别增加了一个绝缘保护层并且都分别具有各自的绝缘颜色以及分配的标记，如图 2-15 所示。成对线的扭绞设计主要是为了将内部电磁辐射及外部其他电磁干扰降至最低。这种新型双绞线电缆具有传输性能好、廉价等优势，是目前国内应用最多的传输介质。

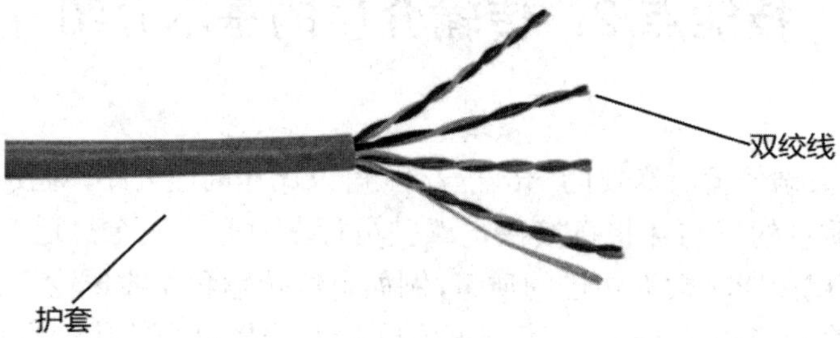

图 2-15　双绞线结构示意图

双绞线可以传输各种模拟信号和数字信号，其传输的速率是随着电缆线路的粗细、长短而变化的，具体根据绞线的直径而定，直径越大，传输时间和距离就相对越短，而传输的速率就会越高。

在局域网环境下，通常使用屏蔽双绞线和非屏蔽双绞线。两者之间的根本区别主要在于屏蔽双绞线内部增加了一个铅箔屏蔽保护层，如图 2-16 所示，目的主要是为了改善铅箔双绞线的耐高热腐蚀和抗干扰等性能，但其实际价格已经超过了非屏蔽铅箔双绞线的两倍以上。屏蔽双绞线主要应用在对网络安全性能和技术性能要求相对较高的国际网络环境中，如大型军事企业网络、股份式企业网络等。而且直接使用屏蔽双绞线的国际网络设备为了更好地达到直接屏蔽的效果，所有网络插口和配套的通信设备均可能需要使用屏蔽设备，否则可能无法实现直接屏蔽的网络效果，所以整个网络的技术成本可能会比使用非屏蔽双绞线网络的技术成本要高出许多，因此至今仍未能够得到广泛应用。非屏蔽式的双绞线基本结构如图 2-17 所示。

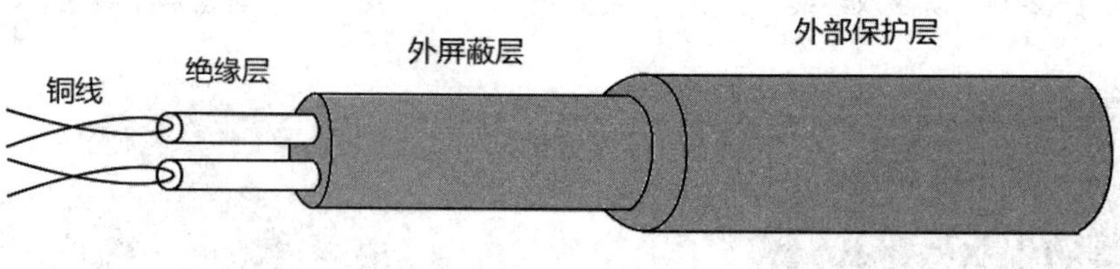

图 2-16　屏蔽双绞线

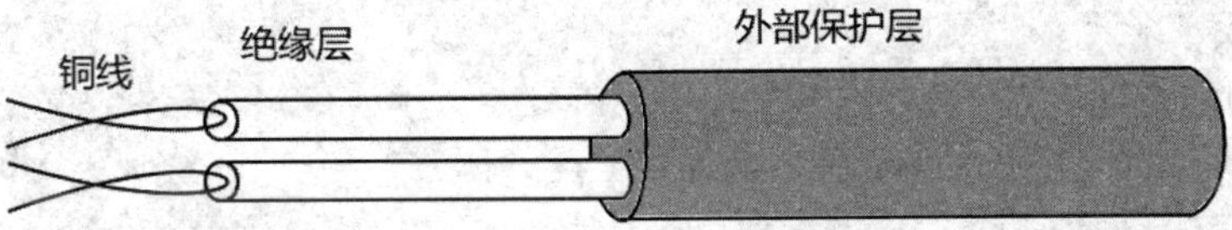

图 2-17　非屏蔽双绞线

2）非屏蔽双绞线的类型

按照 EIA/TIA（电气工业协会 / 电信工业协会）568A 标准，非屏蔽双绞线共分为 6 类。

（1）1 类线：它们虽然可以广泛应用于电话传输，但并不适合进行数据传输，这一类电缆并没有固定的性能条件。

（2）2 类线：主要用于手机传输及最大传输速率为 4 Mbit/s 的数据传输，其中主要包括 4 对双绞线。

（3）3 类线：主要用于最大传输速率为 10 Mbit/s 的视频数据无线传输，其中主要包括 4 对双绞线，常见的两种是 10 Base-T 以太网语音传输和数据传输。

（4）4 类线：可用于最大传输速率 16 Mbit/s 的令牌环网和大型 10 Base-T 以太网，包括 4 对双绞线。其测试传输速率可达 20 Mbit/s。

（5）5 类线：既可以用于最大传输速率 100 Mbit/s 的快速以太网又可以支持最大传输速率 150 Mbit/s 的 ATM 数据传输，其中一种包括 4 对双绞线，是连接各种桌面电子设备的首要传输介质。

（6）超 5 类线：与 5 类线相比具有较小的输入信号频率衰减、串行干扰和较大的信号时延频率误差，其最终目标就是为了保证 5 类线以太网线缆能够更好地支持 1 000 Base-T 千兆位以太网。

（7）6 类线：在外形和结构上与 5 类线和超 5 类线都存在着一定的区别，与 5 类和超 5 类线相比，它具有数据传输时间短、传输损耗小、耐磨、抗干扰能力强等优点，常用于千兆位以太网和万兆位以太网中。

在计算机网络中常见的非屏蔽双绞线主要是 3 类线（CAT3）、5 类线（CAT5）、超 5 类线（CAT5e）和 6 类线（CAT6）。5 类线与 3 类线主要的差别在于以下两个方面。

第一，5 类线大幅度增加了单位导线长度的绞合次数。

第二，5 类线的绞合度和线对内的绞合度均经过精心设计，并在其批量生产中受到了严格的质量控制，使得干扰可以在一定范围内有效抵消，从而大大改善了各类线路的数据传输效率。

6 类线在外部增加了静电绝缘的十字骨架，其电缆的直径更粗，将双绞线的 4 对线分别置于十字骨架的 4 个凹槽内，以保持 4 对双绞线的相对位置不变，如图 2-18 所示。这样大大改善了该类电缆的均匀性和平衡传输特性，提高了电缆的抗干扰能力，而且传输时的信号衰减率也会随之变小。

图 2-18　6 类非屏蔽双绞线

在应用双绞线进行组网时，需要配套的 RJ-45 水晶头和对应的集线器。

3. 同轴电缆

1）同轴电缆的物理特性

同轴电缆是一种被广泛使用的数据传输介质。这类电缆连接技术在实际生活中的应用范围非常广，如用于有线电视网等。组成这种同轴电缆的内外两个导体必须是同轴的，同轴电缆结构如图 2-19 所示。

图 2-19　同轴电缆结构

同轴电缆的外导体一般是一个由各种金属编织而成的套管，内部导体为椭圆形金属芯线，一般选择优质铜金属作为导体材料。内外部的半导体间填充绝缘体等媒介。同轴电缆可以是单芯的，也可以把多条单芯同轴电缆组合到一起构造出多条同轴电缆。同轴电缆具有隔热绝缘效果佳、频带宽、数据信号传送稳定、价格合理、性能优越等特点，因此它们已成为在局域网中被广泛使用的一种传输介质。

同轴电缆可分为两类：细缆和粗缆。经常提到的 10 Base-2 和 10 Base-5 以太网就是分别使用细同轴电缆和粗同轴电缆组网的。

在使用两条同轴电缆组网时，还可能需要在电缆两端分别加上 50 Ω 的反射电阻，这个就是我们通常所说的终端匹配器。

同轴电缆组网的其他连接设备根据细缆与粗缆的不同也不尽相同，即使名称一样，其规格、大小也是有差别的。

2）细缆连接设备及技术参数

当采用细缆路组网时，除了必须使用电缆外，还必须使用 BNC 头，如图 2-20 所示；T 型头，如图 2-21 所示；带有 BNC 端口的无线以太网卡，如图 2-22 所示；终端匹配器，如图 2-23 所示；等等。

图 2-20　BNC 头

图 2-21　T 型头

图 2-22　带有 BNC 端口的以太网卡

图 2-23　终端匹配器

采用细缆组网的技术参数如下。

（1）最大的网段长度：185 m。

（2）网络的最大长度：925 m。

（3）每个网段支持的最大节点数：30。

（4）BNC 头、T 型头之间的最小距离：0.5 m。

3）粗缆连接设备及技术参数

粗缆连接设备主要包括转换器（位于粗缆上的一个连接盒）、DIX 电缆、N 系列插口等，如图 2-24 所示。在使用粗缆组网时，网卡中必须要附带一个 DIX 接口（一般标有 DIX 字样）。

采用粗缆组网的技术参数如下。

（1）最大的网段长度：500 m。

（2）网络的最大长度：2 500 m。

（3）每个网段支持的最大节点数：100。

（4）收发器之间的最小距离：2.5 m。

（5）收发器电缆的最大长度：50 m。

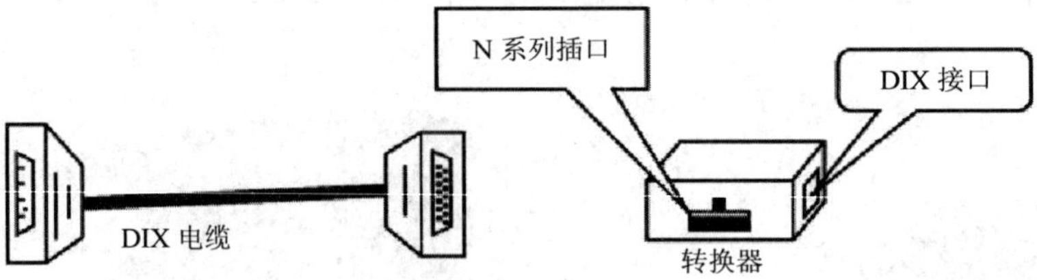

图 2-24 粗缆连接设备

4. 光纤

光纤的全称是光导纤维，是一种由玻璃或塑料制成的纤维，可作为光传导工具。它利用光的全反射原理来传递数据，损耗相比于传统电线传导要小得多，因此在远距离传输信息时，具有很大优势。

1）光纤的物理特性

光纤是由纤芯、包层和保护层 3 个部分共同组成的，如图 2-25 所示。其内部结构如图 2-26 所示。

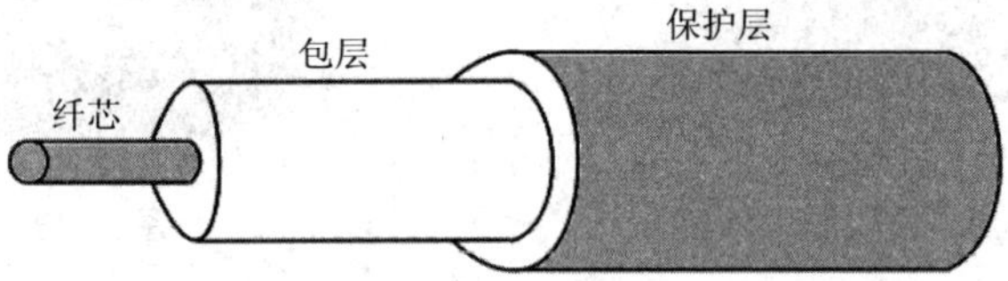

图 2-25 光纤的结构

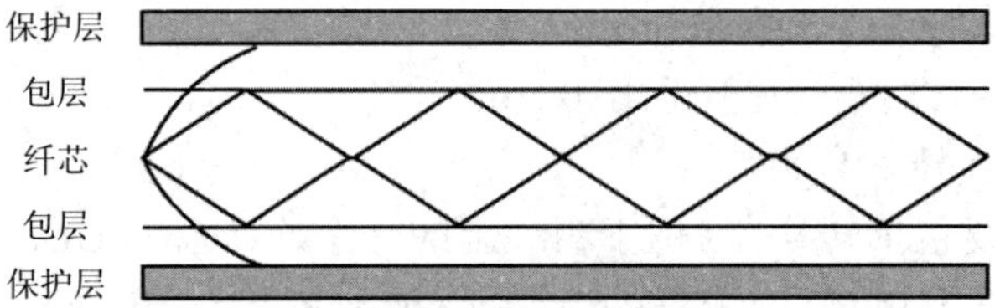

图 2-26 光纤的内部结构

光纤两端的端头都是通过电烧烤或化学环氯工艺与光学接口连接在一起的。一根光缆可以包括两根至数百根光纤，并用加强芯和填充物来提高机械强度。

每根光纤只能单向传送信号，因此为了有效实现双向无线通信，光纤中至少必须同时包括两个独立的引脚，一条为单向发送，另一条为接收。无线信号可以在玻璃纤维内进行传输，其具有绝缘、抗电磁干扰性能强，传输更加稳定，信号质量更好等优点。由于目前可见光的频率一般为 1 014 Hz，因而这种光信号传输系统的带宽范围很大，特别适用于高速互联网和骨干互联网。

光纤传输系统中的一种主要光源发射方是发光二极管。当光线通过这些电子元件时会直接产生一个光脉冲，光脉冲通过光缆传输信息。出现光脉冲用“1”表示，不出现光脉中用“0”表示。光缆的两端各有一个装置用来完成电 / 光信号和光 / 电信号的转换，接收端将光信号转换成电信号时，要使用光电二极管（PIN）检波器或APD检波器。一个典型的光纤传输系统结构如图2-27所示。

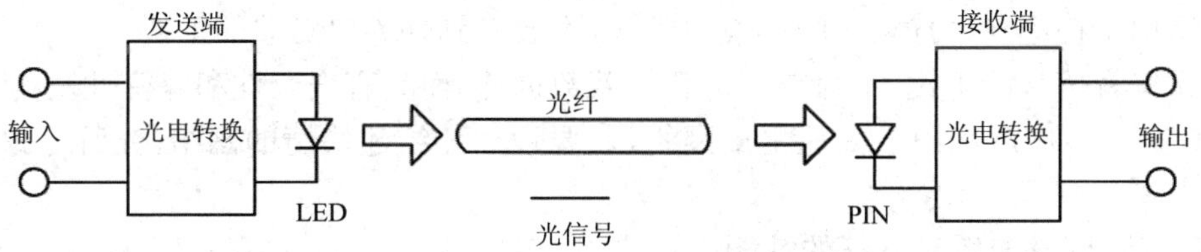

图2-27　光纤传输系统结构

按照应用的光源及其光纤传输系统模式的不同，光纤可以被划分成较为简易的单模光纤和多模光纤。如果一种光纤被做得极细，细到纤芯的直径是光的一个波长，那么它就已经变成了一种波导管。在这种情况下，光线不再需要经过多次反射式的传播，而是一直向前方传播，如图2-28所示，这种新型反射光纤被统称为单模光纤。

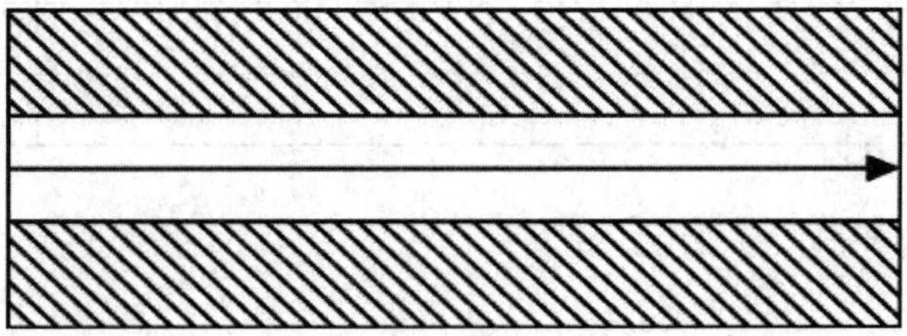

图2-28　单模光纤传播

多模光纤的每条纤芯的直径比单模的大，一旦光线到达光纤表面发生全反射，光信号就变成多条入射角度不同的光线，同时在一条光纤中传播，如图2-29示，这种光纤被统称为多模光纤。

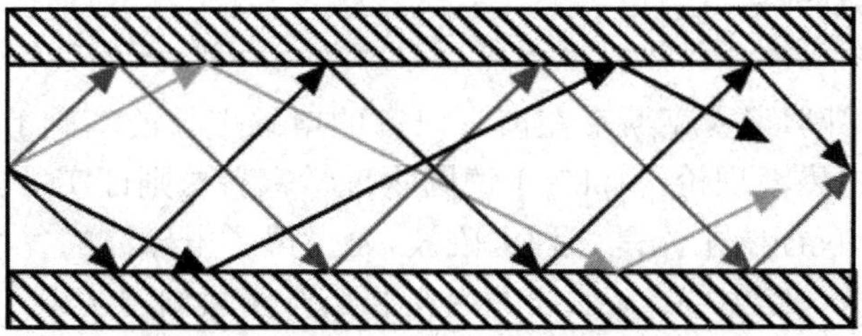

图2-29　多模光纤传播

单模光纤的性能很好，传输速度也相对较高，适用于长距离传输，但其生产工艺相对于多模光纤更复杂，成本也相对较高；多模光纤的成本相对较低，但是性能相对于单模光纤要差一些。

2）光纤的特点

光纤具有许多优势，这些使其在远距离通信中起着重要的作用。光纤和同轴电缆相比具有以下几个优点。

（1）拥有较大的带宽，通信容量巨大。

（2）传输速率高。

（3）传输衰减更小，连接的距离更远。

（4）适用于在电气干扰较大的环境中工作，不会受到外界电磁波的干扰。

（5）无串音信号的干扰，不易被盗听和拦截数据，因而具有安全性和保密性高的特点。

目前，光纤被广泛应用于高速主干网络，若要设计和组建快捷的网络，光纤是最佳选择之一。

5. 双绞线、同轴电缆与光纤的性能比较

双绞线、同轴电缆与光纤的性能比较如表 2-1 所示。

表 2-1　双绞线、同轴电缆与光纤的性能比较计算机网络分类表

传输介质		价格	电磁干扰	频带宽度	单段最大长度
双绞线	UTP	最便宜	高	低	100 m
	STP	适中	低	中等	100 m
同轴电缆		适中	低	较高	100 ~500 m
光纤		昂贵	没有	高	几十千米

技能点 3　无线与卫星通信技术

随着时代的进步，通信技术也在朝着稳定、快速的方向不断发展。无线网络以及卫星通信这些新型的通信方式也在不断改变人们的日常生活。

1. 电磁波谱和移动通信

1）电磁波谱

1864 年，英国的科学家麦克斯韦在前人研究的电磁现象的基础上，断定了电磁波的存在，并建立了完整的电磁波理论。1887 年德国物理学家赫兹则证实了电磁波的存在。1898 年马可尼通过实验不仅证明了光是一种电磁波，还发现了电磁波的各种形式。这不但促使人们对无线电波、光波、X 射线、γ 射线的内在联系有了深刻的认识，还揭示了电磁波谱的秘密。

电磁波的传播方式主要有两种：一种主要是在有线的传播空间内进行传播，即通过有线方式传播，如用双绞线、同轴电缆和光纤来传输电磁波的方式就属于有线传播；另一种主要是在自由的传输空间中进行传播，即通过无线方式传播。

图 2-30 所示为电磁波谱与通信类型关系。从图中可以看到，不同频率的电磁波可以分为无线电、红外线、可见光、紫外线、X 射线和 γ 射线。目前人们已经利用了无线电、红外线以及可见光这几个波段进行通信。目前紫外线和较高波段的通信还没有应用于无线通信。

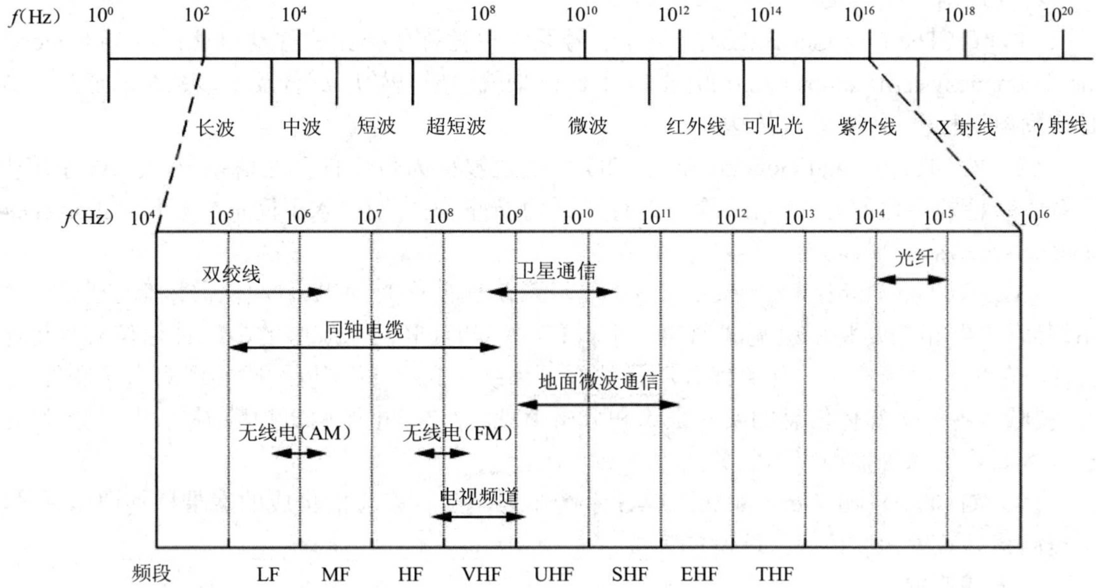

图 2-30　电磁波谱与通信类型关系

国际电信联盟（ITU）根据各种频率（或者波长）对不同的波段进行划分并对其命名。LF、MF 和 HF 分别代表的是低频、中频和高频，更高频段中的 VHF、UHF、SHF 和 EHF 分别代表甚高频、特高频、超高频和极高频。无线电频率和带宽之间的对应关系如表 2-2 所示。

表 2-2　无线电频率和带宽之间的对应关系

频带划分	频率范围
低频	30 kHz~300 kHz
中频	300 kHz~3 MHz
高频	3 MHz~30 MHz
甚高频	30 MHz~300 MHz
特高频	300 MHz~3 GHz
超高频	3 MHz~30 GHz
极高频	大于 30 GHz

2）移动通信

移动通信是指移动用户与固定点用户之间或移动用户之间的通信方式。移动物体之间的互联网通信一般是依靠移动通信系统来实现的，目前在国内得到广泛应用的移动通信系统主要有：蜂窝式移动通信系统、无绳电话系统、无线电寻呼系统、Ad Hoc 网络系统以及卫星式移动通信网络。

移动通信系统的发展通常分为以下几代。

（1）1G（The First Generation）。1G 信号系统也被称作类比式移动电话系统（advanced-mobilephonesystem，amps），20 世纪 80 年代以来就已经开始广泛普及。该系统的通话方式是蜂窝电话标准，仅限语音传送。

（2）2G（The Second Generation）。2G 系统也被称为数字移动通信系统，在 2G 系统中语音以一种数字化的方式传输，除了具有通话功能外，还特别引入了简单的短信（ short message service ，sms ）等功能。

（3）3G（The Third Generation）。3G 技术系统也被称为手机多媒体无线移动通信技术系统，它主要指的是将手机无线通信与手机移动端和互联网系统中的多媒体通信有机地结合在一起的一种新型第一代无线移动通信技术系统。3G 系统可以同时实现对电子图像、声音、视频等各种多媒体信息的实时采集和分析整理，提供了电子网页视频浏览、电话会议、电子政务商业信息等多种应用服务。

（4）4G（The Forth Generation）。4G 系统主要是一种多功能集成的宽带移动通信系统，可提高移动装置无线访问互联网的速度。

2. 无线通信

采用有线的方式传输大量数据具备一个共性，即需要同时连接一根线缆，这在许多环境下都是不太方便的。在当今的互联网信息时代，人们对信息需求十分迫切，很多年轻人都需要随时与家庭、社会或单位保持网络在线联系，就需要充分运用手机、笔记本电脑等设备随时随地、快捷地获取信息。对于这些移动用户，双绞线、同轴电缆和光纤均无法完全满足其要求，而无线通信则能够彻底解决上述的问题。

1）无线通信概述

无线通信是指多个节点间不经由导体或缆线传播的远距离传输通信，其实也就是一种无线数据传输的系统，主要有微波通信、卫星通信和移动通信等。

无线电被广泛应用于国际网络通信的一个重要原因就是其传播的电波距离很远，很容易从一个建筑物中直接穿过，并且由于这些无线电波在传播方向上可以进行全方向传播，所以无线电波的发射与接收的专用设备就无须精确地对准传播方向。

无线电波的传播特性与它们的频率相关。在低频上，无线电波可以简单地绕开一般的障碍物，但它们的能量也随着传播时间和距离的加长而急剧减小。在高频上，无线电波更加趋于通过直线方式传播并且容易受到障碍物的遮蔽，还可能会被雨水所吸收。所有频率的无线电波都非常容易遭受来自其他电子器件的各类电磁信号的干扰。

发射频率大约为 1 MHz 以下的被称为中、低频的无线电波，其能够沿着整个地球的表面传播，如图 2-31 所示。这些波段内的无线电波非常容易从普通的高层建筑物中进入和穿出。采用中、低频的两种无线电波信号来实现无线数据通信的主要技术问题就是它们的通信带宽相对较低。

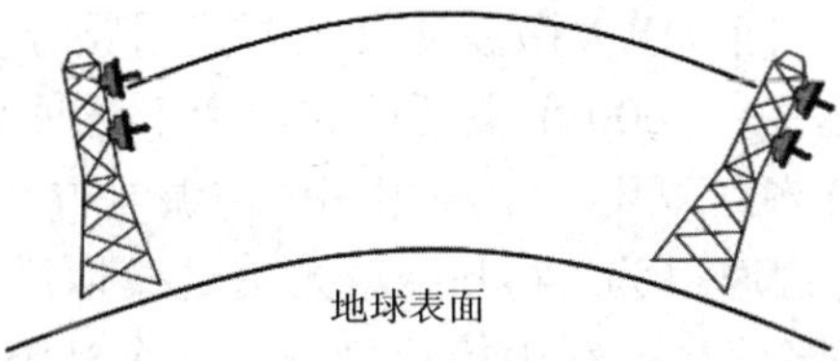

图 2-31　中、低频无线电波传播示意

辐射频率范围为 3 MHz~1 GHz 的高频无线电波被称为高频和甚高频无线电波。这种无线电波将被地球表面吸收，但是那些到达距离地球表面 100~500 km 高度的带电粒子层（电离层）的无线电波将被反射回地球表面，如图 2-32 所示。高频和甚高频无线通信就是利用无线电波的这种特性来进行数据通信。

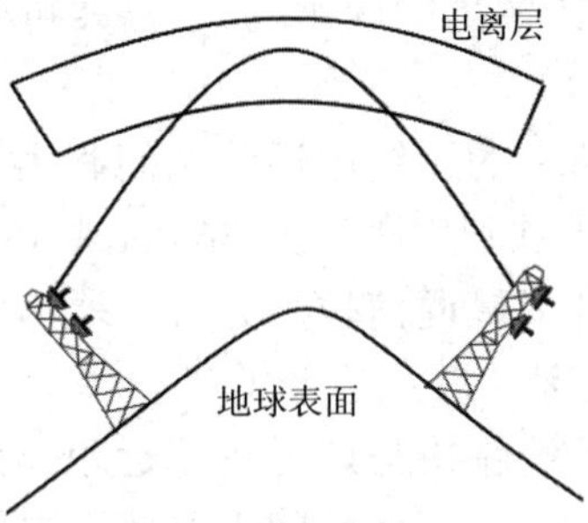

图 2-32　高频和甚高频无线电波传播示意

3. 微波通信

微波通信是利用无线电波在对流层的视距范围内进行信息传输的一种通信方式。微波频率为 2 GHz~400 GHz，在长途通信中，其最为典型的 4 个工作频率分别是 2 GHz、4 GHz、8 GHz 和 12 GHz。微波通信的工作频率非常高，与通常的无线电波不同，微波只能沿一条直线的方向进行传播，所以微波通信中发射天线和接收天线都必须尽量做到精确对准。如果两个微波塔的位置相距过大，一方面由于地球表面的弧度可能会严重阻碍信号传送，另一方面由于微波长时间、高速传送可能会发生信号衰减，因此每隔一段距离就设一个新的微波信号中继站，如图 2-33 所示。中继站之间的距离应该与微波塔高度成正比。由于受到自然地形及其他天线高度等因素的影响，两个中继站之间的距离通常为 30~50 km。而对于 100 m 高的大型微波发射塔，中继站之间的直线距离至少可以向外延伸 10~80 km。

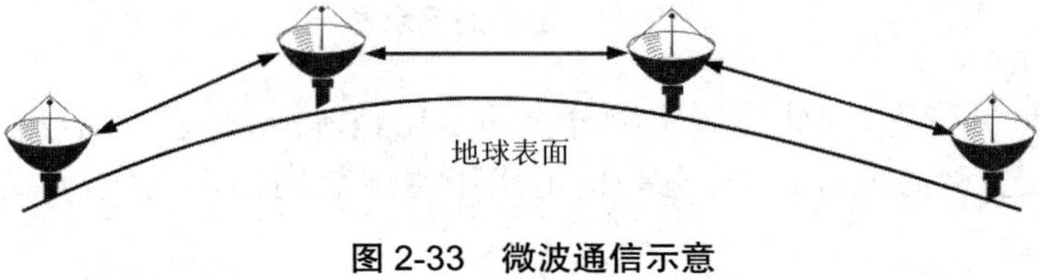

图 2-33　微波通信示意

微波通信根据所提供的传输通道，可以被划分为模拟和数字两种类型，分别将其简称为

“模拟微波”与“数字微波”。目前，模拟微波通信主要采用频分多路复用通信技术和频移键控调制方式，其传输容量可达 30~6 000 个电话信道。由于这种数字微波通信在我国目前发展比较晚，所以大都采用时分多路复用技术和相移键控调制方式。与其他数字电话一样，数字微波的每个话路的数据传输速率为 64 kbit/s。无论是模拟微波还是数字微波，都可以利用其中的一个话路来传输数字信号。利用模拟微波的一个话路来传输数字信号时，其数据传输速率可达 9 600 bit/s；而利用数字微波的一个话路传输数字信号时，其数据传输速率可达到 64 kbit/s。目前数字微波通信被大量运用于计算机之间的数据通信。

这种微波通信技术在传递数据的质量上相对稳定，由于频率非常高，因此能够同时向客户传送大量信息。与同轴电缆相比，微波通信不需要敷设电缆，所以成本相对较低，在当前长途通信中是一个十分重要的技术手段。微波通信的缺点是在雨雪等恶劣天气时传输的过程中信号会被吸收，从而导致造成的信号损耗，并且微波的安全和保密性远远不及电缆、光纤，对于安全性和保密性的要求比较高的应用场合，需要再做一些加密处理。

4. 卫星通信

卫星通信简单来说就是地球上的无线电通信站间利用卫星作为中继而进行的通信。常见的卫星通信是在地面站之间通过利用距地面 36 000 km 高空的多个地球同步轨道卫星进行全球微波射频接力通信的一种卫星通信技术方式。通信中继卫星即在太空中可以实时进行太空微波无线通信的通信中继器。

卫星微波通信系统可以有效地解决与地面进行远距离微波卫星通信的问题。地球同步通信卫星距离地面高，覆盖区域大、一颗地球同步通信卫星覆盖区域约为地球面积的 1/3，如果在地球同步轨道上等间距地放置三颗同步通信卫星，就能基本实现全球通信了，如图 2-34 所示。

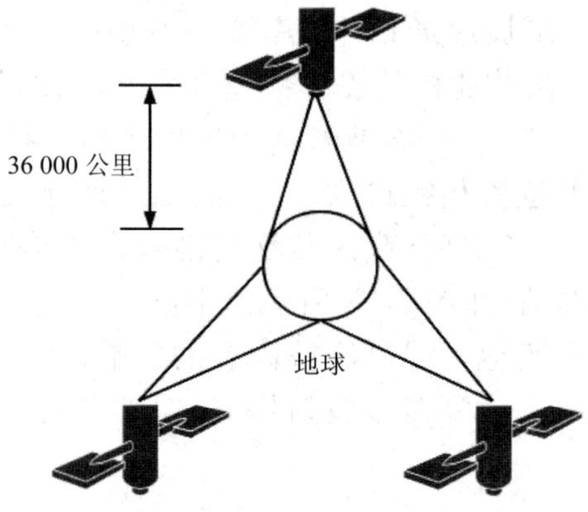

图 2-34 卫星通信示意

由于卫星信道频带宽，因此也可将频分多路复用技术分为若干子信道。有些信道用于地面站向卫星发送，称为上行信道；有些信道用于由卫星向地面转发，称为下行信道，如图 2-35 所示。

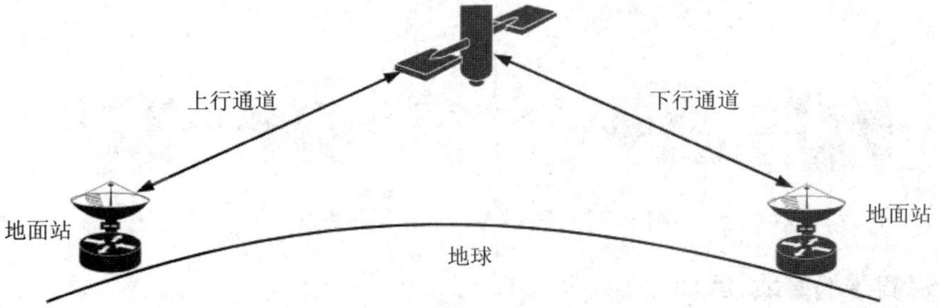

图 2-35 上行信道和下行信道

卫星通信的主要优点就是它们通信的容量很大，距离远，信号所遭受的干扰比较小，通信也比较稳定；其缺点在于传播时间延迟较高。由于每个地面站的天线倾斜度和仰角不尽相同，因此无论两个地面站之间的距离是多少，从发送站发出经过卫星传输直至接收站接收的传播延迟时间均为 270 ms，这与地面电缆的传播延迟时间大约为 6 μs / km 相比，尤其是与一些近距离站点通信相比，相差好几个数量级。

在我国卫星通信领域，甚小口径天线地球站（VSAT）已被大量使用。VSTA 泛指采用较小口径卫星天线的一种地面式接收系统，这类小站的卫星天线口径一般不可能超过 1 m，因而价格便宜。在 VSAT 卫星通信网中，需要有一个比较大的中心站来管理整个卫星通信网。VSAT 按其承担的服务类型可以分为两类：一类是以数据传输为主的小型数据地球站（PES），对于这类 VSAT 系统，所有小站间的数据通信都要经过中心站进行存储转发；另一类是以语音传输为主并且兼容数据传输的小型电话地球站（TES），对于这类能够进行电话通信的 VSAT 系统，小站之间的通信在呼叫建立阶段要通过中心站，但在连接建立之后，两个小站间的通信就可以直接通过卫星进行了。

技能点 4 数据传输中的重要概念

1. 频带传输技术

频带传输又被称为宽带传输，是指将数字信号调制为模拟信号后再进行发送或传输，当模拟信号到达接收端时再对其进行解调转换成原来的数字信号。这种利用模拟信道传输数字信号的方法称为频带传输技术。

采用频带方式进行传输时，调制解调器是一种最典型的通信设备，一般称之为 Modem，这种传输方式要求每个发送端和接收终端均配置一个调制解调器。当调制解调器作为数据的发送端时，其将计算机的数字信号转换成能在电话线上传输的模拟信号；当调制解调器作为数据的接收端时，其将电话线上的模拟信号转换为能在计算机上识别的数字信号，如图 2-36 所示。这样不仅能够使数字信号在可用电话线路上直接进行实时传输，还可以实现多路复用，提高信道利用率。

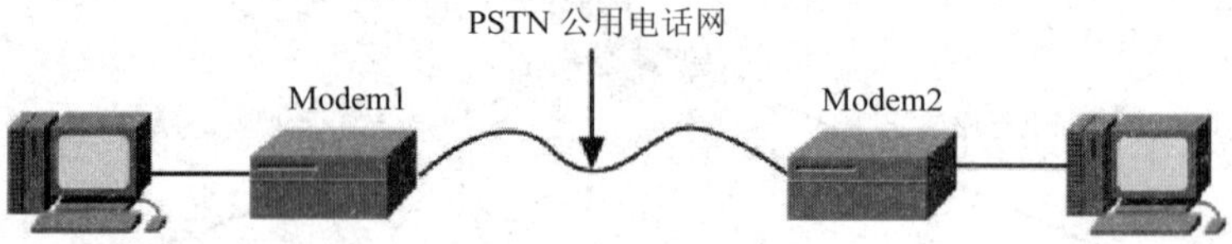

图 2-36 通过 Modem 传输数据

2. 调制解调器的基本功能

在频带传输中，计算机通过 Modem 与电话线连接。Modem 主要有以下两个功能。

（1）调制解调功能。所谓调制就是将计算机输出的“1”和“0”两个脉冲信号分别调制为对应的模拟信号，以便在电话线上进行传输。而解调，就是将在电话线路中传输的各种模拟信号，转化为计算机能够准确识别的各种由“1”和“0”构成的脉冲信号。调制与解调功能一般要靠一块数字信号处理（DSP）芯片完成。

（2）数据压缩和差错控制。为了大大提高 Modem 的数据传输速度及有效地降低数据传输差错率，目前许多 Modem 都已经成功采用了数据压缩和差错控制两种技术。数据压缩指的是发送端的 Modem 在发送数据以前先将数据压缩，接收端的 Modem 收到数据后再将数据还原，从而提高 Modem 的有效数据传输率。差错控制指的是将数据传输中的某些错码检测出来，并采用某种方法纠正，以提高 Modem 的实际传输质量。

这些功能通过控制芯片完成。当这两个部分的功能都由一个固化在 Modem 中的硬件芯片完成时，即 Modem 的所有功能都由硬件来完成，这种 Modem 称为硬 Modem，也称为硬“猫”。当 Modem 的硬件芯片中只固化了 DSP 芯片，其协议控制部分由软件来完成时，这种 Modem 称为半软 Modem；当这两部分功能都由软件来完成时，这种 Modem 就称为全软 Modem。

硬“猫”由于其硬件设备中有两块芯片，结构也复杂一些，价格自然比软“猫”要高。软“猫”的所有功能都由软件来实现，不需要买硬件，自然价格便宜，并且可以升级软件，但软“猫”要占用主机的系统资源，其缺少的芯片所担任的工作是靠主机 CPU 来完成的，并且完成的效果也不十分令人满意。

3. 调制解调器的分类与标准

1）调制解调器的分类

Modem 的分类方法有很多种，不同的 Modem 所适用的场景也不相同，一般按照 4 种方式进行划分：接口类型、数据传输方式、接入网络方式和通信方式。

（1）按照接口类型，Modem 可分为外置 Modem 和内置 Modem。外置 Modem 的背面有与计算机、电话线等设备连接的接口和电源插口，其面板上有一排指示灯，根据指示灯的状态，可以很方便地判断 Modem 的工作状态和数据传输情况，安装、拆卸、携带都比较方便。内置 Modem 可以直接插入一台计算机的扩展槽，不需要占用任何空间，与计算机的网络连接方式是通过一个主板或者总线。相对来讲，内置 Modem 的数据传输速度要高于外置 Modem，但是内置 Modem 占用了计算机的扩展槽。

（2）按照数据传输方式，Modem 可分为同步 Modem 和异步 Modem。同步 Modem 能够按照多种同步的方式对主机进行数据传送，速率相对比较高，一般应用于从主机向另外一台主机之间的通信上。同步 Modem 由于需要多个同步电路，故设备复杂、造价较高。异步

Modem 泛指一种能随机地以突发的方式对一个字符进行数据传输的模拟化 Modem，需要将传输的数据以字符作为计算单位，在每个字符前加一个起始位，以指明字符的开始，每个字符后加 1 个或 2 个停止位，以指明字符的结束。异步 Modem 主要适用于从终端连接到主机或者其他高速通信的场景，故电路简便、造价低廉。这两种数据传输方式在如今的 Modem 产品中都支持。

（3）按照接入网络方式，Modem 可分为拨号 Modem 和专线 Modem。拨号 Modem 主要用于公用电话网上的数据传输，具有在一些性能指标相对较低的环境下可以进行有效运算的优越性能。多数拨号 Modem 都具备调度、回复、响应和构建链接、释放链接等功能。专线 Modem 主要适用于一个专门的线路上或者租用的线路上，不需要带有自动回应和自动解决释放链接功能。

（4）按照通信方式，Modem 大致可以细化为单工、半双工和全双工 3 种。单工 Modem 仅能单向接收数据或者发送数据。半双工 Modem 可以实现双向接收和发送数据，但是不能够同时与其他设备相互接收和发送数据。全双工 Modem 则可以实现同时双向传输数据。在这三类 Modem 中，大多数 Modem 都支持半双工和全双工方式，仅支持单工方式的 Modem 很少。全双工工作模式相对于半双工工作模式的优越之处在于不必再花费线路上的换向时间，因此响应速度快、延迟小。全双工的缺点是双向传输数据时需要占用共享线路的带宽，故设备复杂、价格较高。

2）调制解调器的标准

Modem 的品牌很多，每种 Modem 都有自己要遵循的标准，这些标准可以用来指导 Modem 需要采用什么样的调制模式以及它们所支持的数据传输率。Modem 的标准包括 ITU（International Telecommunication Union，国际电信联盟）指定的 V 系列标准，主要表现在以下 3 个方面。

（1）数据传输速率标准。Modem 数据传输速率标准如下。

① V.17：根据调制器的标准，数据传输速率最高可以达 14. 4 kbit/s，如果线路质量差，可能会降到 12 kbit/s。

② V.21：全双工数据传输标准，数据传输速率为 300 bit/s。

③ V.22：速率为 600 bit/s 和 1.2 kbit/s 的全双工 Modem 的标准。

④ V.22 bis：速率为 2.4 kbit/s 的全双工 Modem 的标准。

⑤ V.32：速率为 9.6 kbit/s 的全双工 Modem 的标准。

⑥ V.32 bis：主要将 V.32 的标准提高到 7.2 kbit/s、12 kbit/s 或 14.4 kbit/s。

⑦ V.34：速率为 28.8 kbit/s、33.6 kbit/s 的 Modem 标准。

⑧ V.90：速率为 56 kbit/s 的 Modem 标准。

其实在 V.90 的 56 kbit/s 国际标准出现之前，3COM 公司提出了 X2 协议，Rockwell 和 Lucent 公司提出了 K56Flex 协议，均支持 56 kbit/s，但是 X2 和 K56Flex 两者互不兼容。1998 年，国际电信联盟（ITU）将 X2 和 K56Flex 结合在一起，将 56 kbit/s Modem 的国际标准统一为 V.90。这样不仅可以向下兼容 V.34 和 V.32 bis 等协议，其最大的优点还在于 ISP（Internet 服务供应商）和 PSTN（公用电话网）的连接部分直接使用数字线路，减少了模拟信号和数字信号间转换对响应速度的影响。

（2）差错测量控制操作规范。目前最普遍且较流行的两种差错控制系统协议为 MNP 和

LAPM。MNP 协议并非仅仅是一项基于国际单位标准化的国际协议，它其实是由一家 Microcom 公司负责编写并且负责制订的，总体上被划分为 5 个不同层次，也是说就是 MNP 1~MNP 5。其中，MNP 1~MNP 4 属于差错控制管理协议，MNP 5 属于差错数据压缩控制协议。ITU 将 MNP 4 作为应用 V.42 差错控制协议标准的一个正本附件，而把高级应用数据库的链路差错控制协议作为 HDLC 的一个标准子集，LAPM 则直接被列入了这个标准正本。Modem 通过使用差错控制传输协议，大大增强了系统数据的精确传输可靠度。

（3）数据压缩标准。数据压缩协议的基本概念建立在差错控制协议的概念基础之上。数据压缩协议主要有 V.42 bis 和 MNP5。ITU 制定的 V.42 bis 支持 4∶1 的压缩标准。例如，支持 V.34（速率为 28.8 kbit/s）标准的 Modem，若同时支持 V.42 bis 标准，则 Modem 的传输速率可达到 100 kbit/s。

4. 多路复用技术

多路复用是指在数据传输系统中，允许两个或多个数据源共享同一个传输介质，把若干彼此无关的信号合并为一个，使其在一个共用信道上传输，就像每一个数据源都有自己的信道一样。也就是说，利用多路复用技术可以在一条高带宽的通信线路上同时传播声音、数据等多个有限带宽的信号，目的就是充分利用通信线路的带宽，减少不必要的敷设或架设其他传输介质的费用。

1）多路复用技术的类型

多路复用一般可分为以下 3 种基本形式。

①频分多路复用。

②时分多路复用。

③波分多路复用。

2）频分多路复用

任何信号都只占用一个宽度有限的频率，而信道可以被利用的频率比一个信号的频率宽得多，频分多路复用恰恰就是利用这个优点，采用频率分割的方式来实现多路复用。

频分多路复用技术的工作原理是：多路数字信号被同时输入频分多路复用编码器中，经过调制后，每一路数字信号的频率分别被调制到不同的频带，但都在模拟线路的带宽范围内，并且相邻的信道间用“警戒频带”隔离，以防相互干扰。这样就可以将多路信号合起来放在一条信道上传输。接收方的频分多路复用解码器再将接收到的信号恢复成调制前的信号，如图 2-37 所示。

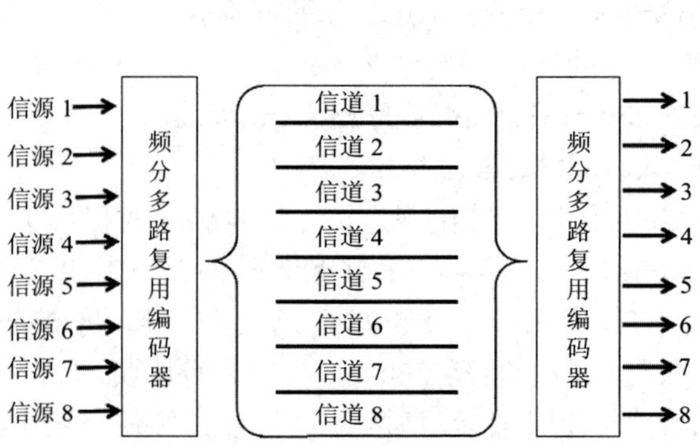

图 2-37 频分多路复用原理

频分多路复用主要用于宽带模拟线路中。例如，有线电视系统中使用传输介质是 75 Ω 的粗同轴电缆传输模拟信号，其带宽可达 300~400 MHz，并可划分为若干独立的信道。一般每一个 6 MHz 的信道可以传输一路模拟电视信号，该带宽的有线电视线路可划分为 50~80 个独立的信道，同时传输 50 多个模拟电视信号。

3）时分多路复用

如前所述，频分多路复用主要是以多条信道的频带为基础进行分割对象，通过给多个信道之间分配相互不重叠的频率区域范围的方法，实现多路复用，因而更加适用于各种模拟信号的传输。时分多路复用则主要是以同一信道上传输的时间片为分割对象，通过给多个同一信道之间分配相互不重叠的时间片的方法，实现多路复用。因此，时分多路的复用比较适合数字信号的传送。时分多路复用技术的主要工作基本原理是：将一个信道中用于通信和传输的数据按照时间长度划分成若干个时间片，每个用户都要占用一个时间片，在其中所占用的一个时间片内，用户需要利用这个通信信道的全部带宽来传输和处理数据，如图 2-38 所示。

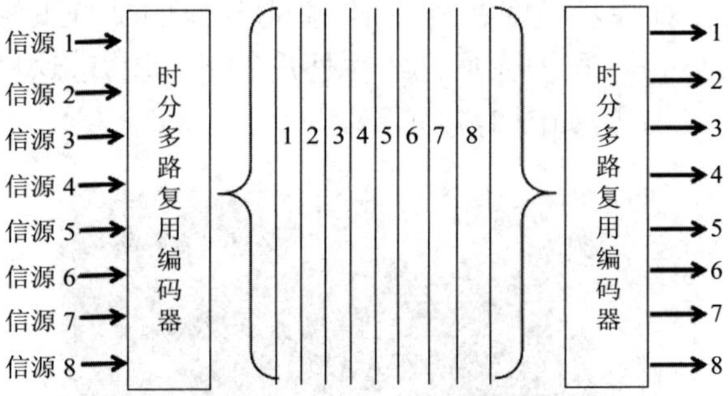

图 2-38　时分多路复用原理

4）波分多路复用

在光纤信道上使用的频分多路复用的一个变种就是波分多路复用。图 2-39 所示就是一种在光纤上采用波分多路复用的原理。在这种方法中，两根光纤连到一个棱柱或衍射光栅，每根光纤里的光波处于不同的波段上，两束光通过棱柱或衍射光栅合到一根共享的光纤上，到达目的地后，再将两束光分解开来。

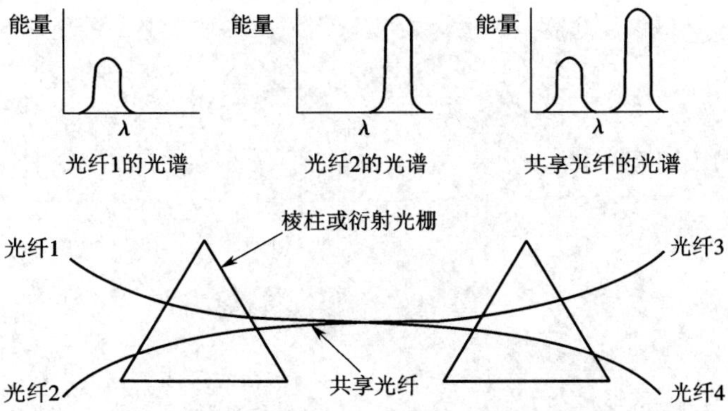

图 2-39　波分多路复用原理

只要每个信道有各自的频率范围并且互不重叠，信号就能以波分多路复用的方式通过共享光纤进行远距离传输。波分多路复用与频分多路复用的区别在于：波分多路复用是在光学系统中利用衍射光栅来实现多路不同频率的光波信号的分解和合成，并且光栅是无源的，因而可靠性非常高。

任务实施

双绞线接头的制作

制作双绞线接头，通常以 100 Mbit/s 的 EIA/TIA 568B 作为标准规格。

第一步：剪下所需长度的双绞线，至少 0.6 m，最多不超过 100 m。

第二步：利用双绞线剥线器将双绞线的外皮剥去 2~3 cm。有一些双绞线电缆上含有一条柔软的尼龙绳，如果在剥除双绞线的外皮时，觉得裸露的部分太短不利于制作 RJ-45 接头，那么可以紧握双绞线外皮，再捏住尼龙线往外皮的下方剥开，这样便可得到较长的裸露线。剥除外皮后的双绞线电缆，如图 2-40 所示。

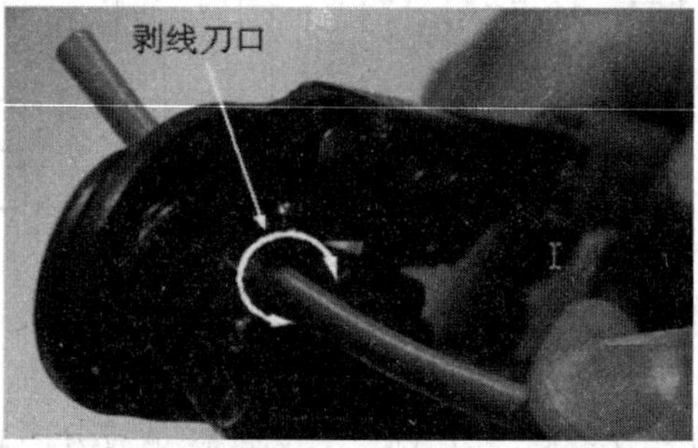

图 2-40　剥除外皮后的双绞线电缆

第三步：进行剥线的操作。将裸露的双绞线中的橙色对线拨向远离自己的方向，棕色对线拨向靠近自己的方向，绿色对线拨向左方，蓝色对线拨向右方，如图 2-41 所示。

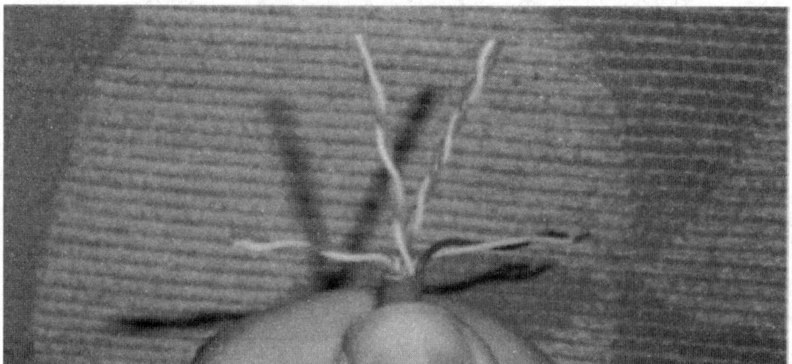

图 2-41　剥线操作 1

第四步：将绿色对线与蓝色对线放在中间位置，橙色对线与棕色对线保持不动，即放在靠外的位置。

第五步：小心地分开每一对线，因为是遵循 EIA/TIA 568B 的标准来制作接头，所以线对颜色是有一定顺序的。

需要特别注意的是，绿色条线应该跨越蓝色对线。这里最容易犯错的地方就是将白绿线与绿线相邻放在一起，这样会造成串扰，使传输效率降低。常见的错误接法是将绿色线放到脚 4 的位置。只有将绿色线放在脚 6 的位置才是正确的，因为在 100 Base-T 网络中，脚 3 与脚 6 是同一对的，所以需要使用同一对线。按照 EIA/TIA 568B 标准，线的顺序从左起依次为白橙 / 橙 / 白绿 / 蓝 / 白蓝 / 绿 / 白棕 / 棕，如图 2-42 所示。

图 2-42　剥线操作 2

第六步：将裸露的双绞线用剪刀或斜口钳剪下只剩约 15 mm 的长度，之所以留下这个长度是为了符合 EIA/TIA 的标准。最后将双绞线的每一根线按顺序放入 RJ-45 接头的引脚内，脚 1 内应该放白橙色的线，其余类推，如图 2-43 所示。

图 2-43　确定每根线放置的位置

第七步：确定双绞线的每根线都已经正确放置好后，就可以用 RJ-45 剥线器，压接 RJ-45 接头了，如图 2-44 所示。

图 2-44 剥线器

第八步：重复步骤 2~7，再制作另一端的 RJ-45 接头。因为工作站与交换机之间是直接对接的，所以与已做好一端 RJ-45 接头的引脚接法完全一样。制作好后的连接线两端的 RJ-45 接头无论引脚和颜色都完全一样，这种连接方法适用于交换机和计算机网卡之间的连接。

第九步：进行双绞线测试，需要使用专门的双绞线测试仪来判断双绞线的连通性。连通性测试仪采用 8 根双绞线逐根自动扫描的方式，快速测试 STP/UTP 双绞线的连通性，也可以测试同轴电缆的连通性。

第十步：把双绞线两端的连接头分别插人主测试端和远程测试端的 RJ-45 接口。

第十一步：将主测试端开关拨至 ON 挡或慢速 S 挡。

第十二步：观察主测试端和远程测试端测试指灯。如果测试直通双绞线，则主测试端和远程测试端测试指示灯以 1-2-3-4-5-6-7-8-G 的顺序逐个闪亮，若某一灯不亮则表示对应的导线不通。如果测试交叉双绞线，则主测试端测试指示灯依然以 1-2-3-4-5-6-7-8-G 的顺序逐个闪亮，而远程测试端测试指示灯的闪亮顺序为 3-6-1-4-5-2-7-8-G，若某一灯不亮，则表示对应的导线不通，如图 2-45 所示。

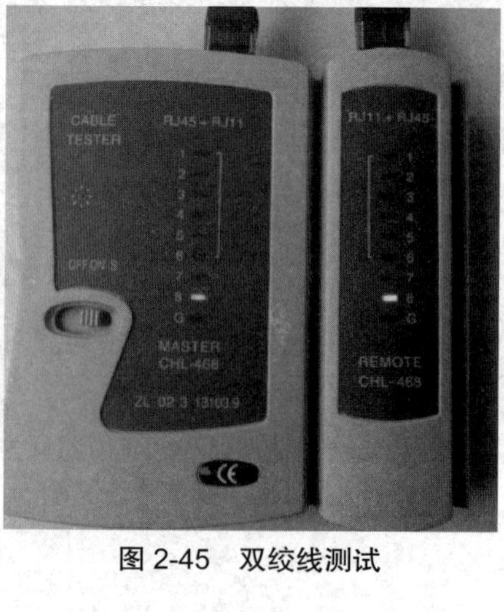

图 2-45 双绞线测试

任务总结

通过学习数据通信的基本概念，了解了不同的传输介质和其特点，学习了无线和卫星通信技术，了解了频带传输技术以及调制解调器的基本功能和分类标准。本次任务讲解了如何制作双绞线，并通过测试仪器对双绞线进行测试，加深了对双绞线的理解。

英语角

Broadband Signal	宽带信号
twisted pair	双绞线
Frequency Division Multiplexing	频分多路复用
Wavelength Division Multiplexing	波分多路复用
International Telecommunication Union	国际电信联盟

任务习题

一、选择题

1. 在常用的传输介质中，带宽最大、信号传输衰减最小、抗干扰能力最强的一类传输介质是（　　）。

A. 双绞线　　B. 光纤　　C. 同轴电缆　　D. 无线信道

2. 将物理信道的总频带分割成若干个子信道，每个子信道传输一路模拟信号，这种技术是（　　）。

A. 时分多路复用　　B. 频分多路复用

C. 波分多路复用　　D. 统计时分多路复用

3. 两台计算机利用电话线路传输数据信号时需要的设备是（　　）。

A. 调制解调器　　B. 网卡　　C. 中继器　　D. 集线器

4. 下列陈述中，不正确的是（　　）。

A. 电路交换技术适用于连续、大批量的数据传输

B. 与电路交换方式相比，报文交换方式的效率较高

C. 报文交换方式在传输数据时需要同时使用发送器和接收器

D. 不同速率和不同电码之间的用户不能进行电路交换

5. 波特率等于（　　）。

A. 每秒传送的比特数　　B. 每秒传送的周期数

C. 每秒传送的脉冲数　　D. 每秒传送的字节数

二、简答题

1. 通过比较，说明双绞线、同轴电缆与光纤 3 种常用传输介质的特点。

2. 简述调制解调器的基本工作原理。

项目三　TCP/IP 协议查看网络状态

学习目标

通过学习计算机网络体系结构和协议的相关知识，掌握计算机网络分层参考模型，了解物理层、数据链路层、网络层、传输层以及应用层的基础概念，并掌握使用 Windows 命令程序通过 TCP/IP 协议查看网络状态。

- 理解和掌握网络体系结构与协议的基本概念。
- 掌握 OSI 模型与 TCP/IP 模型的基本概念。
- 掌握计算机网络体系结构中各层的概念与功能。

学习路径

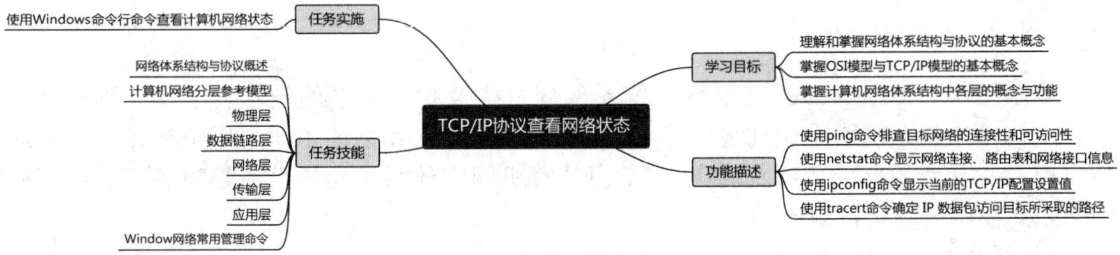

任务描述

【情景导入】

在个人主机上使用计算机网络时，特定情况下需要查看自身的网络状态或访问目标的可访问情况，并根据查询结果来对自身网络或主机进行纠错和优化，Windows 提供了许多命令程序来实现上述需求。

【功能描述】

- 使用 ping 命令排查目标网络的连接性和可访问性。
- 使用 netstat 命令显示网络连接、路由表和网络接口信息。
- 使用 ipconfig 命令显示当前的 TCP/IP 配置设置值。
- 使用 tracert 命令确定 IP 数据包访问目标所采取的路径。

任务技能

技能点 1　网络体系结构与协议概述

体系结构（Architecture）是研究系统各部分组成及相互关系的技术科学。计算机网络体系结构是指整个网络系统的逻辑组成和功能分配，定义和描述了一组用于计算机及其通信设施之间互连的标准和规范的集合，学习计算机网络体系结构的目的是为了了解计算机网络是如何构成并提供服务的。

“工欲善其事，必先利其器”经常被引用，其出自《论语·卫灵公》。讲的是孔子告诉子贡，一个做手工或工艺的人，要想把工作完成，做得完善，应该先把工具准备好。在网络技术中体系结构和协议是基础和工具，只有深入了解掌握了网络系统的逻辑组成和功能分配，才能掌握整体网络的构成和通信方式。党的二十大报告中提出科技自立自强、人才引领驱动，加快建设教育强国、科技强国、人才强国，人才和科技是发展的基础，只有完善基础教育、提高科技水平，才能提高发展实力。

1. 网络协议的概念

协议从广义上来讲是指社会上不同集团或者个人处理各种社会关系、日常事务、共同活动时设定的一种共同契约。例如：在公路上行驶的车辆必须遵守交通规则，如此才能保证在道路上行驶的效率与安全性；跨国公司在进行相互交流前，需要先约定双方所使用的语言，这样才能使彼此提前准备好相关翻译人员，保证沟通的顺畅。在计算机网络中，数据通信主体一般是两台陌生的主机，同理，为了保证通信的效率与顺畅，网络中的数据通信也必须遵守一定的规则，以减少网络阻塞，提高网络的利用率。网络协议就是为了使网络中两个或多个终端之间能高效地完成数据通信或数据交换而建立的规则和标准。网络协议有 3 个主要组成要素，分别是语法、语义和时序。

（1）语法（Syntax）。语法规定了通信双方交流的格式，也就是确定用户数据与控制信息的结构。

（2）语义（Semantics）。语义规定了通信的双方如何进行数据交换，也就是确定双方需要发出何种控制信息，完成何种动作以及做出何种应答。

（3）时序（Timing）。时序又可称为“同步”，规定了双方通信时信息交流的次序，也就是确定通信时发生的事件实现的详细顺序。

2. 网络协议的分层

计算机网络是一个庞大的系统，因此它的通信过程也十分复杂，网络通信涉及计算机硬件设备，如物理线路、通信设备等；以及各种各样的软件方面的知识，如计算机之间的通信协议、计算机网络服务等。为了有效解决计算机网络中涉及的各种复杂问题，结构化的设计方法是必需的，其核心思想就是采用模块化系统设计，按层次组织各模块。因此，在研究计算机网络的结构时，通常也按层次进行分析。采用分层体系结构设计计算机网络的优势如下。

（1）各层之间相互独立，高层不需要考虑低层是使用哪种具体技术实现的，只需要知道低层的接口提供哪些服务。各层都有一个清晰、具体的目标，来实现相对独立的功能，这样就可以将复杂的系统性问题分层次来解决。

（2）如不进行分层，则整个系统的任何方面升级时都必然要对系统整体进行修改，这十分不利于系统的迭代和维护，不符合现代网络的发展理念。若采用分层体系结构，则整个系统更易于实现，当任何一层需要修改和升级时，只需要层间接口不变，其他各层就不会受到影响。另外，当某层提供的服务不再被其他层需要时，可以将该层直接取消。

（3）有利于促进标准化。这主要是因为每一层的协议已经对该层的功能与所提供的服务做了明确的说明。

技能点 2　计算机网络分层参考模型

通常将计算机网络层次模型和各层协议的集合定义为计算机网络体系结构，也称为参考模型。它利用统一协议来制定软件和硬件标准，并将计算机网络及其部件所应完成的功能精确定义，从而使不同的计算机能够在相同功能中进行信息对接。计算机网络体系结构为不同的计算机之间互联和互操作提供相应的规范和标准。计算机网络分层参考模型目前流行的主要是开放系统互连参考模型（Open System Interconnection Reference Model，OSI/RM，简称 OSI）和 TCP/IP 参考模型。

1. OSI 模型介绍

为了使不同计算机厂家生产的计算机能够相互通信，以便在更大范围内建立计算机网络，国际标准化组织（ISO）在 1978 年提出了“开放系统互连参考模型”，即著名的 OSI/RM。它将计算机网络体系结构的通信协议划分为 7 层。

在 OSI/RM 提出之前，计算机网络中存在众多体系结构，如 IBM 公司的 SNA（System Network Architecture，系统网络体系结构）和 DEC 公司的 DNA（Digital Network Architecture，数字网络体系结构）等。这些由不同公司所制定的体系结构基本上互不兼容，都只为本公司的网络设备服务，这给用户选购和使用产品带来了极大的约束和不便。为了能够解决不同网络体系之间的互联问题，国际标准化组织于 1984 年在综合了 SNA 和 DNA 等体系结构优点的基础上，制定了 OSI/RM。OSI/RM 以开放通信的方式将网络结构分为 7 层，从而解决了异种网络互联所遇到的兼容性的问题。

OSI/RM 最大的优点是各层之间具有很强的独立性，网络互联的复杂过程被划分为更简单的、独立的功能来分别实现，降低了网络体系结构的复杂程度，一旦网络发生故障，可迅速定位故障所在的层次，提高了查找和纠错的方便性，并且当其中某一层提供的功能有变化时，不会影响其他层。OSI/RM 模型层级介绍如表 3-1 所示

表 3-1　OSI/RM 模型层级介绍

OSI 层级	层级名称	功能
第七层	应用层	该层是为应用软件设计的接口，用来与另一应用软件进行通信
第六层	表示层	该层将数据转换为能与接收者的系统格式兼容并适合传输的格式
第五层	会话层	该层负责在数据传输中设置和维护计算机网络中两台计算机之间的通信连接
第四层	传输层	该层将传输表头添加至传输数据中以形成数据包，传输表头包含了所使用的协议等发送信息
第三层	网络层	该层决定数据的路径选择和转寄，将网络表头添加到数据包中以形成分组，网络表头包含了网络资料
第二层	数据链路层	该层负责网络寻址、错误侦测和改错
第一层	物理层	该层负责在局部局域网上发送数据帧，并管理计算机通信设备和网络媒体之间的互通

由于众多原因，OSI/RM 的发展仅停留在模型阶段，并没有完成相应的协议，只提供了一系列概念性的描述，用来协调通信标准的制定。它并不是一个现有标准，而是一个在制定相关标准时需要使用的概念性框架。OSI/RM 参考模型作为一个框架，定义了整个系统的层次结构、上下层级之间的关系以及各层所提供的相关功能及服务，以实现开放系统环境中的互连性、互操作性与应用的可移植性。模型协调与组织了各层协议的制订，并对网络内部结构进行准确概括与描述，模型中每种层次协议都精确地定义了应该发送的控制信息和这

种信息的解释方式。

2. TCP/IP 模型介绍

OSI/RM 的 7 层协议结构虽然概念清晰、理论完整，但是由于其体系过于复杂，所以实用性很低。而现在被广泛使用的网络协议是 TCP/IP（Transmission Control Protocol/Internet Protocol，传输控制协议 / 网际协议）。TCP/IP 是 Internet 采用的一种标准网络协议。它是由美国国防部高级研究计划署（ARPA）于 1977—1979 年推出的一种网络体系结构和协议规范。随着 Internet 的发展，TCP/IP 得到了进一步的研究开发和推广应用，已成为 Internet 的通用协议。TCP/IP 从其发展历程来看，共出现了 6 个版本，而目前广泛使用的 TCP/IP 是版本 4，也就是 IPv4。

TCP/IP 是一个 4 层的体系结构，包含应用层、传输层、网络层和数据链路层。OSI/RM 模型和 TCP/IP 模型的层级对应关系如图 3-1 所示。

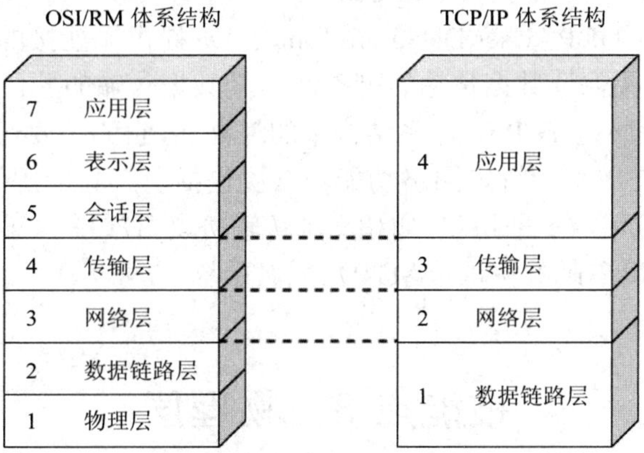

图 3-1 OSI/RM 模型和 TCP/IP 模型的层级对应关系

TCP/IP 迅速发展成为 Internet 中被广泛使用的协议，主要是因为它满足了世界范围内数据通信的需要，实现了异构网络的互联。TCP/IP 协议的主要特点如下。

（1）TCP/IP 不依赖于某一特定的计算机硬件与操作系统。

（2）TCP/IP 是一个开放的协议标准，可以免费使用。

（3）TCP/IP 可以运行在局域网和广域网中，更适用于建立互联网络。

（4）TCP/IP 采用统一的网络地址分配方法，使用 TCP/IP 协议的 Internet 网络中的所有设备都有唯一的地址。

（5）TCP/IP 指的不仅仅是 TCP 和 IP 这两种技术，而是 Internet 网络体系中使用的整个 TCP/IP 族技术。

TCP/IP 各层级主要功能和特点如下。

（1）数据链路层。TCP/IP 体系结构实际上并未实现类似于 OSI 体系结构中数据链路层和物理层的功能，它只定义了一个接口，该接口被用来连接实际的数据链路层和物理层。因此 TCP/IP 体系中的数据链路层严格地说并不是一个独立的层次，它并没有规定具体的内容，只是借助目前已成熟的、具体的物理网络协议来实现，如 IEEE 802 协议族等。

（2）网络层。网络层是 TCP/IP 模型中最主要的层次，是整个体系结构的关键部分。网络层负责将源主机的报文分组独立地发送到目的主机。在发送数据时，网络层把运输层产生的报文段或用户数据报封装成分组或包进行传送。分组或包到达目的主机的顺序与发送的顺序可能相同，也可能不同，高层协议会重新排序陆续到达的分组或包。在 TCP/IP 体系中，由于网络层使用 IP 协议，因此分组也叫 IP 数据报，简称为数据报。

（3）传输层。传输层的主要任务是在两台主机之间提供通用的数据传输服务，并保证传输数据的可靠性，也就是数据是否安全传输到目的地的问题，同时也要保证数据按照正确的顺序到达。应用程序利用传输层来传送应用层报文，而传输层的通用性使得它并不仅仅针对某种特定的网络应用程序，而是多种应用都可以使用同样的传输层服务。由于一台主机可同时运行多个进程，因此传输层有复用和分用的功能。复用就是多个应用层进程可同时使用下面传输层的服务；分用和复用相反，是传输层把收到的信息分别交付上面应用层中的相应进程。

传输层主要使用以下两种协议。

①传输控制协议 TCP（Transmission Control Protocol）：提供面向连接的、可靠的数据传输服务，其数据传输的单位是报文段（segment）。

②用户数据报协议 UDP（User Datagram Protocol）：提供无连接的、尽最大努力（best-effort）的数据传输服务（不保证数据传输的可靠性），其数据传输的单位是用户数据报。

（4）应用层。应用层是 TCP/IP 体系结构中的最高层，它的主要任务是利用计算机应用程序进程间的交互来完成某一特定网络功能。该层包括所有和应用程序协同工作，利用基础网络在进程间传输专用数据的协议，如超文本传输协议（HTTP）、远程登录协议（Telnet）、文件传输协议（FTP）、简单邮件协议（SMTP）、域名系统（DNS）等。

技能点 3 物理层

物理层处于 ISO/OSI 7 层参考模型中的最底层，它是整个计算机网络的物理基础，是物理传输介质到数据链路层的桥梁。计算机网络中的物理通信设备和传输介质种类繁多、特性各异，通信方式也不同。而物理层最重要的作用就是消除这些差异，使数据链路层不必考虑具体的通信设备和传输介质，只需考虑数据链路自身的功能即可。

1. 物理层概念

物理层并不是字面意思上的连接计算机和负责信号传输的具体物理设备，而是指连接在开放系统的传输介质上，为数据链路层提供一个透明的原始比特流传输的物理连接，即构造一个可以传输各种数据比特流的透明通信信道。物理层主要负责实现为信息传输提供物理链路，将信息转换为适合物理链路传输的光、电信号，将所传输的信号转换为终端设备可接收的数据形式，以及在物理链路中传输数据时如何应答等功能。

物理层传输信道的两端是 DTE（Date Terminal Equipment）数据终端设备和 DCE（Data Circuit Terminating Equipment）数据通信设备。数据终端设备是指用户所有的联网设备，如计算机终端、工作站等，它们是通信的信源或信宿；数据通信设备是指数据电路端接设备或数据通信设备，即为用户提供网络接入点的设备，如自动呼叫应答设备、调制解调器等。

在计算机网络中，计算机终端需要通过标准接口来连接外部设备，这里的接口是指 DTE 和 DCE 之间的链接端口，这样在设计网络系统时可以任意选择使用系统需求的设备。

为了使不同厂家指定的产品能够相互连接，DTE 和 DCE 在插接方式、引线分配、电气特性及应答关系上均应符合统一的标准和规范，即 DTE-DCE 接口标准及 ISO 为各种数据通信系统提出的 OSI 参考模型中的物理层协议。

2. 物理层提供的主要服务

物理层构成了传输介质与数据链路层之间的接口，其对应于传输介质与数据链路层的逻辑位置如图 3-2 所示。

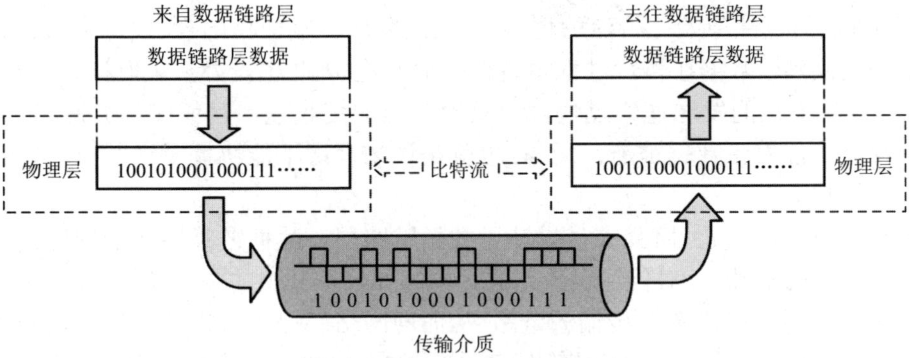

图 3-2　物理层逻辑位置

物理层提供了在物理传输介质上传输比特流所必需的功能，它向数据链路层提供的服务主要包括以下内容。

1）物理连接的建立、维持和释放

数据链路层会根据其需求发出建立物理连接的请求，此时物理层实体使用相关的物理层接口协议来完成连接的创建，并在数据信息传输的过程中使其保持稳定，当数据传输过程结束后释放该连接。

2）数据的传输

物理层为了提供数据传输服务，需要建立适合数据传输需要的实体。该实体需提供满足需求的带宽，且保证数据能稳定地进行传输。数据传输的方式包含点到点、点到多点、串行或并行、半双工或全双工、同步或异步传输等多种方式。

3）物理层管理

物理层要做到对层内的一切活动进行管理，在将数据发送到物理传输介质之前，本地节点必须处理原始的数据流，把从数据链路层接收的数据帧转换为用 0 和 1 表示的适合传输介质的电、光或电磁信号。

技能点 4　数据链路层

数据链路层介于物理层和网络层之间，属于通信子网，在网络节点的网络接口（如网卡）中实现。数据链路层和物理层构成了网络体系中的底层服务，在物理层的比特流传输服务基础上，数据链路层提供了将数据封装成帧、透明传输、差错检验、流量控制和确认机制等功能。数据链路层中主要使用的协议有：以太网的 MAC（Media Access Control）协议、经典的 HDLC（High level Data Link Control）和 Internet 接入网中的 PPP（Point-to-Point Protocol）等。

1. 数据链路层概念

设计数据链路层的主要目的是解决物理层传输的不可靠问题，不可靠问题产生的原因有以下几点。

（1）在物理层中，尽管采取了许多措施来减少信号传输过程中的干扰，但数据在物理传输过程中仍然会受到各种因素的影响，使得数据在物理传输过程中产生差错。

（2）物理层只关注原始比特流的传输，不关注其所传输数据的意义和信息来源，所以物理层无法识别或判断数据在传输过程中是否产生误差，因此也没办法采取检查和补救措施。

（3）当发送节点的发送速率过快同时接收节点的接收速率过慢时，物理层将无法做出处理。这样就可能发生数据被淹没现象，也就是说物理层不能协调发送节点的发送速率和接收节点的接收速率。

为了解决以上的问题，研究人员设计了数据链路层。数据链路层在物理层提供的原始比特流传输服务的基础上，对传输的数据进行检测并校正其中的传输差错，在相邻节点之间构成一条可以实现无差错数据传输的链路，从而向网络层提供可靠的数据传输服务。这种将通信协议的硬件和软件加到物理链路上所构成的可以通信的链路被称为数据链路。数据链路层模型如图 3-3 所示。

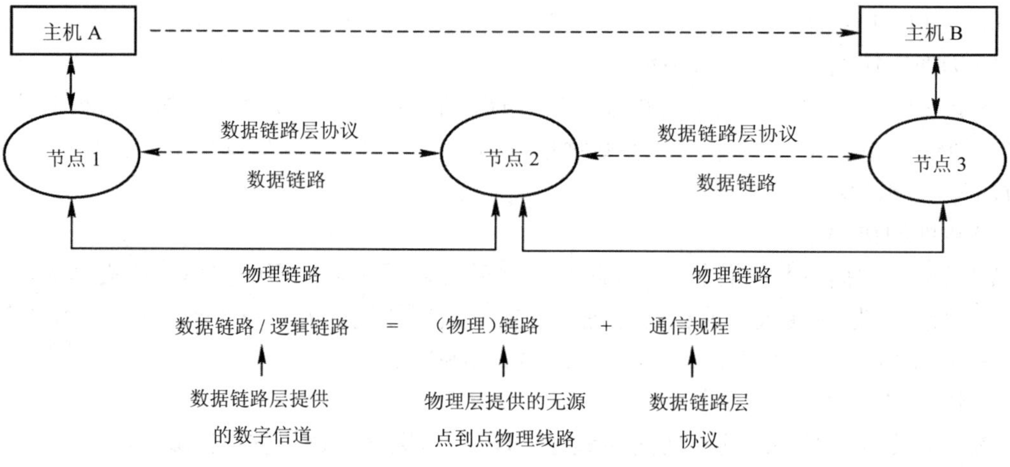

图 3-3 数据链路层功能

2. 数据链路层的主要功能

数据链路层提供了如下功能用来实现网络中两个相邻节点之间的无差错数据传输。

1）成帧

网络层的比特流被数据链路层分割成易处理的数据单元，这种数据单元被称为帧。成帧是指将数据分割成帧的方法，即如何界定每一帧的边界。一个帧通常包括帧首、帧尾、地址信息、控制信息、数据和校验信息等几个部分。帧首和帧尾标记了帧开始和结束的位置，控制信息中存储了帧序号，当出现传输差错时，只需要重新传输有差错的帧，避免了重传全部数据的问题。帧的定界有字符计数法、首尾界符法、首尾标志法等多种方法。

2）透明传输

数据链路层的传输过程对外界透明，也就是说，传输网络不管传送的业务是什么，只负责将需要传送的业务传送到目的节点，同时保证传输的质量即可，而不对传输的业务进行处理。

3）流量控制

如果数据发送节点的发送速率大于接收节点的接收速率，会使接收节点缓冲区发生溢出现象，从而导致传输的数据丢失。数据链路层会对发送方发送数据的速度加以控制，以免超出接收方的接收能力而导致数据丢失。

4）差错控制

在进行数据传输时，接收方收到数据后会对数据帧进行校验，如果发现收到的数据出现差错，则对错误的数据帧进行处理，这就是差错控制。数据链路层一般采用在信息位中添加冗余码的方法进行差错校验，接收方利用冗余码可以检测出接收到的帧是否存在差错，如发现差错，既可以采用纠错编码前向纠错，也可以将它丢弃，并通知发送方重传出错的数据帧。差错控制通常以在一个帧的结束处增加一个尾部的方式来处理。

5）数据链路管理

数据链路层以面向连接的方式传送数据时，在以发送方和接收方之间建立管理功能的方式来管理数据链路的建立、维持和释放。

6）链路访问控制

当两个以上的节点连接到同一条链路上时，数据链路协议必须能决定在任意时刻由哪一个节点来获取对链路的控制权。介质访问控制协议（MAC 协议）定义了帧在链路上传输的规则。对于点对点链路，MAC 协议比较简单或者不需要；对于多节点共享广播链路，MAC 协议用来协调多个节点的帧的传输，属于多址访问问题。

7）物理寻址

在一条点到点直达的链路上不存在寻址问题，在多点连接的情况下，数据链路层可以通过编址及识别相应的地址（一般称为硬件地址）来保证每一帧数据都能传送到规定的目的地，接收方也应能识别出接收到的数据帧来自哪里。

3. 数据链路层向网络层提供的服务

当数据链路两端的节点进行通信时，需要根据具体情况配置数据链路层，使之能为网络层提供多种不同类型的服务，主要提供以下 3 种服务。

（1）无确认的无连接服务。无确认的无连接服务简单，适用于低误码率环境中的数据传输。大多数局域网的数据链路层都使用无确认的无连接服务。该服务主要包含以下 5 个方面。

①双方无须建立链路连接。

②每个帧都带有目的地址。

③各帧相互独立传送。

④目的节点对收到的帧不做任何应答确认。

⑤由高层处理丢失的帧，数据链路层不做处理。

（2）有确认的无连接服务。有确认的无连接服务是在无确认的无连接服务基础上增加了确认功能，适用于可靠性不高的通信信道。该服务主要包含以下两个方面。

①目的节点对接收到的每一帧都要向发送方发送确认帧(ACK)。

②发送方利用超时机制处理确认帧,每发送一个数据帧的同时启动一个定时器,若在规定时间内未收到对该帧的肯定确认帧,则发送方启动超时重传机制,重传该数据帧。

(3)面向连接服务。面向连接服务是指在数据传输之前首先建立数据链路连接,其次所有的数据帧均在该链路中依次按序传输,最后传输结束时再释放该连接,适用于实时传输或对数据传输有较高可靠性要求的环境。面向连接服务主要分为以下 3 个阶段。

①连接建立阶段。在传送数据之前,首先利用服务原语在发送方和接收方之间建立一条连接(即建立数据链路)。

②连接维持阶段。发送方和接收方进行数据帧的透明传输。所有的数据帧都带有自己的编号,传输过程中要求对每一帧进行确认,发送方收到确认帧后才能发送下一帧。

③连接断开阶段。数据传输结束后,发送方和接收方妥善释放数据链路。

技能点 5 网络层

网络层是网络体系中最重要的一层,它在数据链路层的帧传输功能基础上,进一步管理数据通信过程,它为传输层提供最基本的端到端的数据传输服务,也就是完成将数据从源节点经过若干个中间节点,传输到目的节点的过程。

1. 网络层概念

网络层控制分组传送操作,即路由选择、拥塞控制、网络互联等功能,根据传输层的要求来选择服务质量,向传输层报告未恢复的差错。网络层以报文分组为单位,将来自传输层的报文转换成报文分组,并经路由选择算法确定报文的送往目的地。网络层协议用于实现这种传送中涉及的中间节点路由选择、子网内的信息流量控制以及差错处理等功能。

2. 网络层的主要功能

网络层涉及的主要功能包括:封装 IP 数据报,网络层编址,寻址和转发,路由选择,建立和拆除网络连接,分片、组块和流量控制,差错检测与恢复等。

1)封装 IP 数据报

网络层向上层(主要是传输层)提供统一格式的 IP 分组,即 IP 数据报,使得各种网络的数据帧或报文格式的差异性对高层协议无影响。

2)网络层编址

为网络互联提供一种统一的编址方案(统一的 IP 地址),能够在整个网络中唯一地标识主机,从而可以寻址到跨越网络的主机。

3)寻址和转发

对分组交换网络而言,网络层仍遵循存储转发机制,因此,网络中的每一个中间节点(通常称为路由器)承担着分组的寻址和转发任务。每台路由器都有自己的路由转发表。寻址和转发就是依据分组的目的地址和本路由器的路由转发表,把从路由器某个端口输入的分组从正确的端口输出。分组通过各中间节点的转发最终到达目的网络。

4)路由选择

当分组从发送端流向接收端时，网络层必须确定这些分组所采用的最佳路由。路由选择可以通过人工配置建立（静态路由，通常适用于小型网络和简单路由关系），也可以利用路由协议自动建立（动态路由）。路由器之间通过路由协议交换彼此的网络连接信息，通过路由协议实现具体的选路算法，并建立起路由表。

5）建立和拆除网络连接

网络层在数据链路层提供的数据链路连接的基础上，建立传输实体间或者若干个通信子网的网络连接。

6）分片、组块和流量控制

数据分片是指将较长的 IP 数据报分割为一些相对较小的 IP 数据报，数据组块是指将多个相对较小的 IP 数据报组成一个块后一起传输。流量控制是指网络数据单元有序传输以及控制网络中数据传输的转发速率，避免发生信息"堵塞"现象。

7）差错检测与恢复

利用数据链路层的差错报告以及其他的差错检测方式检测由网络连接所传输的数据单元是否出现异常情况，并可以从出错状态中解脱出来。

3. 网络层的主要服务

网络层根据服务质量的不同提供两种类型的网络服务，即无连接的服务和面向连接的服务。它们又被称为数据报（Datagram）服务和虚电路（Virtual Circuit）服务。

1）数据报服务

数据报服务采用分组交换技术，它是无连接服务，无法确保服务质量，因此相对简单、灵活。数据报服务过程如图 3-4 所示。

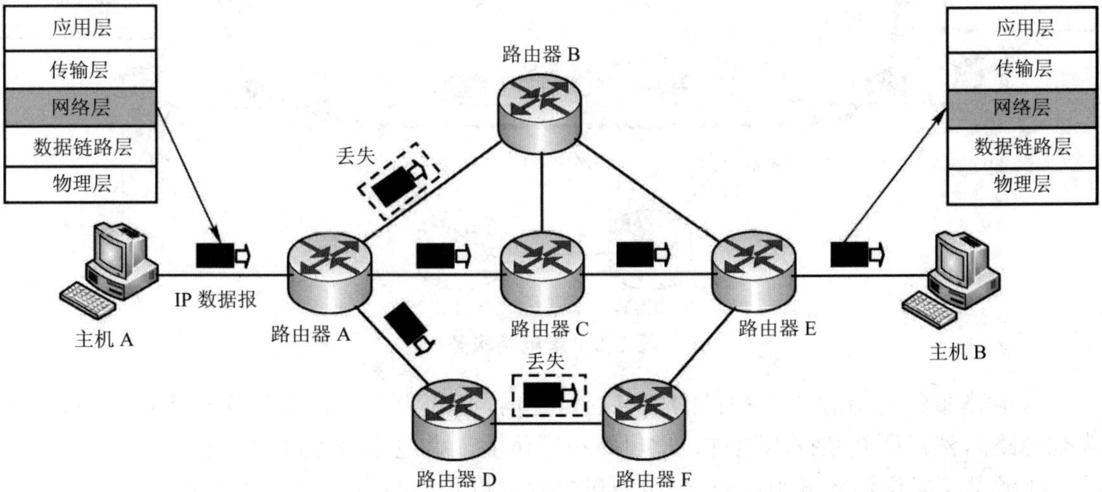

图 3-4　数据报服务

在数据报服务中，发送节点的网络层从传输层接收报文，并拆分为若干个报文分组，分别独立传送。因此，每个数据报中均包含源节点和目的节点的完整网络地址、服务要求和标识符。发送报文时数据报每经过一个中间节点，都需根据当时的网络情况按一定的算法为其选择一条最佳的传输路径。因此数据报服务不能保证这些报文按序到达目的节点，需要在接收时根据标识符对其重新排序。

（1）数据报服务的优点。

①数据报服务对故障有较强的适应性。若某条链路发生故障，数据报服务可以绕过这些故障路径选择其他路径，将数据报传送到目的节点。

②数据报服务易于平衡网络流量。因为中间节点可以为数据报选择一条流量较少的路径，从而避开流量较高的路径。

③数据报传输不需要建立连接。目的节点接收数据报后，不需要发送确认，因而是一种开销较小的通信方式。

（2）数据报服务的缺点。

①数据报服务的可靠性不高。由于数据报传输不要求接收方确认，因此发送方发送数据时并不知道接收方是否做好接收准备，数据可能会丢失。

②信道利用率不高。每个数据报发送时都需带有源主机和目的主机的 IP 地址，数据冗余度增加，降低了信道的利用率。

2）虚电路服务

虚电路服务是面向连接的，是使所有分组顺序到达目的端的可靠数据传输服务。虚电路服务过程如图 3-5 所示。

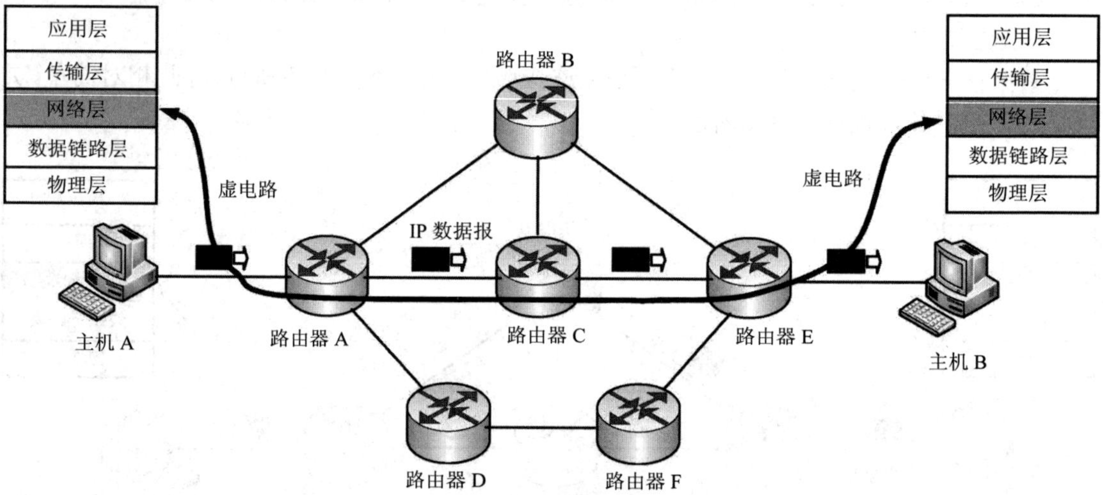

图 3-5　虚电路服务

虚电路服务是指源主机和目的主机通信之前，必须为分组传输建立一条逻辑通道（称为虚电路），然后所有数据均通过该虚电路按序传输。虚电路服务过程如下。

①源节点发送请求分组，请求分组中包含源主机和目的主机的完整 IP 地址。

②请求分组经过每一个通信网络节点时，都要记下为该分组分配的虚电路号，并且由路由器为它选择一条最佳传输路由发往下一个通信网络节点。

③请求分组到达目的主机后，若目的主机同意与源主机通信，则沿着该虚电路的相反方向给源节点发送连接接收分组。

④在网络层为双方建立起一条虚电路后，则不必在每个分组中再添加源主机和目的主机的 IP 地址，只需标上虚电路号，即可沿着固定的路由传输数据。

⑤通信结束时，拆除该虚电路。

由于在通信前双方已进行过联系，因此虚电路服务能保证主机所发出的报文分组按序到达。每发送完一定数量的分组后，对方都会给予确认，故可靠性较高。

3）数据报服务与虚电路服务比较

数据报服务和虚电路服务对比如表 3-2 所示。

表 3-2　数据报服务和虚电路服务对比

比较的项目	数据报服务	虚电路服务
连接建立	不需要	需要
目的地址	每个分组都有完整的目的地址	仅在连接建立阶段使用
路由选择时机	需要为每个分组独立选择路由	在建立连接时以确定路由
转发方式	根据目的地址和路由表转发	根据虚电路号转发
节点故障的影响	小，可方便地改变路由	大，需重新建立连接
分组到达顺序	无顺序到达	按顺序到达
服务质量	尽力投递	质量有保证
差错处理和流量控制	由用户主机负责	可以由网络负责，也可由用户主机负责

技能点 6　传输层

传输层是网络体系结构的关键层次之一，是从底层向上第一个提供端到端通信功能的层级，它的主要作用是为相互连接的主机应用进程提供完整的端到端逻辑通信，为实现应用层的各种网络服务功能提供服务。

1. 传输层概念

传输层主要功能是向其上面的应用层提供通信服务，属于计算机网络体系中面向通信部分的最高层，同时也是负责用户功能部分的最底层。从网络层的角度来看，通信的两端是不同的主机，IP 数据报的首部明确标识了源主机的 IP 地址和目的主机的 IP 地址。根据 IP 地址仅能把 IP 数据报从源主机发送到目的主机，这个分组还停留在主机的网络层，没有涉及主机的应用进程。但主机中实际上的通信实体是发出通信请求的应用进程，即源主机中的应用进程和目的主机中的应用进程在交换数据，而传输层就是这种进程通信最底层的基础桥梁。

2. 进程和进程通信

进程和进程通信是操作系统中最基本的概念，进程是指计算机中已经运行的程序，在面向进程设计的系统中，进程是程序的基本执行实体；在面向线程设计的系统中，进程本身不是基本运行单位，而是线程的容器。程序是一个在时间上按照严格次序进行的操作序列，体现的是编程人员要求计算机完成相应功能时应该采取的步骤，是一个静态的概念。而进程是一个动态的概念，是一个程序对某个数据集的执行过程。进程具有并发的特性，是分配计算机资源的基本单位。进程的静态描述由3个部分组成：进程控制块、有关的程序段及对其操作的数据。

在引入进程的概念后，可以把并发的程序划分成若干个并发活动的进程，这些进程统一由一个调度程序控制和管理，以保证协调完成各种任务。在单机系统中，多个进程共享单一的CPU，因此在一个时刻某个进程在使用CPU，有的进程在等待分配CPU，有的进程在等待其他条件。这样，一个进程在不同的时刻处于不同的状态。例如，正在运行的进程称为运行态；等待分配CPU的进程为就绪态；等待其他条件的进程称为等待态。进程的状态反映进程执行过程的变化，这些状态随着外界条件与进程的执行而发生改变。

进程通信的概念最初出现在单机系统中，单机系统内的进程通信可以采用各种进程间通信机制来实现，但是IPC机制不能解决网络进程通信问题。

网络进程通信一般采用socket机制，也称为套接字机制。在TCP/IP的网络中，每个应用进程首先创建一个socket，然后对该socket赋值，并将应用进程与socket进行绑定。一个socket可以用一个3元组（协议，本地主机地址，本地端口）来描述。因此，两个应用进程之间的网络通信可以用一对socket来标识，一对socket合起来就是一个5元组（协议，本地主机地址，本地端口，远程主机地址，远程端口）。

3. 端口

复用和分用是传输层的主要功能之一，复用是指发送方不同的应用进程可以使用同一个传输层协议传送数据；分用是指接收方的传输层在剥去报文的首部后能够把这些数据正确交付目的应用进程。

日常生活中有很多复用和分用的例子。例如，一个机构的所有部门向外单位发出的公文都由收发室负责寄出，相当于各部门共同“复用”该收发室；当收发室收到从外单位寄来的公文时，则要完成“分用”功能，即按照信封上写明的本机构的部门信息把公文正确地交付。传输层的复用和分用功能与此类似，应用层所有的应用进程都可以通过传输层再传送到网络层（IP层），这就是复用；传输层从IP层收到数据后必须交付指明的应用进程，这就是分用。显然，给应用层的每个应用进程赋予一个非常明确的标志是至关重要的。

1）端口的概念

单个计算机中的进程是用进程标识符（一个整数）来标识的。但是在Internet环境下，计算机操作系统所指派的这种进程标识符用来标志运行在应用层的各种应用进程则是不可行的。因为在Internet上使用的计算机的操作系统种类较多，而不同的操作系统又使用不同格式的进程标识符，为了使运行不同操作系统的计算机的应用进程能够互相通信，就必须采用统一的方法（而这种方法必须与特定操作系统无关）对TCP/IP网络体系的应用进程进行标识。

另外，指明一个特定机器上运行的特定进程为Internet上通信的最后终点也是不可行的，因为进程的创建和撤销都是动态的，通信的一方几乎无法识别对方机器上的进程。同时，识别传输的进程终点不需要知道具体实现这个功能的进程是哪一个，只需要利用目的主机提供的功能来识别终点即可。例如，要和Internet上的某个邮件服务器联系，并不一定要知道这个服务器功能是由目的主机上的哪个进程实现的。

解决以上问题的方法就是在传输层用协议端口号来标识应用进程，协议端口号通常简称为端口（port）。虽然通信的终点是应用进程，但只要把传送的报文交到目的主机的某一个合适的目的端口即可，最后交付的进程工作由传输层协议来完成。

协议栈层间抽象的协议端口与路由器或交换机上的端口的区别：前者是软件端口，是应用层的各种协议进程与传输实体进行层间交互的一种地址，不同的操作系统具体实现端口的方法可以不同；后者是硬件端口，是不同硬件设备进行交互的接口。

因此，传输层的主要功能是在网络层提供主机通信的基础之上实现进程通信功能。TCP/IP 是通过端口机制实现进程通信的。在 IP 层，通过 IP 地址定位到主机，而在传输层，通过端口号定位到进程。

TCP/IP 的传输层采用一个 16 位二进制数的端口号来标识一个端口，可允许的端口号共有 65 535 个。端口号只是为了标识本地计算机应用层中各个进程在和传输层交互时的层间接口，它只具有本地意义。Internet 中不同的计算机，其相同的端口号是没有关联的。

由此可见，两个计算机中的进程要互相通信，不仅必须知道对方的 IP 地址（为了找到对方计算机），而且还要知道对方的端口号（为了找到对方计算机的应用进程）。Internet 上的计算机通信是采用客户—服务器方式，客户在发起通信请求时，必须先知道对方服务器的 IP 地址和端口号。

2）TCP/IP 中端口的分类

TCP/IP 中端口一般分为 3 大类。

（1）众所周知端口（Well Known Ports）：范围是 0~1023。它们通常用于一些众所周知的服务，这些端口供系统使用，由 IANA 进行统一分配，并将结果公之于众。

（2）注册端口（Registered Ports）：范围是 1 024~49 151。它们主要应用于一些不常用的服务，使用前需注册。

（3）动态 / 私有端口（Dynamic/Private Ports）：范围是 49 152~65 535。理论上，不应为服务分配这些端口，但在具体的实现中，有些机器通常从 1 024 起分配动态端口。也有例外，如 Sun 的 RPC 端口从 32 768 开始分配。

表 3-3 列出了常用的 TCP/UDP 端口。

表 3-3 TCP/UDP 常用端口

端口号	协议	端口用途
20/21	TCP	文件传输协议（数据连接 / 控制连接）——FTP
23	TCP	主机远程登录——Telent
25	TCP	简单邮件传输协议——SMTP
53	TCP/UDP	DNS 服务器
67/68	UDP	DHCP 服务器 / 客户端
69	UDP	简单文件传输协议——TFTP
80	TCP	超文本传输协议——HTTP
110	TCP	邮局协议版本 3——POP3
443	TCP	安全 HTTP——HTTPS

4. 传输层主要功能

传输层的作用是为应用层网络中两个应用进程之间的通信，提供有效、可靠、保证质量的服务。传输层中完成这项工作的硬件或软件称为传输实体。传输实体可能在操作系统内核中，也可能包含在网络应用程序中。

网络中的通信子网通常是指网络层及其以下的部分。通信子网往往是公用数据网，它是由电信部门建设并提供给用户使用的，是计算机网络组建部门和用户无法控制的部分。如果通信子网服务能够满足用户需求，则传输层就可能变得很简单；如果通信子网服务不能满足用户需求，则传输层必须对通信子网服务加以完善，传输层协议就可能变得比较复杂。因此，传输层在网络分层结构中起着承上启下的作用，它使用了网络层提供的服务，并通过执行传输层协议，屏蔽通信子网在技术、设计上的差异，弥补服务质量的不足，向高层提供一个标准的、完善的通信服务。传输层的设计有以下几种方法。

（1）针对每种通信子网和所需的传输服务都设计一个传输层协议，这样可以保证有的放矢地解决问题，协议简捷，没有额外开销，效率很高，但是协议缺乏通用性。

（2）针对通信子网可能的服务类型和各种传输服务需求设计一个通用的传输层协议，这种标准化的设计思想可能将传输层协议变得大而全，但是效率低。

（3）将通信子网分类，针对每种通信子网设计相应的传输协议，这样既保证效率又不失通用性。

在网络中设计好传输层后，应用层的网络应用程序不必担心不同的子网接口和不可靠的数据传输。传输层可以起到隔离通信子网的技术差异性（如网络拓扑、通信协议的差异），改善传输可靠性的作用。因此，传输层是为用户提供可靠的数据传输服务的关键层。

技能点 7 应用层

应用层是计算机网络体系结构的最高层，它使用低层所提供的各种服务，在端到端通信服务的基础上，直接向网络用户提供服务。与其他各层一样，应用层提供的各种服务也是通过具体的通信协议来实现的，每个应用层协议解决某一类的网络应用问题。

1. 应用层概念

应用层协议主要解决如何为 Internet 用户提供所需的应用服务的问题，随着 Internet 的不断普及和发展，为了满足用户日益丰富的需求，各种网络应用接连推出，如 Web 服务、电子邮件服务、DNS（域名服务）、DHCP（IP 地址自动分配服务）、文件传输服务、远程登录服务等，这些服务都需要运行在某一平台上，这一平台就是应用层。

应用层体系结构与网络体系结构不同，应用层体现的主要是应用程序，从应用程序开发者的角度看，网络体系结构是固定的，并为应用程序提供特定的服务集合；应用程序体系结构由应用程序开发者设计，规定如何在各种端系统上组织该应用程序。应用程序体系结构主要有客户机 / 服务器（Client/Serve，C/S）模式、浏览器 / 服务器（Browser/Server，B/S）模式和对等（Peer to Peer，P2P）模式。

2. 应用程序体系结构

1）客户机 / 服务器（C/S）模式

客户机和服务器是通信中所涉及的两个应用进程，客户机和服务器的命名描述的是进程之间提供服务和被服务的关系。客户机是服务的请求方，而服务器是服务的提供方。TCP/IP 体系中客户机和服务器进程的通信示意图如图 3-6 所示。

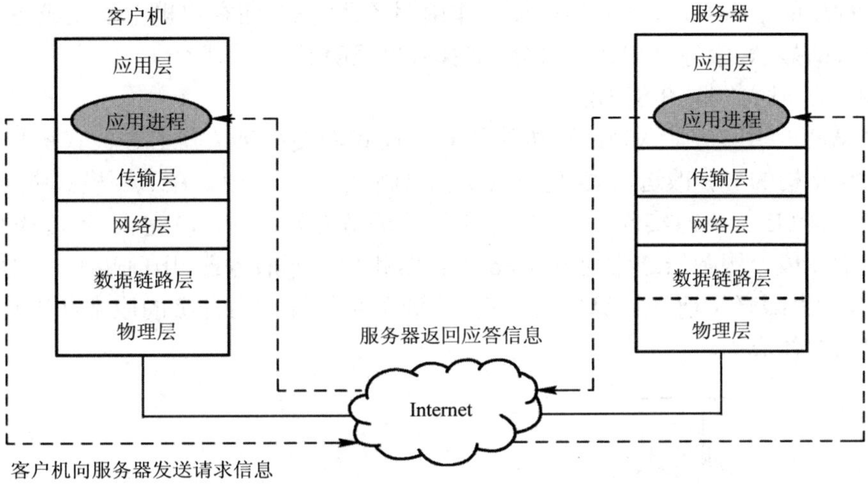

图 3-6　C/S 模式

C/S 结构是软件系统体系结构，通过它可以充分发挥两端硬件环境优势，将任务合理分配到客户端和服务器端，有效降低系统的通信开销。目前很多应用软件系统都是 C/S 形式的两层结构。

在基于 C/S 模式的应用系统中，总是打开的一方称为服务器，用于处理来自客户机的请求；而客户机可以在需要时打开，也可以一直打开；服务器是整个应用系统的资源存储、用户管理以及数据运算的中心，客户机各自也具有一定的处理功能，两者相互配合共同实现完整的网络应用。

（1）客户机和服务器的特点。

客户机的主要特点如下。

①通信时临时成为用户，也可在本地进行其他计算。

②被用户调用并在用户的计算机上运行，通信时主动向远程服务器发起通信请求。

③可同时与多个服务器进行通信。

④不需要特殊的硬件和很复杂的操作系统支持。

服务器的主要特点如下。

①具有提供多种服务的程序，可同时处理多个远程或本地客户的请求。

②在共享计算机上运行，当系统启动时自动调用并一直不断地运行。

③被动地等待并接收来自多个客户的通信请求。

④一般需要强大的硬件和同级的操作系统支持。

（2）C/S 的工作模式。

在 C/S 模式中，客户机与服务器扮演着完全不同的角色，其工作模式如下。

①客户机需要服务时首先向服务器发送服务请求。

②服务器收到请求后，对请求进行处理。

③服务器将处理结果返回给客户机。

④客户机收到结果，将其以一定形式显示在客户机上。

在 C/S 模式中，客户机与服务器通常是非对称的，它们处于不平等的地位。每次通信均由客户机进程发起，服务器进程等待客户机进程的请求并对请求进行响应。客户机对服务器有一定程度的依赖性，大部分的运算工作由服务器完成，而客户机主要完成请求的发送以及应答结果的显示，服务器与客户机分工明确，界限明显。

2）浏览器 / 服务器（B/S）模式

随着 Web 应用的流行和普及，传统的 C/S 模式慢慢被浏览器 B/S 模式所代替。B/S 结构是对 C/S 结构的一种改进，C/S 是两层结构，B/S 是三层结构。在 B/S 模式中，用户工作界面通过浏览器（Browser）实现，主要事务逻辑在服务器端（Server）完成，只有极少部分事务逻辑在前端完成。服务器通常包括 Web 服务器和数据库服务器，由前端和二层服务器构成三层结构，大大减轻了前端计算机的负荷，降低了系统维护与升级的成本和工作量，进而降低了用户的总体成本。

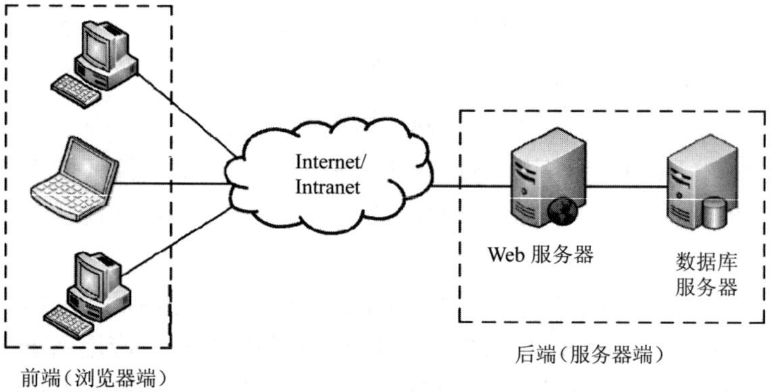

图 3-7 B/S 模式

（1）B/S 的工作模式。

①客户端计算机运行浏览器软件，浏览器利用超文本传输协议（HTTP）向 Web 服务器发送请求。

② Web 服务器接收到客户端请求后，将请求转化为 SQL（结构化查询）语法，并交给数据库服务器。

③数据库服务器收到请求后，验证其合法性，并进行数据处理，然后将处理后的结果返回给 Web 服务器。

④ Web 服务器将得到的所有结果转化成 HTML 文档，然后转发给客户端浏览器，并以 Web 页面的形式显示结果。

（2）B/S 模式的特点。

① B/S 的工作模式不需要在客户端额外安装软件，只需要利用浏览器就可以访问服务器，是一种瘦客户端的体系结构。

② B/S 模式的应用开发需要遵循一定规则，如浏览器支持什么样的脚本语言等，最常见的技术有 HTML、ASP、PHP、JSP、Python 等。

③在局域网中建立 B/S 结构的网络应用，成本较低。

④能够有效地保护数据平台和管理访问权限，服务器数据库相对安全，在 Java 等跨平台语言开发的应用中，其管理软件更加方便、快捷和高效。

⑤能够实现不同的人员从不同的地点、以不同的接入方式（如 LAN、WAN、Internet/Intranet 等）访问和操作同一的数据库。

3）对等（P2P）模式

P2P 模式是在 Internet 上实施网络应用的一种对等模式。在 P2P 结构中，任意连接的一对主机（称为对等方），都可以直接相互通信，这种对等方通信不必通过专门的服务器，所以该体系结构被称为对等方到对等方（简称为对等）模式。该模式对服务器有最小的（或者没有）依赖，服务器与客户端的界限被淡化或者消失，系统中每个参与应用的节点均以“平等”的方式共享其他节点的共享资源，如 CPU、存储空间等。在 P2P 系统中，实体一般既是资源的请求者，又是资源的提供者，即同时扮演客户机和服务器两种角色。

对等方通常是由用户控制而不是由服务提供商所有，P2P 系统是分布式的。目前大多数流行的流量密集型应用程序都是 P2P 体系结构，包括文件分发、文件搜索 / 共享、网络电话和网络电视等。

（1）P2P 模式的特点。

①具有自扩展性。在一个 P2P 文件共享应用中，尽管每个对等方都由请求文件产生负载，但每个对等方向其他对等方分发文件也为系统增加服务能力。

②成本较低。P2P 通常不需要庞大的服务器基础设施和服务器带宽。

③存在一定安全问题。由于 P2P 应用程序具有高度分布和开放的特性，因此存在一定的系统安全问题。

（2）P2P 的工作模式。

P2P 系统从结构上可分为两类：混杂 P2P 系统与纯粹 P2P 系统。前者由客户机与中央服务器构成，其典型案例为 Napster；后者则完全由客户机构成，其典型案例为 Gnutella。

① Napster（混杂 P2P 系统）的工作模式。

Napster 可以说是第一代 P2P 软件，是最早出现的 P2P 应用之一，它是一个 MP3 共享软件。Napster 系统由客户机与中央服务器（目录服务器）构成，中央服务器保存所有 Napster 用户上传的音乐文件索引和存放位置信息，实现了文件查询与文件传输的分离，有效地节省了中央服务器的带宽消耗，减少了系统的文件传输延时。

Napster 系统的工作模式如下。

- 目录服务器记录在线用户的 IP 地址、端口号及网络中 MP3 文件目录信息。
- 客户机向目录服务器发送搜索某 MP3 文件请求，请求得到其他客户机的网络地址。
- 目录服务器收到请求后，搜索目录数据库，找到包含该文件的其他客户机，将其地址发送给该客户机。
- 客户机依据这些地址，向其他客户机发送请求。
- 其他客户机收到请求后，对请求进行处理，并将结果返回给发送方。

Napster 的安全问题主要如下。

- 中央服务器是 Napster 的安全隐患，如果该服务器失效，整个系统就会瘫痪。
- 当用户数量增加到 105 或者更高时，Napster 的系统性能会大大降低。

● Napster 并没有提供有效的安全机制。

② Gnutella（纯粹 P2P 系统）的工作模式。

由于 Napster 陷入版权相关问题的诉讼危机，便出现了第二代 P2P 软件 Gnutella。Gnutella 是一个文件共享系统，它汲取了 Napster 失败的教训，将 P2P 的理念向前又推进了一步。它和 Napster 最大的区别在于 Gnutella 是纯粹的 P2P 系统，没有目录服务器，用户只要在计算机上安装了该软件，该计算机就立即变成一台能够提供完整目录和文件服务的服务器，并会自动搜寻其他同类服务器，从而联成一台由无数 PC 组成的网络超级服务器。这是一种真正意义上的对等分布式网络。

Cnutella 系统的工作模式如下。

● 每个客户机都维护一个相邻客户机列表，当客户机 A 需要搜索文件时，它向所有相邻客户机发送搜索请求。

● 相邻客户机再将客户机 A 的搜索请求转发给它们各自相邻的客户机，该转发工作将持续进行，直到系统中所有客户机均收到该搜索请求。

● 能提供该搜索文件的客户机按原路向客户机 A 发送其 IP 地址和端口号。

● 客户机 A 接收到响应消息后，依据一定规则（如路径最短规则等）与相应的客户机建立连接，下载文件。

纯粹的 P2P 系统中没有目录服务器，每个客户机都具有发现其他客户机的能力。

3. 应用层主要协议

在 TCP/IP 参考模型中，应用层是参考模型的最高层。应用层包括所有高层协议，并且不断有新的协议加入。目前，应用层协议主要有以下几种。

（1）远程登录协议（Telnet）：用于实现 Internet 中远程登录功能。

（2）文件传送协议（File Transfer Protocol，FTP）：用于实现 Internet 中交互式文件传输功能。

（3）简单邮件传送协议（Simple Mail Transfer Protocol， SMTP）：用于实现 Internet 中电子邮件传送功能。

（4）域名系统（Domain Name System， DNS）：用于实现网络设备名字到 IP 地址映射的网络服务。

应用层协议可以分为以下 3 种类型。

（1）依赖于面向连接的 TCP：主要有 Telnet、SMTP、FTP、HTTP 等。

（2）依赖于面向无连接的 UDP：主要有 SNMP、TFTP 等。

（3）既依赖于 TCP，又依赖于 UDP：DNS。

技能点 8 Windows 网络常用管理命令

在了解了基本的网络协议结构，学习了经典的网络协议 TCP/IP 以及各个层的关系之后，在实际的生活学习中，当遇到网络问题时，应如何快速确定出现问题的区域。Windows 结合 TCP/IP 网络协议，提供了测试的方法，方便用户通过指令完成对于网络的一系列管理。

1.ipconfig

该命令显示当前的 TCP/IP 配置设置值。ipconfig 是可用于显示当前的 TCP/IP 配置设置值，并刷新动态主机配置协议（DHCP）和域名系统（DNS）设置的程序，这些信息一般用来检验人工配置的 TCP/IP 设置是否正确。在 Windows 命令提示符页面中输入 ipconfig /? 命令即可查看相关参数功能，如图 3-8 所示。

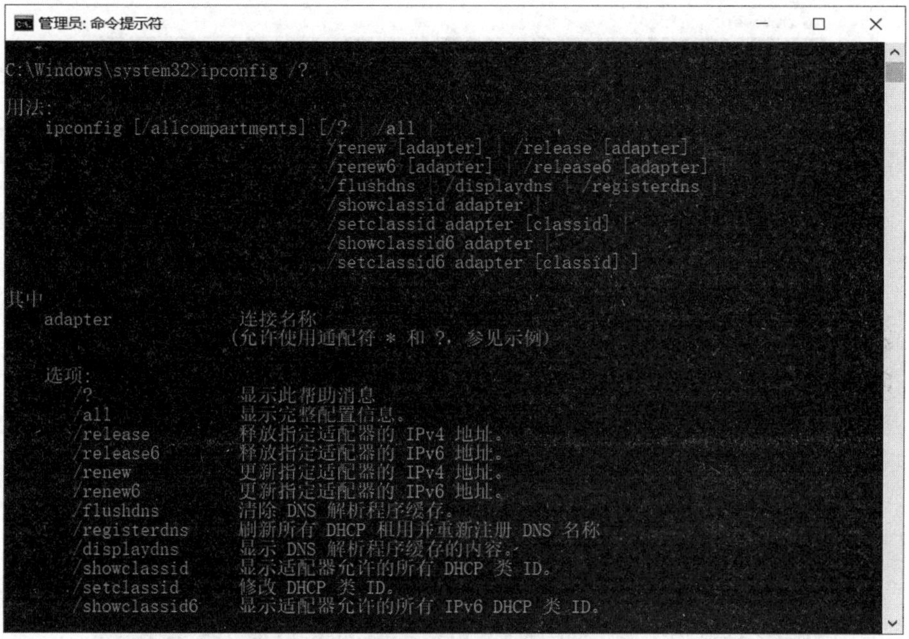

图 3-8　ipconfig 命令参数

具体参数功能如表 3-4 所示。

表 3-4　ipconfig 参数功能

参数	功能
/?	显示帮助信息
/all	显示完整的配置信息
/release	释放指定适配器的 IPv4 地址
/release6	释放指定适配器的 IPv6 地址
/renew	更新指定适配器的 IPv4 地址
/renew6	更新指定适配器的 IPv6 地址
/flushdns	清除 DNS 解析程序缓存
/registerdns	刷新所有 DHCP 租用并重新注册 DNS 名称
/displaydns	显示 DNS 解析程序缓存内容
/showclassid	显示适配器允许的所有 DHCP 类 ID
/setclassid	修改 DHCP 类 ID
/showclassid6	显示适配器允许的所有 IPv6 DHCP 类 ID

2. ping

运用 ping 命令通过 TCP/IP 计算机发送 Internet 控制消息协议回响请求消息来验证 IP 级连接。 ping 是用于排查连接性、可访问性和名称解析的主要 TCP/IP 命令。ping 命令可以通过添加不同的参数来实现不同的功能，在 Windows 命令提示符页面中输入 ping 命令即可查看相关参数功能，如图 3-9 所示。

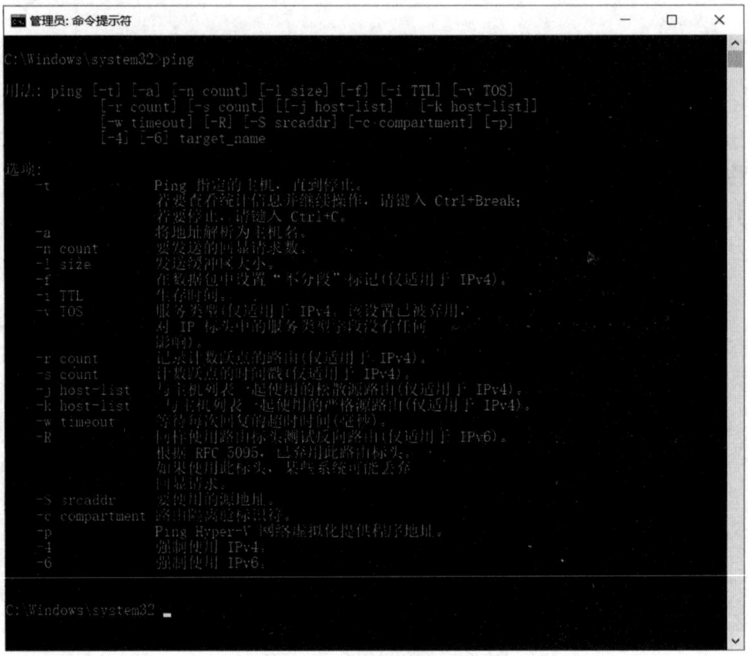

图 3-9 ping 命令参数

具体参数功能如表 3-5 所示。

表 3-5 ping 参数功能

参数	功能
-t	不停 ping 指定的主机，Ctrl+C 停止，Ctrl+Break 可查看统计信息
-a	将地址解析为主机名（转换为 IP 地址）
-n count	要发送的回显请求数
-l size	发送缓冲区大小
-f	在数据包中设置“不分段”标记（仅适用于 IPv4）
-i TTL	生存时间
-v TOS	服务类型
-r count	记录传出和返回数据包的路由
-s count	记录传出和返回数据包的时间戳
-j host-list	利用 host-list 指定的计算机列表路由数据包。连续计算机可以被中间网关分隔（路由稀疏源），IP 允许的最大数量为 9

续表

参数	功能
-k host-list	利用 host-list 指定的计算机列表路由数据包。连续计算机不能被中间网关分隔(路由严格源),IP 允许的最大数量为 9
-w timeout	等待每次回复的超时时间
-R	测试反向路由
-S srcaddr	使用的源地址
-c compartment	路由隔离舱标识符
-p	ping Hyper-V 虚拟机地址
-4	强制使用 IPv4
-6	强制使用 IPv6

3. netstat

运用 netstat 命令显示网络连接信息。它显示网络连接、路由表和网络接口信息,可以让用户得知有哪些网络连接正在运行。使用时如果不带参数，netstat 显示活动的 TCP 连接。在 Windows 命令提示符页面中输入 netstat -h 命令即可查看相关参数功能,如图 3-10 所示。

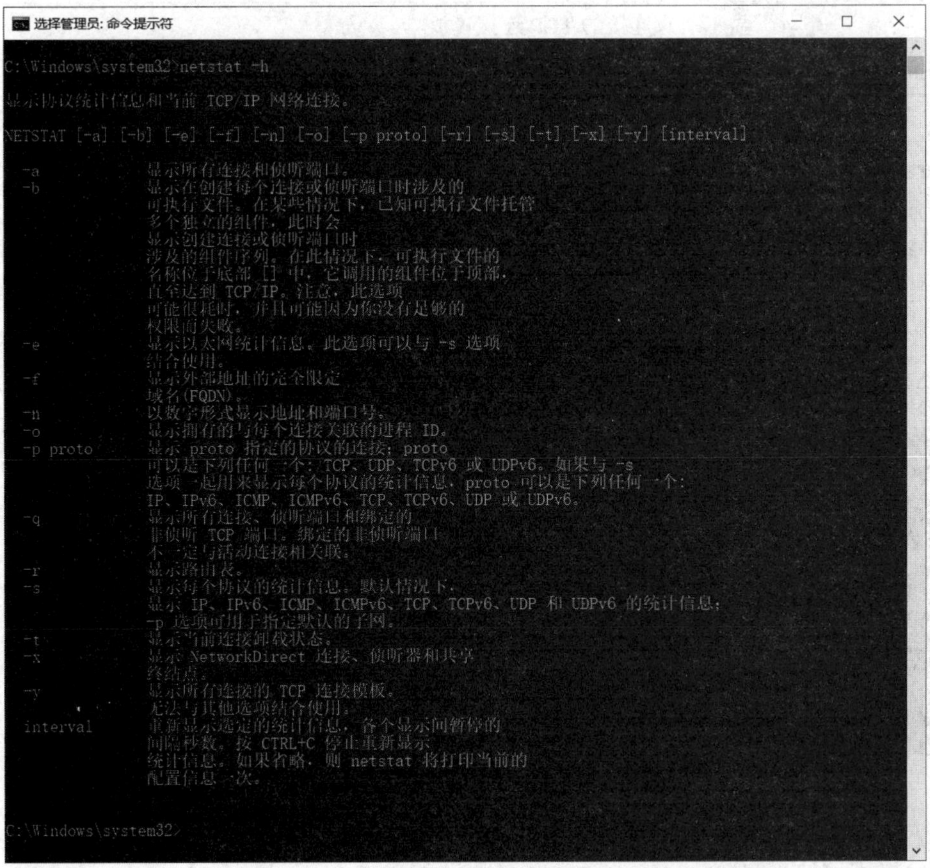

图 3-10 netstat 参数

具体参数功能如表 3-6 所示。

表 3-6　netstat 参数功能

参数	功能
-a	显示所有连接和侦听端口
-b	显示在创建每个连接或侦听端口时涉及的可执行文件
-e	显示以太网完计信息
-f	基示外部地址的完全限定域名
-n	以数字形式显示地址和端口号
-o	显示拥有的与每个连接关联的进程 ID
-p proto	显示 proto 指定的协议的连接
-q	显示所有连接、侦听端口和绑定的非侦听 TCP 端口
-r	显示路由表
-s	显示每个协议的统计信息
-t	显示当前连接卸载状态
-x	显示 NetworkDirect 连接，侦听器和共享终结点
-y	显示所有连接的 TCP 连接模板
interval	重新显示选定的统计信息

4. tracert

运用 tracert 命令确定 IP 数据包访问目标所采取的路径。tracert 命令用 IP 生存时间（TTL）字段和 ICMP 错误消息来确定从一个主机到网络上其他主机的路由。tracert 命令可以通过添加不同的参数来实现不同的功能，在 Windows 命令提示符页面中输入 tracert 命令即可查看相关参数功能，如图 3-11 所示。

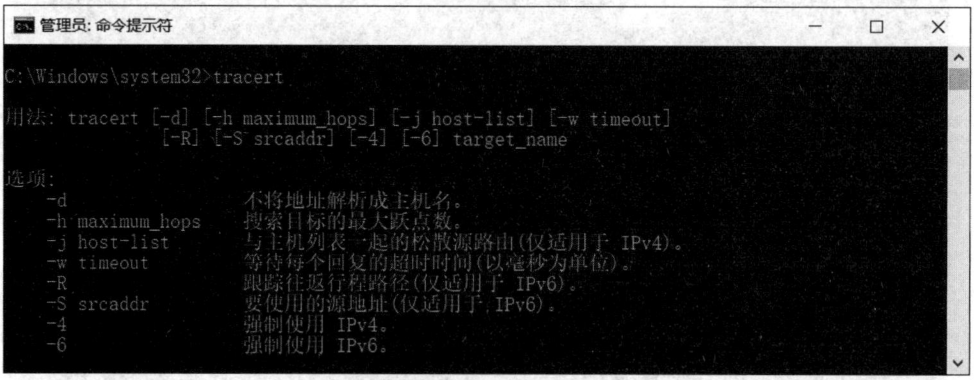

图 3-11　tracert 命令参数

具体参数功能如表 3-7 所示。

表 3-7　tracert 参数功能

参数	功能
-d	不将地址解析成主机名
-h maximum_hops	搜索目标的最大跃点数
-j host-list	利用 host-list 指定的计算机列表路由数据包。连续计算机可以被中间网关分隔（路由稀疏源），IP 允许的最大数量为 9
-w timeout	等待每个回复的超时时间
-R	跟踪往返行程路径
-S srcaddr	使用的源地址
-4	强制使用 IPv4
-6	强制使用 IPv6

任务实施

使用 Windows 命令行命令查看计算机网络状态

使用 Windows 命令行命令 ping、netstat、ipconfig 和 tracert，通过 TCP/IP 协议查看计算机网络状态。

第一步：使用 ping 命令发送 10 个请求到百度搜索引擎，键入代码如下：

```
>ping /n 10 www.baidu.com
```

命令执行结果如图 3-12 所示：

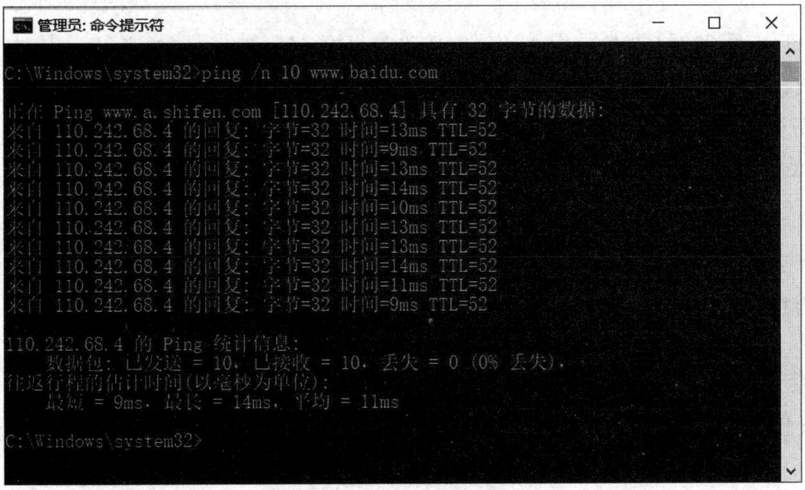

图 3-12　ping 命令实例

从图中可看到测试的过程以及结果，其中“字节”表示数据包的大小，“时间”表示响应时间，该值越小表示连接该地址的速度越快，“TTL”表示“Time To Live”即表示 DNS 记录在 DNS 服务器上存在的时间。最后根据过程统计可知，所发送 10 个数据包均已被接收，且没有出现丢失的情况，说明网络连接正常。

第二步：运用 netstat 命令查询计算机中使用 TCP 协议连接的具体信息，键入代码如下：

```
>netstat -s -p tcp
```

命令执行结果如图 3-13 所示：

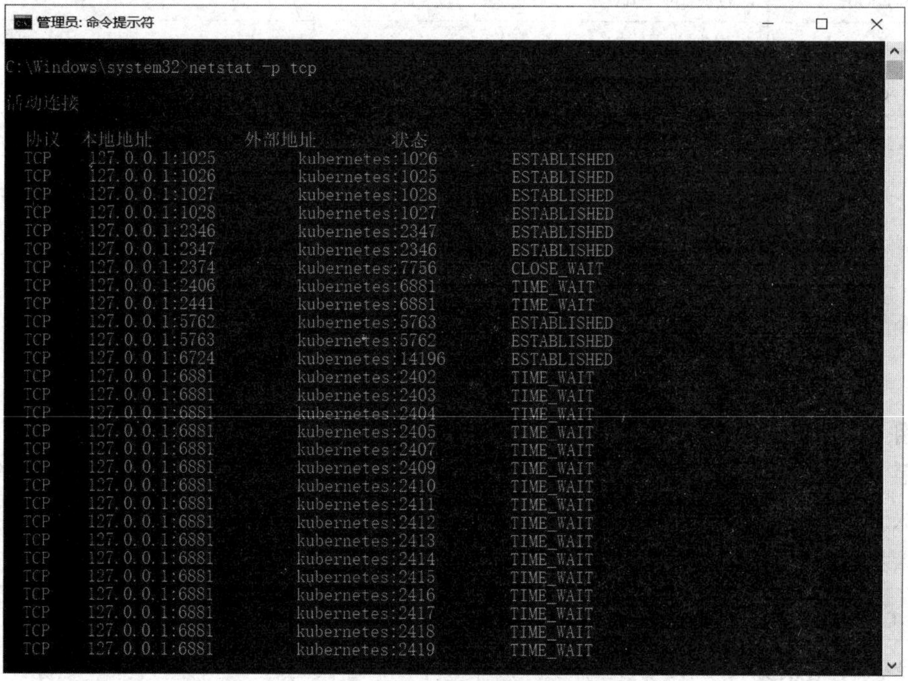

图 3-13 netstat 命令实例

从图中可以看到对应该计算机内使用 TCP 协议连接的具体信息。其中“协议”表示活动连接所对应的协议名称，“本地地址”表示对应的连接的具体本地地址及端口，“外部地址”表示所连接的外部地址。例如，使用本地浏览器访问百度官网，那么此时“本地地址”应该为本地浏览器所对应的地址以及端口，“外部地址”则为百度官网的地址以及端口。

“状态”则分为很多种类，比较常见的为：ESTABLISHED 表示处于连接的状态，SYN_SENT 表示正在连接，FIN_WAIT1 表示连接正在关闭，FIN_WAIT2 表示连接已经关闭正在等待远端结束，TIME_WAIT 表示正在等待关闭处理仍在网络上的数据包，CLOSE_WAIT 表示远端已经结束、等待关闭等等。

第三步：使用 ipconfig 命令查询计算机中所有适配器的完整 TCP/IP 配置，键入代码如下：

```
>ipconfig /all
```

命令执行结果如图 3-14 所示。

从图中可见计算机中所有适配器的完整 TCP/IP 配置，如主机名、DNS、IPv4、IPv6、子网掩码等。

第四步：使用 tracert 命令跟踪名为 jx.xtgov.net 主机的路径，键入代码如下：

```
>tracert jx.xtgov.net
```

命令执行结果如图 3-15 所示。

```
管理员: 命令提示符
C:\Windows\system32>ipconfig /all

Windows IP 配置

   主机名  . . . . . . . . . . . . . : DESKTOP-97JJ867
   主 DNS 后缀 . . . . . . . . . . . :
   节点类型  . . . . . . . . . . . . : 混合
   IP 路由已启用 . . . . . . . . . . : 否
   WINS 代理已启用 . . . . . . . . . : 否

以太网适配器 以太网:

   媒体状态  . . . . . . . . . . . . : 媒体已断开连接
   连接特定的 DNS 后缀 . . . . . . . :
   描述. . . . . . . . . . . . . . . : Realtek PCIe GbE Family Controller
   物理地址. . . . . . . . . . . . . : 00-E0-70-C6-B0-CC
   DHCP 已启用 . . . . . . . . . . . : 是
   自动配置已启用. . . . . . . . . . : 是

以太网适配器 vEthernet (WLAN):

   连接特定的 DNS 后缀 . . . . . . . :
   描述. . . . . . . . . . . . . . . : Hyper-V Virtual Ethernet Adapter #2
   物理地址. . . . . . . . . . . . . : 00-15-5D-3C-F9-69
   DHCP 已启用 . . . . . . . . . . . : 否
   自动配置已启用. . . . . . . . . . : 是
   本地链接 IPv6 地址. . . . . . . . : fe80::10c7:6c9a:b266:5e3a%35(首选)
   IPv4 地址 . . . . . . . . . . . . : 172.30.208.1(首选)
   子网掩码  . . . . . . . . . . . . : 255.255.240.0
   默认网关. . . . . . . . . . . . . :
   DHCPv6 IAID . . . . . . . . . . . : 587208029
   DHCPv6 客户端 DUID  . . . . . . . : 00-01-00-01-27-D5-D3-0B-00-E0-70-C6-B0-CC
   DNS 服务器  . . . . . . . . . . . : fec0:0:0:ffff::1%1
                                       fec0:0:0:ffff::2%1
```

图 3-14　ipconfig 命令实例

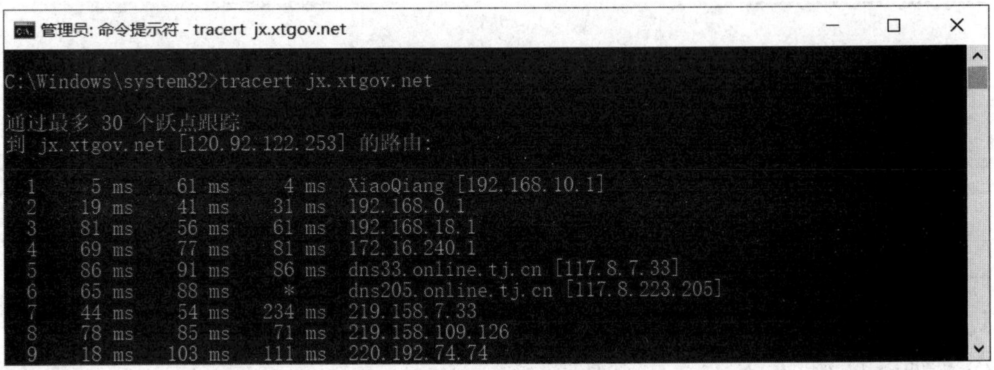

```
管理员: 命令提示符 - tracert jx.xtgov.net
C:\Windows\system32>tracert jx.xtgov.net

通过最多 30 个跃点跟踪
到 jx.xtgov.net [120.92.122.253] 的路由:

  1     5 ms    61 ms     4 ms  XiaoQiang [192.168.10.1]
  2    19 ms    41 ms    31 ms  192.168.0.1
  3    81 ms    56 ms    61 ms  192.168.18.1
  4    69 ms    77 ms    81 ms  172.16.240.1
  5    86 ms    91 ms    86 ms  dns33.online.tj.cn [117.8.7.33]
  6    65 ms    88 ms     *     dns205.online.tj.cn [117.8.223.205]
  7    44 ms    54 ms   234 ms  219.158.7.33
  8    78 ms    85 ms    71 ms  219.158.109.126
  9    18 ms   103 ms   111 ms  220.192.74.74
```

图 3-15　tracert 命令实例

从图中可知，可以获取 jx.xtgov.net 主机的路径，最左侧数字 1~9 表示经过 8 个路由节点可以到达 jx.xtgov.net 的主机服务。位于中间的三列表示连接到每个路由节点的速度、返回速度和多次连接反馈的平均值。位于最后的 IP 地址，则表示节点所对应的 IP。其中的"*"符号表示消息超时无法连通，若在测试时发现大量的"*"符号，则表示该 IP 在各个路由节点上均有障碍。

任务总结

通过对 Windows 命令行命令的学习，理解了网络体系结构和协议概念，了解了计算机网络分层参考模型，掌握了 Windows 网络常用管理命令，并应用 ping 命令排查目标网络的连接性、可访问性，netstat 命令显示网络连接、路由表和网络接口信息，ipconfig 命令显示当前的 TCP/IP 配置设置值，tracert 命令确定 IP 数据包访问目标所采取的路径。

英语角

Open System Interconnection Reference Model	开放系统互连参考模型
System Network Architecture	系统网络体系结构
Transmission Control Protocol/Internet Protocol	传输控制协议 / 网际协议
Date Terminal Equipment	数据终端设备
Data Circuit Terminating Equipment	数据通信设备
Dynamic Ports	动态端口
File Transfer Protocol	文件传送协议
Domain Name System	域名系统

任务习题

一、选择题

1.______ 不属于计算机网络体系结构的特点。

A. 是抽象的功能定义

B. 是以高度结构化的方式设计的

C. 是分层结构，是网络各层及其协议的集合

D. 在分层结构中，上层必须知道下层是怎样实现的

2. 网络层提供的面向连接服务，在数据交换时 ______。

A. 必须先提供连接，在该连接上传输数据，数据传输完成后释放连接

B. 必须先建立连接，在该连接上只用于传输命令 / 响应，传输后释放连接

C. 不需要建立连接，传输数据所需要的资源动态分配

D. 不需要建立连接，传输数据所需要的资源事先保留

3. 数据链路层的主要功能有 ______。（多选）

A. 成帧　　B. 透明传输　　C. 寻址和转发　　D. 差错控制

4. B/S 模式的特点有 ______。（多选）

A. 不需要在客户端额外安装软件，只需要利用浏览器就可以访问服务器

B. 通信时临时成为用户，也可在本地进行其他计算

C. 能够有效保护数据平台和管理访问权限，服务器数据库相对安全

D. 能够实现不同的人员从不同的地点，以不同的方式接入

5. 关于网络体系结构，以下描述中错误的的是 ______。

A. 物理层完成比特流的传输

B. 数据链路层用于保证端到端数据的正确传输

C. 网络层为分组通过通信子网选择适合的传输路径

D. 应用层处于参考模型的最高层

二、简答题

1. 网络体系结构采用层次化的优点是什么？

项目四　办公室无线局域网的组建

学习目标

通过学习局域网相关知识，了解局域网产生和发展的历史背景、基本特点以及组成，掌握决定局域网特征的一些主要技术，掌握快速局域网的基本工作原理和组网技术等。

- 理解局域网的基本概念、发展历史、特点以及基本组成。
- 掌握局域网的主要技术特点。
- 理解局域网参考模型。
- 掌握快速局域网的基本工作原理和组网技术。
- 掌握虚拟局域网的基本技术特点和组网技术。
- 掌握无线局域网的基本技术特点和组网技术。

学习路径

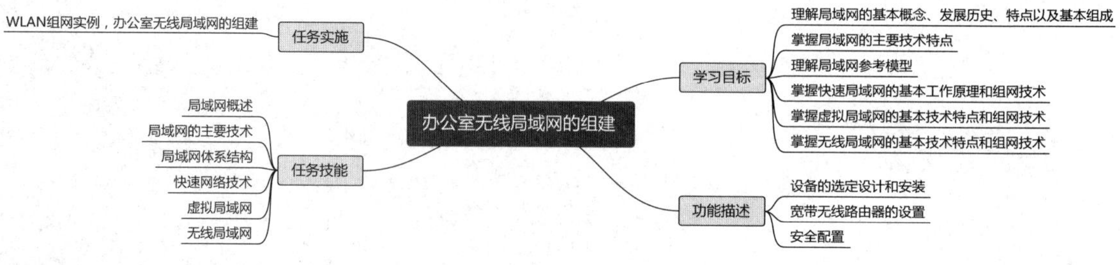

任务描述

【情景导入】

局域网是将大量微机及各种设备互联在一起，并在有限的地理范围内实现数据传输和资源共享的计算机网络。在当今的计算机网络技术中，由于社会对信息资源的广泛需求以及计算机技术的广泛普及促进了局域网技术的迅猛发展，使得局域网在计算机网络技术中占有十分重要的地位。本次任务应用局域网的知识，完成对办公室无线局域网的组建。

【功能描述】

- 设备的选定设计和安装。
- 宽带无线路由器的设置。
- 安全配置。

任务技能

技能点 1　局域网概述

局域网是计算机网络的一种，具有一般计算机网络的特点，又有自己的特征，在计算机网络中占有非常重要的地位。很多机构选择局域网的原因是局域网相对于其他网络，传输速度更快，性能更稳定，框架简易，具有封闭性。

正是因为局域网具有这些特点，对于局域网的安全防护需要特别重视，如果被他人侵入，那局域网内所有相关的计算机都会被窃取信息，造成巨额损失。学生们应通过学习局域网的相关知识认识到密码保护的重要性，学会使用复杂的密码来保护自己的信息安全。党的二十大报告中提出，要加强个人信息保护。同学们在学习的过程中，要建立规划法制观念，遵守行业规范，塑造使命感和社会责任感，将维护数据安全作为不可突破的底线。

1. 局域网的基本概念

局域网是将一定区域内如一个办公室、一所学校、一家企业、一幢楼等的各种计算机、外部设备和数据库连接起来形成计算机通信网。起初的局域网基本是由 PC（personal computer，个人计算机）、服务器、集线器、交换机等组成，通过专用数据线路与其他地方的局域网、微机设备以及外部设备或数据库连接，形成更大范围的信息处理系统，以达到资源共享、信息传递和远程数据通信的目的。

局域网通过网络传输介质将网络服务器、网络工作站等网络互联设备连接起来，来实现系统地管理文件、应用软件、办公设备，发送工作安排等通信服务。局域网在没有专职管理人员的情况下，给网络使用者提供了极大的便利。现如今所能看到的局域网绝大多数都是有服务器的，服务器与普通电脑其实并无两样，只是配置、性能、稳定性较普通电脑好，重要的是安装其上的操作系统是专门的服务器操作系统。有了服务器的网络，在软件的集成管控、账户安全登录等方面都有了标准、严格的制度，在提供服务功能的同时更强调了网络的安全性和稳定性。

对于微机用户来说，了解和掌握局域网尤为重要。局域网概述如图 4-1 所示。

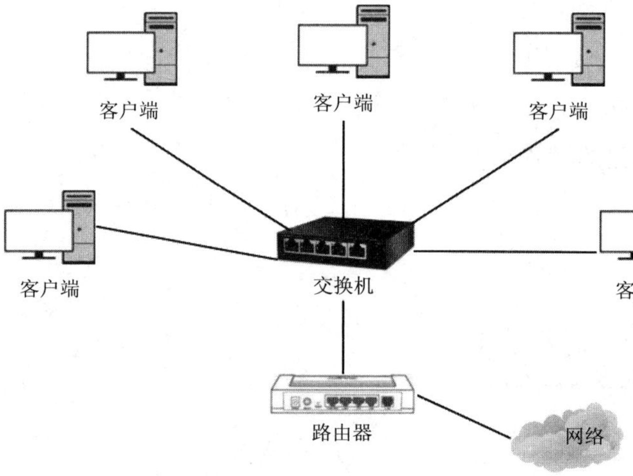

图 4-1 局域网概述

2. 局域网的特点

局域网有一些区别于普通网络的部分，具有一些自身的特点，具体如下。

（1）覆盖的地理范围较小，一般为 10 m~10 km，通常为一个单位所拥有。

（2）较高的数据传输率。

（3）较低的误码率。

（4）较低的时延。

（5）可支持的工作站数可达几千个，各工作站间地位平等。

（6）支持多种媒体访问协议。

（7）能进行广播或组播。

（8）通常多个站共享一个传输媒体（同轴电缆、双绞线、光纤）。

3. 局域网的发展历史

20 世纪 70 年代，人们开始研究局域网。其中局域网的最初典型代表是美国 Xerox 公司推出的实验性以太网和英国剑桥大学研制的剑桥环网。随着通信网络的不断发展，技术和微机的更新迭代，一些标准化组织也致力于局域网的有关协议和标准的制定，使得局域网技术得到了迅速的发展和完善。

20 世纪 80 年代后期，局域网的产品可以专业化生产，随着商品化的日益成熟，局域网获得了大范围的推广和普及。人们开始接受和使用局域网，其技术和使用经验更加丰富，热度也不断升高。

20 世纪 90 年代，局域网步入了更高速的发展阶段，已经渗透到了社会的各行各业，普及程度也逐日提升。局域网技术作为当今计算机网络研究与应用的一个热点，也是目前非常活跃的技术领域之一，其发展推动着信息社会不断前进。

4. 局域网的基本组成

局域网的基本组成包括网络硬件和网络软件两大部分。

1）网络硬件

网络硬件系统一般包括服务器计算机、工作站计算机以及基本联网硬件。此外，根据传输介质和拓扑结构的不同，还需要集线器、集中器等；进行网络互联时，则需要网关、网桥、路由器等硬件设备。

（1）服务器计算机。在局域网中，服务器计算机作为重要的组成部分，一般选用性能较高的计算机作为服务器。服务器计算机用于将计算机内资源提供给各个网络用户使用，并负责对资源进行管理以及协调网络用户对资源的使用。服务器计算机如图 4-2 所示。

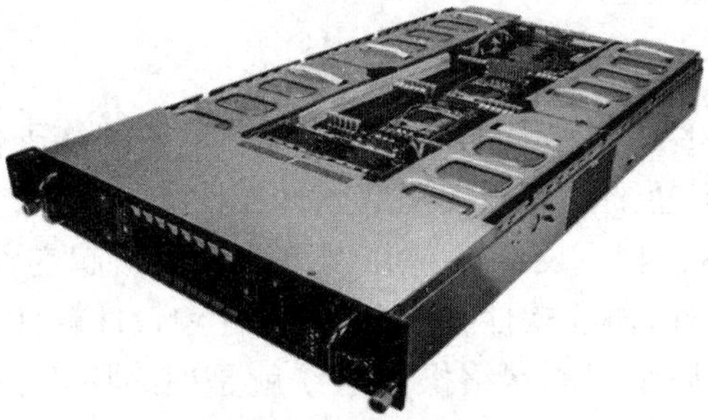

图 4-2 服务器计算机

（2）工作站计算机。工作站是各个用户的工作场所，也被称为客户机，通常是一台微机或终端。工作站通过网卡，经传输介质与网络服务器相连，用户通过工作站就可以向局域网请求服务和访问共享资源。工作站可以有自己单独的操作系统并独立工作，通过运行工作站的网络软件可以访问服务器的共享资源。工作站计算机如图 4-3 所示。

图 4-3 工作站计算机

（3）外部设备。外部设备主要是指网络上可供用户共享的设备，通常网络上的共享外部设备包括打印机、绘图仪、扫描器、Modem 等。

（4）网络连接设备。网络连接设备主要包括网卡、中继器、集线器和交换机等。网卡用于把计算机和传输介质连接起来，进而使计算机连入网络，如图 4-4 所示。网络连接设备的基本功能包括基本数据转换、生成网络信号、存取控制、数据缓存和对信息包的装配发送和拆包解读等。交换机采用交换方式进行工作，能够将多条线路的端点集中连接在一起，实现多个网络工作站之间数据的并发传输，可增加局域网内部带宽、改善局域网的性能和增加服务质量。交换机如图 4-5 所示。

图 4-4 网卡

图 4-5 交换机

2）网络软件

网络软件是计算机网络系统中重要的一部分，相比于网络硬件，软件的可操作性更强，在通信、管理等方面发挥着重要的作用。网络软件相比于单机系统中的各类软件，所涉及和要解决的问题都复杂得多。根据网络软件在网络系统中所起的作用不同，可以将其分为 5 类：网络操作系统、通信软件、协议软件、网络应用软件和管理软件。

（1）网络操作系统。局域网的网络操作系统就是网络用户和计算机网络之间的接口，网络用户经过网络操作系统请求网络服务。网络操作系统具有处理机管理、存储管理、设备管理、文件管理以及网络管理等功能。

（2）通信软件。通信软件的功能是与多个工作站进行网络通信，方便与主机进行连接，并对大量的通信数据进行加工和管理。

（3）协议软件。协议软件用于实现各种网络协议功能，其种类非常多，根据不同体系结构其网络系统都有支持自身系统的协议软件，体系结构中在不同层次上也有不同的协议软件。

（4）网络应用软件。网络应用软件是面向用户的网络软件，为用户提供一些实际的应用服务，如学生管理系统、图书馆管理系统、文件管理系统、视频课程等。

（5）管理软件。管理软件可以对局域网内的电脑操作进行监控、控制或者远程查看，以方便了解局域网内部电脑的使用情况。同时对于网络系统这样一个复杂的系统，经常会遇到很多问题，网络管理软件致力于帮助网络管理者便捷地解决一些棘手的技术难题。

技能点 2　局域网的主要技术

局域网技术有很多种，采用不同技术的局域网其性能也不同，其中主要技术有传输介质、拓扑结构和介质访问控制方法。

1. 局域网的传输介质

局域网常用的传输介质有双绞线、同轴电缆、光纤、无线电波等。

同轴电缆是早期以太网中被广泛使用的传输介质之一。但是随着科技的日益发展，双绞线和光纤的应用成本降低，特别是在快速局域网中，双绞线依靠其低成本、高速度和高可靠性等优势获得了人们的认可。光纤主要应用在远距离、高速传输数据的网络环境中，在光纤的高可靠性，传输的效率和速度上都有明显的优势，这是许多双绞线和同轴电缆无法比拟的。随着光纤的不断发展，势必会越来越广泛地被使用。

2. 局域网的拓扑结构

与网络的拓扑结构类似，要在局域网中实现互联，也需要以一定的结构进行连接，这种方式就叫作拓扑结构。拓扑结构对整个网络的设计、功能、可靠性、成本等方面具有重要的影响。如今，常见的网络拓扑结构主要有总线型、环型、星型和树型等多种。下面介绍几种常见的拓扑结构。

1）总线型结构

总线型结构采用一条单根的通信线路（总线）作为公共的传输通道，其中所有的结点都通过相应的接口直接连接到总线上。通信线路即总线，一般由同轴电缆（包括粗缆和细缆）或光缆作为总线型传输介质。所有的节点都通过相应的硬件接口直接与总线相连，如图 4-6 所示。总线型网络采用广播通信方式，即任何一个节点发送的信号都可以沿着总线介质传播，而且能被网络上的其他节点接收，因此连接在总线上的设备越多，网络发送和接收数据的速度就越慢。

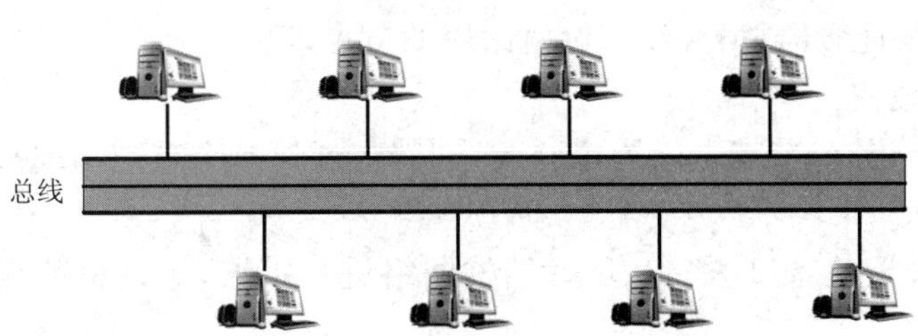

图 4-6　总线型结构

总线型网络主要有以下几个特点。

（1）总线型结构，结构模式简单、灵活，易于扩展，使用接线器即可扩展用户。并且从图 4-6 可以看出，这样的结构一般不再需要额外的互联设备，直接通过一条总线连接，所以组网费用较低。

（2）共享能力强，便于广播式传输。

（3）维护较容易。单独节点维护简单，总线顺畅即可保障总体线路畅通。

（4）由于网络各节点共享总线带宽，数据传输速率会随着接入网络用户的增多而下降。

（5）一次仅能允许一个节点发送信号，其他节点必须等待。

2）环型结构

环型网络是用一条传输链路将一系列节点连成一个封闭的环路，各个工作站的地位相同，信息流只能单方向传输，从发送信息的节点开始顺着环路流动一周，如图 4-7 所示。环型拓扑结构虽然简单，传输延时确定，但环路中的每一个站点与连接站点之间的通信线路都很重要，环路中的任意一个站点出现通信故障，都会造成网络瘫痪。

在进行网络传输时，环路中会流通一个叫“令牌”的信息包，拥有“令牌”的节点才可以发送信息，当信息传送完成之后，就会传送“令牌”以便下游的节点可以得到发送信息的机会。

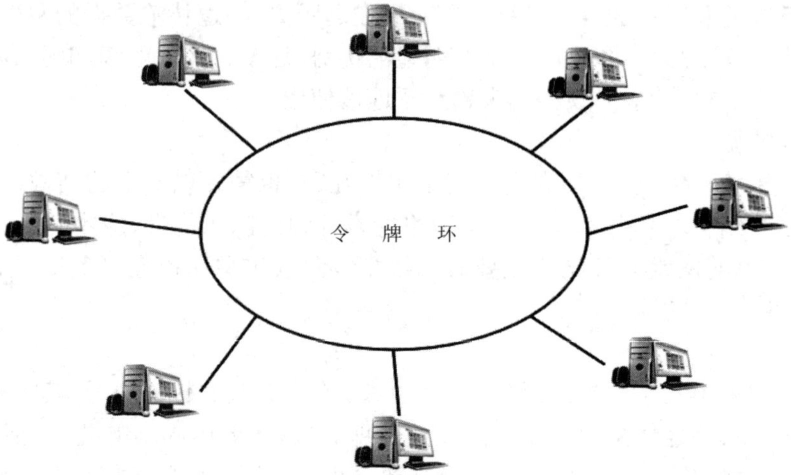

图 4-7 环型结构

环型网络主要有以下几个特点。

（1）结构简单，各个节点之间地位相同。组成网络的设备除了各工作站、传输介质（同轴电缆）和其他一些连接器材外，没有价格昂贵的节点设备。

（2）传输速度较快。

（3）维护困难。各个节点之间为串联关系，其中任何一个节点出现故障，整个网络就会瘫痪，维护的难度大。

（4）扩展性差，调整难度大。对环型结构网络进行扩展，需调整节点之间时连接，难度较大。

3）星型结构

星型结构在局域网中属于比较普遍的一种，每个工作站节点都由一条点对点链路与中心节点即公共中心交换设备相连（如交换机、集线器等），其余各节点呈星型分布。工作过程中，星型网络中的任一个节点如果向另一个节点发送数据，首先将数据发送到中央公共中心设备，然后由中央公共设备将数据转发到目标节点。信息的传输是通过中心节点的存储转发技术实现的，并且只能通过中心节点与其他节点通信。星型网络目前用得最多的传输介质是双绞线。星型结构基本连接如图 4-8 所示。

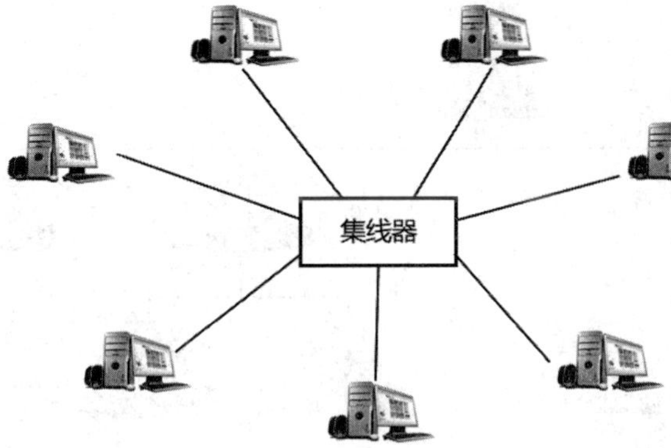

图 4-8　星型结构

星型网络主要有以下几个特点。

（1）容易实现、成本低。星型结构网络采用的传输介质一般都是通用的双绞线，它相对于同轴电缆和光纤来说比较便宜。这种拓扑结构主要应用于 IEEE 802.2、IEEE 802.3 标准的以太局域网中。

（2）节点扩展、移动方便。节点扩展时只需要从集线器或交换机等集中设备中拉一条线即可，而要移动一个节点只需要把相应节点设备移到新节点即可，而不会像环型网络那样“牵其一而动全局”。

（3）维护容易。一个节点出现故障不会影响其他节点的连接，可任意拆走故障节点。

（4）采用广播信息传送方式。任何一个节点发送信息时，整个网络中的其他节点都可以收到。这会存在一定的隐患，但在局域网中使用影响不大。

（5）对中央节点的可靠性和冗余度要求很高。每个工作站直接与中央节点相连，如果中央节点发生故障，则全网趋于瘫痪。所以，通常要采用双机热备份，以提高系统的可靠性。

4）树型结构

树型结构（也称星型总线拓扑结构）是从总线型结构和星型结构演变来的。网络中的节点设备都连接到一个中央设备（如集线器）上，但并不是所有的节点都直接连接中央设备，大多数的节点首先连接一个次级设备，次级设备再与中央设备连接。

树型结构有两种类型：一种是由总线型结构派生出来的，它由多条总线连接而成，如图 4-9 所示；另一种是星型结构的变种，各节点按一定的层次连接起来，形状像一棵倒置的树，故得名树型结构，如图 4-10 所示。在树型结构的顶端有一个根节点，它带有分支，每个分支还可以再带子分支。

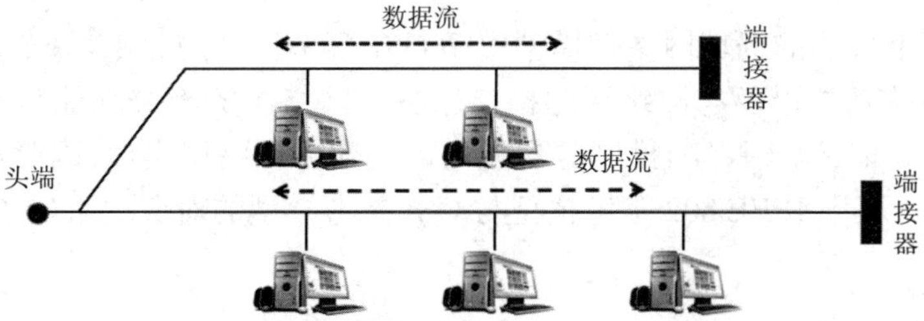

图 4-9　由总线型结构派生出来的树型结构

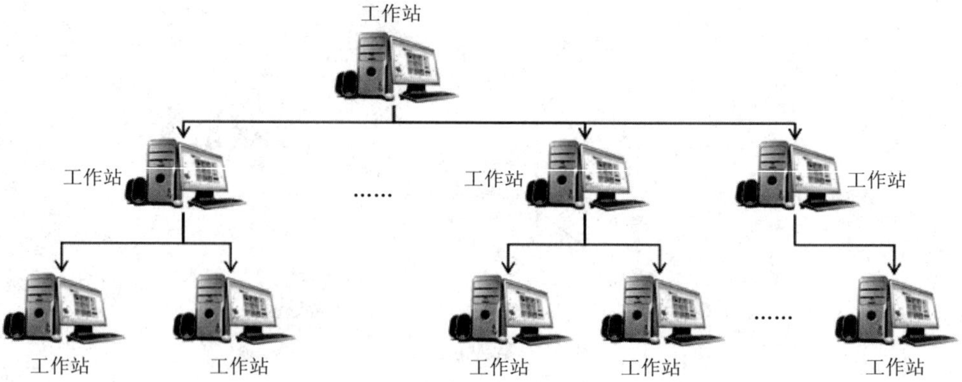

图 4-10 由星型结构变种而来的树型结构

树型网络的主要特点如下。

（1）易于扩展，故障易隔离，可靠性高。继承了总线型和星型结构的易于扩展、对于故障工作站易于检查维护的优点，具有很高的可靠性。

（2）电缆成本高。由于用到更复杂的结构，原有普通电缆难以承受更多的压力，对于硬件的要求更高。

（3）距离根节点越远的节点，越有更好的维护性。该结构对根节点的依赖性大，一旦根节点出现故障，将导致全网不能工作。

技能点 3　局域网体系结构

随着网络、局域网和个人电脑的日益发展，网络开发商生产的产品层出不穷，与局域网相关的产品也越来越多。但每一个厂商的生产标准并不相同，为了使用户便捷、灵活地使用商品，让产品有更高的兼容性，国际标准化组织开展了局域网的标准化工作。

局域网标准化委员会，即 IEEE 802 委员会（Institute of Electrical and Electronic Engineers，电器与电子工程师协会）。该委员会于 20 世纪 80 年代成立，并制定了一系列局域网标准，如以太网、令牌环网、FDDI 等，还开发了一系列新的局域网标准，如快速以太网、交换式以太网、吉比特以太网等。极大地推动了局域网技术的发展，为局域网的进一步发展和局域网产品的标准化和兼容性起到了积极的作用。

1. 局域网参考模型

IEEE 802 标准描述的局域网参考模型遵循 OSI 参考模型的原则，只负责实现数据链路层和物理层的某些功能以及与网络层的接口服务。网络层的部分功能是没有必要的实现的，而差错控制、寻址、流量控制、排序等功能均可在数据链路层实现，因此该参考模型中不单独设立网络层。其中 IEEE 802 参考模型与 OSI 参考模型的对应关系如图 4-11 所示。

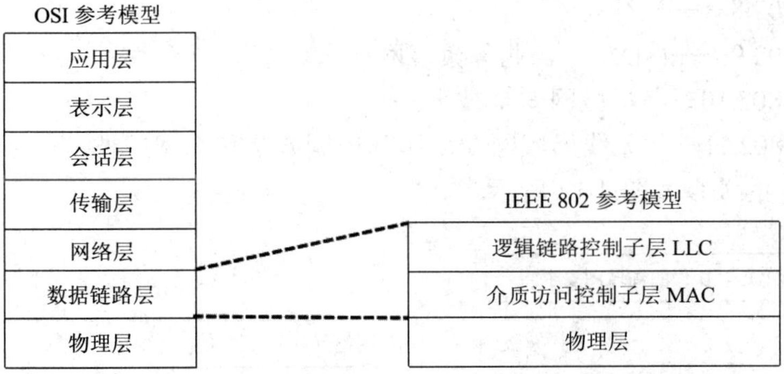

图 4-11　IEEE 802 参考模型与 OSI 参考模型的对应关系

物理层是 OSI 模型中的最底层，用于为传输数据所需要的物理链路创建、维护和删除等，具体来说是确保原始的数据可以在各种物理媒体上传输。其主要功能是为数据端设备提供传送数据的通路和传输数据。

数据链路层定义了在单个链路上如何传输数据，主要功能是帧编码和误差纠正控制。其又分为逻辑链路控制（Logic Link Control，LLC）和介质访问控制（Media Access Control，MAC）两个功能子层。这种功能划分主要是为了将数据链路层功能中与硬件相关和无关的部分分开，降低研制互联不同类型物理传输接口数据设备的费用。

逻辑链路控制是局域网中数据链路层的上层部分，具有帧的发送和接收功能。该子层通过在 IP 包上增加 8 位目的地址服务接入点和源地址服务接入点来保证数据在不同网络类型中进行传输。该子层还包括某些网络层的功能，如数据报、虚电路、多路复用等。

介质访问控制定义了数据帧怎样在介质上进行传输，是解决当局域网中共同使用信道发生冲突时，如何分配的问题。IEEE 802 标准制定了多种介质访问控制方法，局域网中广泛采用的两种介质控制方法如下。

（1）争用型介质访问控制（随机型的介质访问控制协议），如 CSMA/CD 方式。

（2）确定型介质访问控制（有序的访问控制协议）如 Token（令牌）方式。

2. IEEE 802 局域网标准

在 1980 年，IEEE 成立了专门负责制定局域网标准的 IEEE 802 委员会。该委员会于 1985 年公布了 5 项标准，同年被 ANSI 采用作为美国国家标准，ISO 也将其作为局域网的国际标准，对应的标准称为 ISO 8802，之后又扩充了多项标准文本，并开发了一系列广泛使用的标准。例如，以太网、令牌环网、无线局域网、虚拟网、局域网和城域网等标准。

IEEE 802 标准系列包含以下部分。

（1）IEEE 802.1——局域网概述、体系结构、网络管理和网络互联。

（2）IEEE 802.2——LLC 逻辑链路控制。

（3）IEEE 802.3——CSMA/CD 介质访问控制标准和物理层技术规范。

（4）IEEE 802.4——令牌总线介质访问控制标准和物理层技术规范。

（5）IEEE 802.5——令牌环网介质访问控制方法和物理层技术规范。

（6）IEEE 802.6——城域网介质访问控制方法和物理层技术规范。

（7）IEEE 802.7——宽带技术。

（8）IEEE 802.8——光纤技术。

（9）IEEE 802.9——ISDN 综合业务数字网技术。

（10）IEEE 802.10——局域网安全技术。

（11）IEEE 802.11——无线局域网介质访问控制方法和物理层技术规范。

各标准之间的关系如图 4-12 所示。

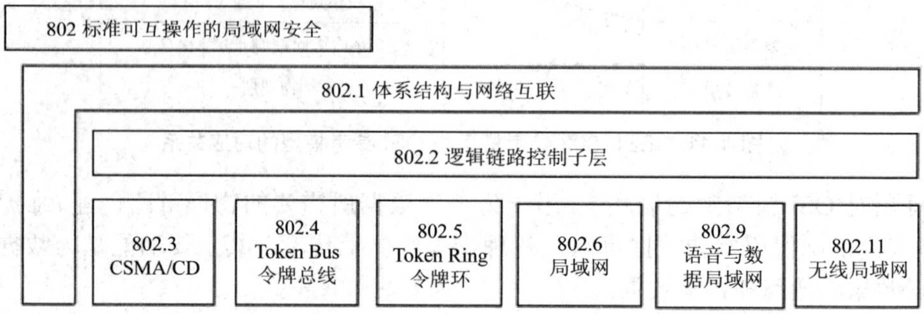

图 4-12 IEEE 802 局域网各标准之间的关系

技能点 4 快速网络技术

在过去的 20 年中，随着计算机相关硬件和软件的不断发展，其运算速度相比之前增加了几百万倍，但是网络速度却没有提升很多。如今，个人计算机的不断更新以及数据库、多媒体技术、移动通信的飞速发展，造成传输的数据成倍地增加，视频多媒体被广泛应用，人们对计算机网络的传输速率及其他性能的要求越来越高，如果仍保持现在的数据传输速率，显然是远远不能满足用户需要的。因此对于快速网络技术的需求日益高涨。

1. 快速以太网组网技术

1）快速以太网的发展和快速以太网标准 IEEE 802.3u

随着局域网应用的快速发展，局域网的现状已经不能满足人们的需求，亟须革新。在这种情况下，1992 年 IEEE 重新召开了 802.3 委员会，提出制定一个快速的局域网协议。“快速”是指数据传输速率可以达到 100 Mbps，是标准以太网的数据传输速率的十倍。但在 IEEE 内部出现了以下两种截然不同的观点。

第一种观点是建议重新设计 MAC 协议以及物理层协议，采用一种具有优先级、集中控制的介质访问控制方法，相比于介质访问控制（随机型的介质访问控制协议）CSMA/CD 方式，更适合于多媒体的传输。基于这种观点成立了一个委员会，并建立了局域网标准，即 IEEE 802.12。但因为这种标准不兼容之前的网络，并没有得到人们的认可。

第二种观点则建议保留原来以太网的体系结构和介质访问控制方法（CSMA/CD），设法提高局域网的传输速度。相比于第一种激进的观点第二种观点考虑到兼容性、现有用户的投资、新协议的未来以及对当前传统局域网现状的认知，决定保持当前局域网的原状。之后，新标准的制定工作进展非常顺利，1995 年 6 月 IEEE 正式通过了新标准，并称之为

802.3u 标准。

技术上的 802.3u 被人们称之为快速以太网（Fast Ethernet），其只是现有 802.3 协议的延伸。快速以太网的概念很简单，它保留了 802.3 的主要内容，只是将数据传输速率从 10 Mbit/s 提高到 100 Mbit/s，相应 bit 的传输延迟时间从 100 ns 减小到 10 ns。从技术上来讲，快速以太网完全基于 10 Base-T 设计，使用集线器而非之前的 BNC 连接器和同轴电缆。

2）快速以太网的协议结构

100 Base-T 标准是一种以 100 Mbps 传输速率工作的局域网标准，通常被称为快速以太网标准，是现行 IEEE 802.3 标准的扩展。在 MAC 子层使用现有的 802.3 介质访问控制方法 CSMA/CD，在物理层做了一些必要的调整，定义了 3 种物理子层。因此，对于 100 Base-T 来说 100 Base-T 标准主要是指它的物理层标准。该标准包含了中继器和网络拓扑方面的许多新规则。

MAC 子层通过一个媒体独立接口（Media Independent Interface，MII）与其中的一个物理子层相连接。其中 MII 提供单一的接口，能支持任何符合 100 Base-T 标准的网络设备。快速以太网的协议结构如图 4-13 所示。

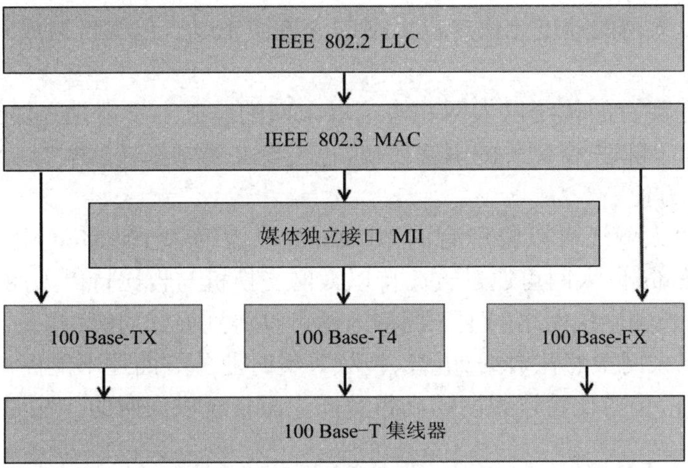

图 4-13　快速以太网的协议结构

3）快速以太网的 3 种物理层标准

目前，100 Base-T 主要有 3 种物理层标准。

（1）100 Base-TX。100Base-TX 介质规范基于 ANSI TP-PMD 物理介质标准。100 表示传输速率为 100 Mbit/s，TX 表示传输介质的两对高质量的双绞线，一对用于发送数据，一对用于接收数据，网络节点与集线器的最大距离一般不超过 100 m。由于 ANSI TP-PMD 规范既包括屏蔽双绞线电缆，也包括非屏蔽双绞线电缆，所以 100 Base-TX 介质接口支持两对 5 类以上非屏蔽双绞线电缆和两对 1 类屏蔽双绞线电缆。

（2）100 Base-T4。100 Base-T4 支持 4 对 3 类或 5 类非屏蔽（UTP）双绞线，最大传输距离是 100 m（以太网的数据帧最短长度与带宽和链路长度有关）。它使用了码元传输速率为 25 MBaud 的信道，比标准的以太网的 20 MBaud 仅仅快了 25%。一般把 100 Base-T4 和 100 Base-TX 统称为 100 Base-T。

（3）100 Base-FX。100 Base-FX 是在光纤上实现的 100 Mbps 以太网标准，其中 F 指的是光纤，应用 802.3u 标准。因为其运行于光缆上，并支持全双工操作，非常适合于远距离传输。应用两股光缆，一股用于发送数据，另一股用于接收数据。

2. 吉比特以太网组网技术

1）吉比特以太网概述

吉比特以太网（Gigabit Ethernet）又被称为千兆以太网，是近几年推出的高速局域网技术，描述各种以吉比特每秒速率进行以太网帧传输技术的术语，由 IEEE 802.3-2005 标准定义。

以太网技术是当今较为成熟且应用广泛的网络技术，然而随着网络通信流量的不断增加，传统以太网在 C/S 模式环境中已很不适应。用户对网络信息量日益增长的需要与通信的拥塞之间的矛盾推动了快速网络的迅速发展。快速以太网（100 Base-T）以其高可靠性、易扩展性和低成本等优势成为当今现有高速局域网方案中的首选技术。但是在桌面视频会议、3D 图形、高清晰度图像等应用领域，快速以太网往往又显得力不从心，人们不得不继续寻求更高带宽的局域网。

从目前的发展来看，吉比特以太网是最合适的解决方案。优势如下。

（1）吉比特以太网的速度比快速以太网的速度快 10 倍，但其价格成本只为快速以太网的 2~3 倍。

（2）用户可在现有的传统以太网和快速以太网的基础上平滑地过渡到吉比特以太网，无须再进行网络培训和投资额外的网络协议，也没有必要掌握新的配置、管理与故障排除技术，应用起来十分方便。

（3）吉比特以太网还可以将现有的 10 Mbit/s 以太网和 100 Mbit/s 快速以太网连接起来，现有的 100 Mbit/s 以太网可通过吉比特以太网交换机与吉比特以太网相联，从而组成更大容量的主干网，长期困扰网络的主干拥挤问题可以得到很好的解决。

（4）吉比特以太网虽然在数据、语音、视频等实时业务方面还不能提供真正意义上的服务质量（QoS）保证，但吉比特以太网的高带宽能克服传统以太网的一些弱点，提供更高的服务性能。

就目前的形势来看，吉比特以太网未来发展和应用的前景十分广阔。

2）吉比特以太网的协议结构

为了研究使用多模光纤和 STP 的吉比特以太网物理层标准，1996 年 8 月 IEEE 委员会成立了 802.3z 工作组。随着研究的不断加深，1997 年 IEEE 紧接着成立 802.3ab 工作组，制定了 5 类双绞线上较长距离连接方案的标准。为了制定了光纤和短程铜线连接方案的标准，IEEE 802.3z 在 1998 年获得了 IEEE 802 委员会的正式批准，成了吉比特以太网的标准。

IEEE 802.3z 负责定义制定光纤（单模或多模）和同轴电缆的全双工链路标准。重点在于 MAC 子层和物理层。在 MAC 子层，吉比特以太网与以太网和快速以太网一样，使用 CSMA/CD 方法。相对于 MAC 子层，物理层则做了一些必要的调整，定义了新的物理层标准 1000 Base-T。1000 Base-T 标准定义了吉比特媒体独立接口（GMII），与 MII 类似同样都将物理层和 MAC 子层分割开来，这样物理层的各种变化就不会影响 MAC 子层了。

3）吉比特以太网的物理层标准

目前，1000 Base-T 主要有以下 4 种物理层标准。

（1）1000 Base-CX。1000 Base-CX 标准使用的是 150 Ω 的平衡屏蔽双绞线（STP），采用 8B/10B 编码方式，传输速率为 1.25 Gbit/s，最大传输距离为 25 m，适用于主干交换机和主服务器之间的短距离连接。

（2）1000 Base-T。其传输的最长距离是 100 m，使用的是 4 对 5 类非屏蔽双绞线，采用 PAM5 编码方式，主要用于结构化布线中同一层建筑的通信，从而可以利用以太网或快速以太网中已敷设的 UTP 电缆。

（3）1000 Base-SX。1000 Base-SX 标准使用的光纤波长为 850 nm，分为 62.5/125 μm 多模光纤、50/125 μm 多模光纤，均采用 8B/10B 编码方式，传输距离为 275~550 m，适用于建筑物中同一层的短距离主干网。

（4）1000 Base-LX。1000 Base-LX 标准所使用的光纤主要是 62.5 μm 多模光纤、50 μm 多模光纤和 9 μm 单模光纤，采用 PAM5 编码方式，最大传输距离可达 5 000 m，主要用于校园主干网。

4）吉比特以太网的技术特点

（1）简易性。吉比特以太网保留了传统以太网在技术原理、安装实施和管理维护上的简易性。

（2）技术过渡的平滑性。吉比特以太网保留了传统以太网的主要技术特征，采用 CSMA/CD 媒体控制方法，支持全双工、半双工工作方式，确保平滑过渡。

（3）网络可靠性。保持了传统以太网的安装、维护方法，确保其可靠性。

（4）可管理性和可维护性。采用简易网络管理协议，即传统以太网的故障查找和排除工具，确保其可管理性和可维护性。

（5）低成本性。由于继承了传统以太网的技术，在设备成本、通信成本、管理成本、维护成本及故障排除成本等方面，吉比特以太网的整体成本下降了许多。

（6）支持新应用与新数据类型。由于计算机网络技术的不断更新和应用的快捷发展，出现了许多新的应用模式，并且对网络提出了更高的要求，吉比特以太网也需要跟紧时代的发展，支持新兴应用以及新的数据类型。

3. ATM 技术

异步传输模式（Asynchronous Transfer Mode）是一种信元交换和多路复用技术，又称快速分组或单元中继。该技术问世于 20 世纪 80 年代末，是一种极具革命性的高速网络技术，可传输声音、视频、数据及传真。这种技术提供了新颖的网络传输解决方案，它能根据网络用户动态的需要随意互相通信，并且是一种综合多项服务的技术。例如，LAN 通信的性质是突发性的，在其突发期间，ATM 网络能动态提供更多的带宽来传输载荷，待突发结束后，带宽又可提供给其他用户。

1）ATM 的工作原理

ATM 是在分组交换技术上发展起来的快速分组交换技术，充分汲取了分组交换高效率和线路交换高速的优点，打破了分组交换和线路交换方式的局限性，成了宽带综合业务数据网 B-ISDN 的传递方式。

将长度不同的信息分割成长度固定的小型数据碎片，这种小型碎片被称为信元（Cell），信元可以用来传送数据。而分割数据和传送数据的步骤都是靠硬件来完成的，非常快速。每个信元长 53 个字节，前面 5 个字节为信头，主要完成寻址的功能；后面的 48 个字节为信息段，用来装载来自不同用户，不同业务的信息。话音、数据、图像等所有的数字信息都要经过切割，封装成统一格式的信元在网中传递，并在接收端恢复成所需格式。将来自不同信息源的信元汇集到一起，在缓冲器内排队，队列中的信元根据到达的先后按优先等级逐个输出到传输线路上，形成首尾相接的信元流。ATM 信元结构如图 4-14 所示。

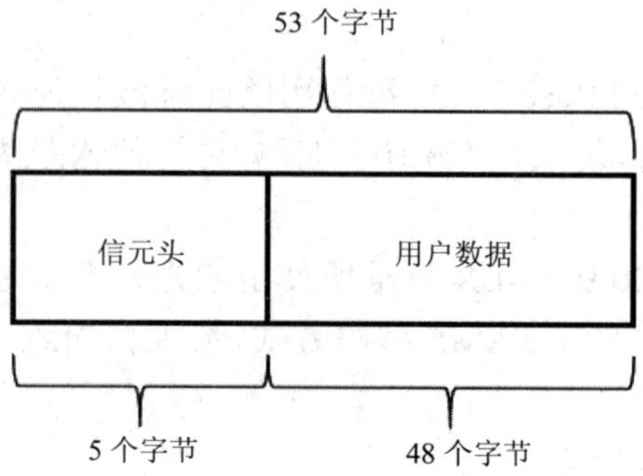

图 4-14　ATM 信元结构

ATM 是一种面向连接的技术，ATM 的逻辑连接称为虚连接（Visual Connection）。虚连接是 ATM 网络中的基本交换单位。ATM 终端在通信时，首先必须在终端之间建立一条虚连接，用户的数据信元将沿着该连接进行传输。例如，当 ATM 网中的一个工作站要传送数据到另一个工作站时，发送方主机首先根据对网络带宽的需求，发出连接，建立请求。ATM 交换机接收到该请求后，根据当前网络状况选择从发送方主机到接收方主机的路径，并构造出相应的路由表。这样就在两个主机之间建立了虚拟连接，但这种连接只是一种逻辑连接，因为 ATM 网只需要为这条虚电路分配必要的网络带宽，而不需要建立真正的物理链路。之后当信元到达 ATM 交换机时，再根据信元头部分的虚拟路径标识符（VPI）从路由表中选择一个表项，该表项将决定应将该信元送到哪个输出端口。同时，新的 VPI 值可能放入该信元，然后由信元传至下一交换机。

2）ATM 技术的特点

（1）灵活、可变的带宽。在 ATM 中，用户可直接通过交换机按需建立虚电路，发送方可以对本次传输所需的服务质量提出要求，ATM 交换机在确认有足够的网络资源时，将批准这一请求，使用户获得所需的带宽和一定的服务质量保证。有了这一保证，用户的多媒体信息便不会受到网上数据流量的影响，这对于传送实时的、交互式的信息（如语音、视频等）特别有利。

（2）对传输距离的依赖小，应用 ATM 技术使局域网和广域网之间的区别变模糊。由于传统的网络技术对传输距离有很高的要求，而应用 ATM 之后传送各种实时数据将变得简单、快速和高效。

（3）具有较高的数据传输速率，并支持不同速率的业务。较高的传输速率对于提高网络性能、适应多媒体信息，如声音、视频的传输是非常有好处的，并且 ATM 可以工作在任何一种不同的速度下，使用不同的传输介质和传输技术。

技能点 5　虚拟局域网

在传统的局域网中，通常一个工作组是在同一个网段上，每个网段可以是一个逻辑工作组或子网。在进行逻辑工作组节点的转移时，需要连接到另一个网段上，甚至需要重新布线，十分麻烦，因此虚拟局域网应运而生。

1. 虚拟局域网的概念

虚拟局域网（VLAN），主要源于广播，是一组逻辑上的设备和用户。这些设备和用户不受到物理范围的限制，可以根据功能、部门以及应用等因素将它们组织起来，在逻辑上划分成为一个个功能相似且独立的功能组，并且每个设备都连接在一个支持 VLAN 的交换机端口上，它们之间的通信近似于在同一个网段中，从而实现虚拟工作组的数据交换技术。VLAN 可以为信息业务和子业务，以及信息业务间提供一个与业务结构相符合的虚拟网络拓扑架构并实现访问控制功能，如图 4-15 所示。

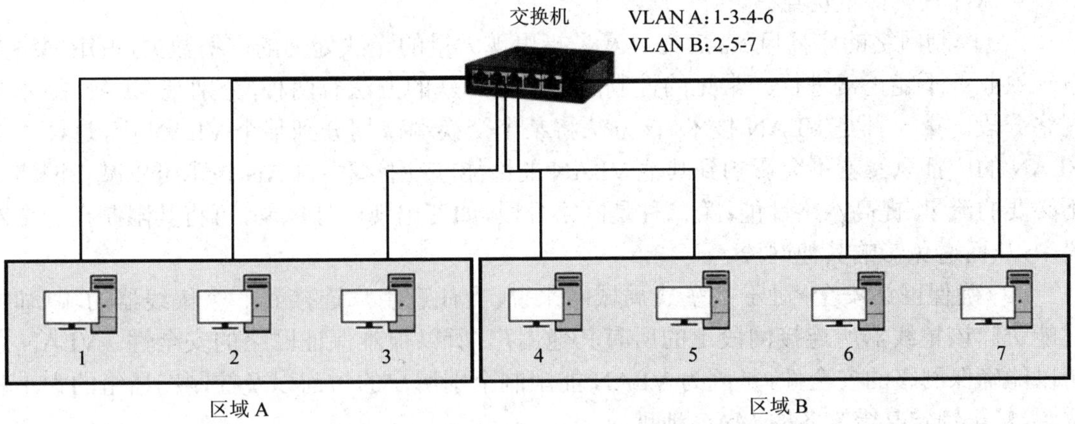

图 4-15　VLAN 物理连接结构

通过在局域网中划分 VLAN，用户能够通过软件方便地在网络中移动和快捷组建需要的网络，同一个逻辑工作组的成员不一定连接在同一个物理网段上，既可以连接在同一个局域网交换机上，也可以连接在不同的局域网交换机上，只要这些交换机是互联的就可以，并不需要改变硬件以及通信线路。网络管理员则能够对用户在逻辑层面上进行网络资源分配，无须考虑其连接的方式。

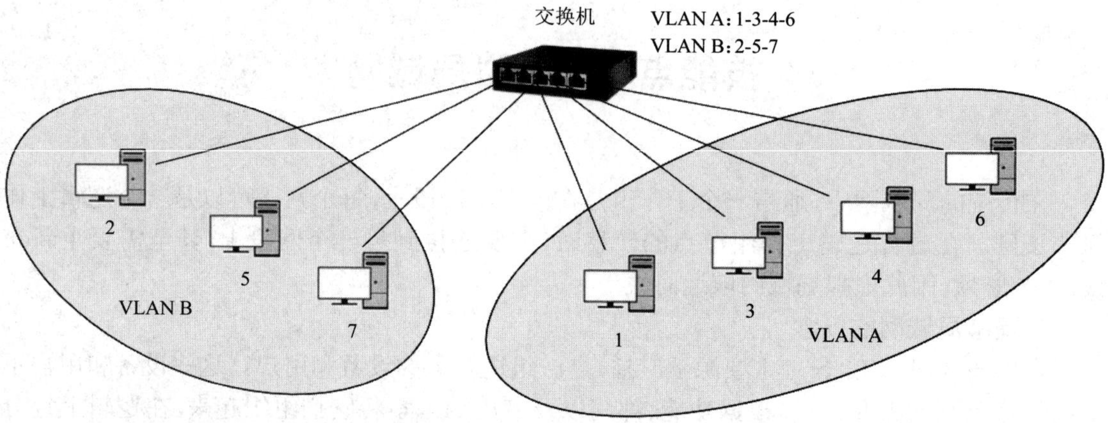

图 4-16 VLAN 结构

VLAN 与普通局域网在原理上没有什么不同，但是从用户和网络管理的角度来看，区别在于 VLAN 并不局限于某一个物理区域范围或者某一网络中，用户可以位于园区内的任一位置，甚至不同的国家。

VLAN 具有如下优点。

（1）控制网络的广播风暴：广播风暴是指出现大量的无法处理的广播数据，占用网络宽带导致业务不能正常进行。常见的控制网络广播风暴的方法有两种，分别是 VLAN 技术和网络分段。第一种是 VLAN 技术，该方法将某个交换端口划分到某个 VLAN 中，这样一个 VLAN 的广播风暴就不会影响到其他 VLAN 的性能，应用这种 VLAN 技术可以减少网络上不必要的流量，提高网络性能；第二种是网络分段，如若出现广播风暴，可将其限制在一个网段中，从而避免影响其他网段。

（2）确保网络安全：对于共享式局域网来说，当任意用户连接到一个集线器的端口时，就能访问该集线器所连接网段上的所有其他用户，所以很难保证网络的安全性。VLAN 之所以能确保网络的安全性，是因为 VLAN 能限制个别用户的访问以及控制广播组的大小和位置，甚至锁定某台设备的 MAC 地址。

（3）简化网络管理：管理员可以利用 VLAN 技术管理整个网络，当需要建立某个工作组网络时，只需几分钟即可创建一个 VLAN 网络，以供成员使用。

（4）增加网络连接的灵活性：能够不分地区、网络区域和用户，根据需要组建工作组，与使用本地 LAN 一样便捷、高效。

2. 虚拟局域网的组网方式

1）使用交换机端口定义 VLAN

许多早期的 VLAN 都是根据局域网交换机的端口号来定义 VLAN 成员的。VLAN 从逻辑上把局域网交换机的端口号划分为不同的虚拟子网，各虚拟子网相对独立。将交换机中的某些端口定义为一个单独的区域，从而形成一个 VLAN。同一 VLAN 中的计算机属于同一个网段，不同 VLAN 之间的计算机进行通信需要通过路由器。

用局域网交换机端口号划分 VLAN 成员是最通用的方法。但是，单纯用端口号定义 VLAN 时，不允许不同的 VLAN 包含相同的物理网段或交换端口号。例如，交换机 1 的端口 1 属于 VLAN1 后，就不能再属于 VLAN2。用端口号定义 VLAN 的缺点是：当用户从一个端口移动到另一个端口时，网络管理者必须重新配置 VLAN 成员。如图 4-17 所示，局域网交换机中的 1、2、4、5、6 端口组成 VLAN1，交换机中的 3、7、8 端口组成 VLAN2。

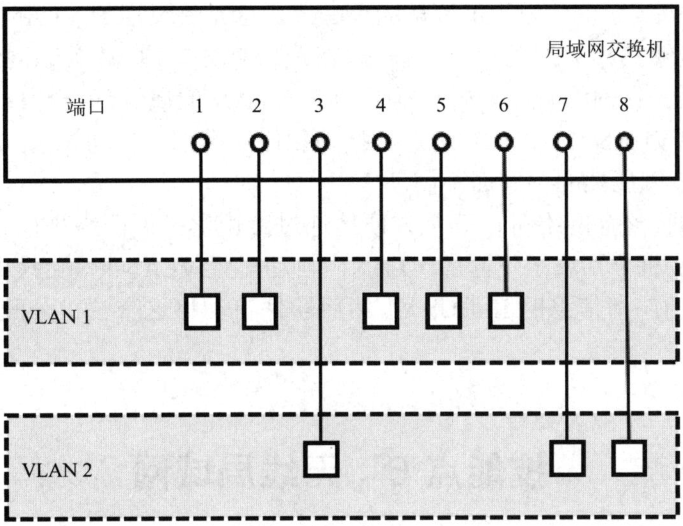

图 4-17　交换机端口定义 VLAN

2）使用 MAC 地址定义 VLAN

每块网卡都有一个独一无二的硬件物理地址，这个地址就是 MAC 地址，俗称为“网卡号”。由于节点的 MAC 地址是与硬件相关的地址，所以用节点的 MAC 地址定义的 VLAN 允许节点移动到网络其他物理网段。节点的 MAC 地址不变，所以该节点将自动保持原来的 VLAN 成员地位。MAC 地址属于数据链路层，以此作为划分 VLAN 的依据，能很好地独立于网络层的各种应用上。从这个角度看，基于 MAC 地址定义的 VLAN 可以被视为基于用户的 VLAN。可通过命令指示符“config/all”进行查看。

对于 MAC 地址来说，必须要求所有用户在初始阶段配置到至少一个 VLAN 中，这个过程必须为人工操作，随后就可以自动跟踪用户。但在大规模网络中，初始化时把成千个用户配置到某个 VLAN 中显然是很麻烦的。

3）使用网络层地址定义 VLAN

使用节点的网络层地址来定义 VLAN，如 IP 地址。这种方式有利于组成基于服务或应用的 VLAN，并且可以随意移动工作站而无须重新配置网络地址，这对于 TCP/IP 用户特别有利。但使用网络层地址定义 VLAN 时性能较差，定义 VLAN 的速度会比较慢。

4）使用 IP 广播组定义 VLAN

这种 VLAN 的建立是动态的，可将任何属于同一 IP 广播组的计算机划分到同一 VLAN 中。

当 IP 包广播到网络上时，它将被传送到一组 IP 地址的受托者那里。任何一个工作站都有机会成为某一个广播组的成员，只要它对该广播组的广播确认信息给予肯定的回答，就可以加入 IP 广播组，成为 VLAN 中的一员，可与 VLAN 中的其他成员通信。所有加入同一个广播组的工作站被视为同一个 VLAN 成员，这种成员身份可根据实际需求保留一定的时间。因此，利用 IP 广播域来划分 VLAN 的方法给用户带来了巨大的灵活性和可延展性。在这种方式下，整个网络可以非常方便地通过路由器扩展网络规模。

5）基于规则的 VLAN

基于规则的 VLAN 也称为基于策略的 VLAN。这是最灵活的 VLAN 划分方法，具有自动配置的能力，能够将相关的用户连成一体，在逻辑划分上称为“关系网络”。应用这种方法，网络管理员只需在网络管理软件中确定划分 VLAN 的属性，就会自动将加入站点的网络，划分到正确的 VLAN 中，并且对站点的移动和修改等都会自动识别，甚至跟踪识别。具体的效率根据所设置属性的不同而不同。

采用这种方式，整个网络可以非常方便地通过路由器扩展网络规模。不同的产品还支持一个端口上的主机分别属于不同的 VLAN。自动配置 VLAN 时，交换机中软件自动检查进入交换机端口的广播信息的 IP 源地址，然后软件自动将这个端口分配给一个由 IP 子网映射成的 VLAN。

技能点 6　无线局域网

在无线局域网 WLAN 发明之前，人们要想通过网络进行联络和通信，必须先用物理线缆和铜绞线组建一个电子运行的通路，为了提高效率和速度，后来又发明了光纤。当网络发展到一定规模后，人们又发现，这种有线网络无论组建、拆装还是在原有基础上进行重新布局和改建，都非常困难，且成本和代价也非常高，于是 WLAN 的组网方式应运而生。

1. 无线局域网概述

目前主流应用的无线网络为手机无线网络和无线局域网（Wireless Local Area Network，WLAN）两种方式。手机无线网络是一种借助移动电话网络接入 Internet 的无线上网方式，只要用户所在的城市开通了上网业务，用户就可以在任何一个角落上网，是目前真正意义上的一种无线网络。

无线局域网与有线网络的用途十分类似，最大的不同在于传输介质的不同。无线局域网利用电磁波取代了网线。通常情况下，有线局域网主要以双绞线、同轴电缆或光缆为主要传输介质，但有线网络在某些场合会受到布线的限制。布线改线工程量大、线路容易损坏、网络中各节点移动不便等问题都严重限制了用户联网。无线局域网就是为了解决有线网络的以上问题而出现的。

WLAN 的常用设备。

1）无线网卡

无线局域网无须线缆设备，而改用电磁波方式在空气中发送和接收数据，无线网卡作为信号接收和发送的装置是必不可少的。目前，有如下几种无线网卡可供选择。

（1）PCMCIA 无线网卡，如图 4-18 所示，仅适用于笔记本电脑，支持热插拔，能非常方便地实现移动式无线接入。

图 4-18　PCMCIA 无线网卡

（2）PCI 接口无线网卡，如图 4-19 所示，适用于普通的台式计算机，但要占用主机的 PCI 插槽。

图 4-19　PCI 接口无线网卡

（3）USB 接口无线网卡，如图 4-20 所示，适用于笔记本电脑和台式计算机，支持热插拔。不过，由于笔记本电脑一般都内置 PCMCIA 无线网卡，因此，USB 无线网卡通常被用于台式计算机。

图 4-20　USB 接口无线网卡

2）无线接入点

一个完整的无线网络环境，除了无线信号的接收设备，还需要一个无线信号的发射源，如图 4-21 所示。无线接入点所起的作用就是给无线网卡提供网络信号。最基本的是不带路由功能的，仅仅提供无线信号发射的功能；而高级的其路由可以实现为拨号接入 Internet 的 ADSL 等宽带上网方式提供自动拨号功能。简单地说，当客户机开机时，网络就可自动接通 Internet，而无须再手动拨号，并且还具备相对完善的安全防护功能。随着时代的发展，这种自动拨号的形式已经成为主流。

图 4-21　无线接入点

3）无线天线

在无线网络中各网络设备相距较远时，由于距离的增加信号会减弱，其传输速率会明显下降以致无法实现无线网络的正常通信功能，此时就要借助于无线天线对所接收或发送的信号进行增强。

2. 无线局域网的特点

由于其特殊性，无线局域网在环境复杂，硬件设备不好敷设的情况下很实用，特别适用于无法预测变化与发展的环境，无线局域网的一些特点如下。

（1）灵活：有线技术的制约导致成本增加，无线局域网通过其特殊的技术特点，降低了硬件设备的成本。

（2）集成化的远程站点与设备：无线技术能够用来连接以太网的网络硬件，对远程站点与用户进行快速、经济的集成。

（3）易于扩展：无线局域网拥有多种配置方式，能够根据需要灵活选择，即可胜任小至几人的小型局域网络或者大到上万用户的大型局域网络。

（4）覆盖范围小：单独的无线接入点覆盖半径仅有几米至几十米，借助于传统以太网络将几个无线接入点进行连接，即可覆盖部门和单位。

3. 无线局域网的实现

由于无线局域网需要支持高速、突发的数据业务，在室内使用还需要解决多径衰减以及各子网间串扰等问题。具体来说，无线局域网必须满足以下技术要求。

①兼容性：对于室内使用的无线局域网，应尽可能使其跟现有的有线局域网在网络操作系统和网络软件上相互兼容。

②数据速率：为了满足局域网业务量的需要，无线局域网的数据传输速率应该在 54 Mbps 以上。

③可靠性：无线局域网的系统分组丢失率应该低于 10-5，误码率应该低于 10-8。

④移动性：支持全移动网络或半移动网络。

⑤通信保密：由于数据通过无线介质在空中传播，无线局域网必须在不同层次采取有效的措施以提高通信保密和数据安全性能。

⑥价格低廉：这是无线局域网得以普及的关键。

⑦电磁环境：无线局域网应考虑电磁对人体和周边环境的影响问题。

将 WLAN 中的几种设备结合在一起使用，就可以组建出多层次、无线和有线并存的计算机网络。一般说来，无线局域网有两种组网模式，一种是无固定基站的 WLAN，另一种是有固定基站的 WLAN。

无固定基站的 WLAN 是一种自足网络，主要适用于安装无线网卡的计算机之间组成的对等状态的网络。有固定基站的 WLAN 类似于移动通信的机制，安装无线网卡的计算机通过基站，如无线接入点或者无线路由器，来接入网络。这种网络的应用比较广泛，通常用于有线局域网覆盖范围的延伸或者作为宽带无线互联网的接入方式。这种方式进行局域网的组建可分为以下两个步骤完成。

（1）将无线 AP 通过网线与网络接口相连，如 LAN 或 ADSL 宽带网络接口等。

（2）为配置了无线网卡的笔记本电脑提供无线网络信号，当搜索到该无线网络并连接之后，搭载无线网卡的笔记本电脑就可以在有效的信号覆盖范围内登录局域网络或 Internet。WLAN 组网示意图如图 4-22 所示。无限 AP 通过传统网线方式与局域网连接，并发射无线网络信号，配备有无线局域网卡的计算机接受无线 AP 发出的无线信号便可以接入局域网络或者 Internet。

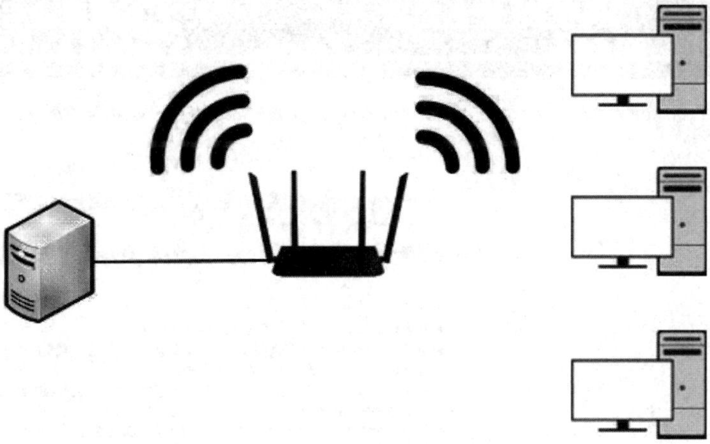

图 4-22　WLAN 组网示意图

在组建有线局域网时，通常是用网线直接连接计算机和网络端口或是用网线将多台计算机连接在与网络端口相连的 Hub/Switch 上。而在无线环境中，网线实际连接的是 AP 和网络端口，计算机则是通过无线网卡接收 AP 发射的信号来上网的，AP 实际所起的主要作用是将连接 Hub/Switch 与计算机之间的网线“虚化”成了无线信号。因此在设备投资上，相对于传统有线网络而言，只是增加了无线网络设备费用而已，其他费用并未增加。

任务实施

WLAN 组网实例，办公室无线局域网的组建

在某办公室内，有两台计算机，一台与 ADSL 宽带连接；另一台放置在隔壁办公室，未连接宽带。之后购入一台笔记本电脑，为了实现 3 台电脑能够正常上网，考虑组建一个局域网来共享宽带。

第一步：设备的选定设计和安装。设备为一台宽带无线路由器和一块无线网卡。尽量将无线路由器放置在房间中央，可以辐射到整个办公区域。

（1）将 ADSL Modem 通过网线连接到宽带无线路由器的 WAN 端口。

（2）将台式计算机用网线连接到宽带无线路由器的 LAN 端口。

（3）将无线网卡插入台式计算机的 USB 端口。

（4）笔记本电脑已经拥有无线网卡，无须额外配置和安装。

第二步：宽带无线路由器的设置。通过连接宽带的台式计算机进入路由器的 Web 管理界面，在浏览器中输入对应的地址“192.168.1.1”（根据路由器和管理界面地址的不同，输入相应的地址，默认为 192.168.1.1），进入管理页面，输入用户名和密码（默认为 admin）。登录后的管理页面如图 4-23 所示。

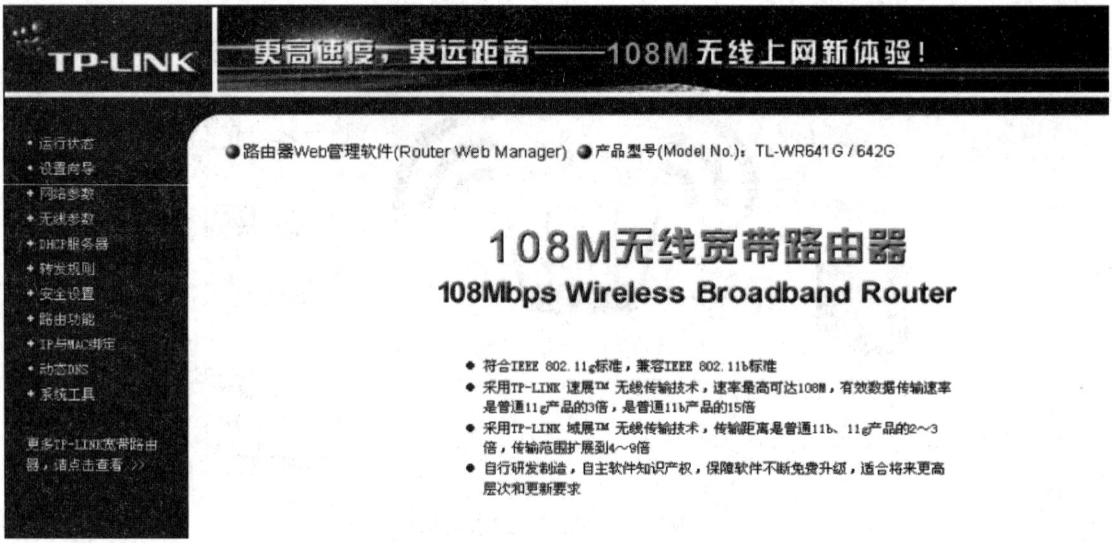

图 4-23 管理页面

第三步：为了方便用户设置，可选择管理页面左侧的“设置向导”来进行无线局域网的设置，如图 4-24 所示。

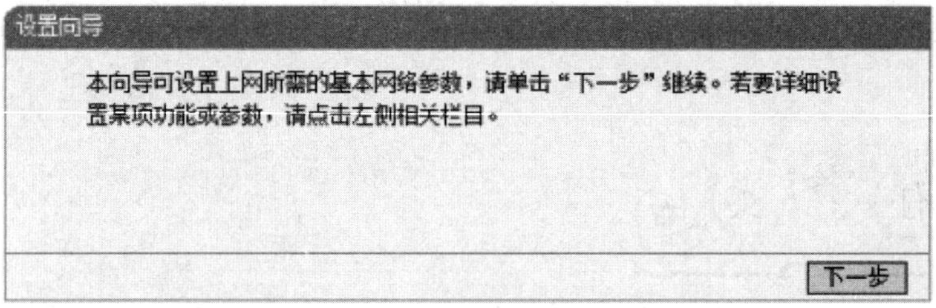

图 4-24 设置向导

第四步：点击“下一步”按钮，可选择上网方式，这里选择“PPPoE”连接方式，即 ADSL 虚拟拨号上网，如图 4-25 所示。

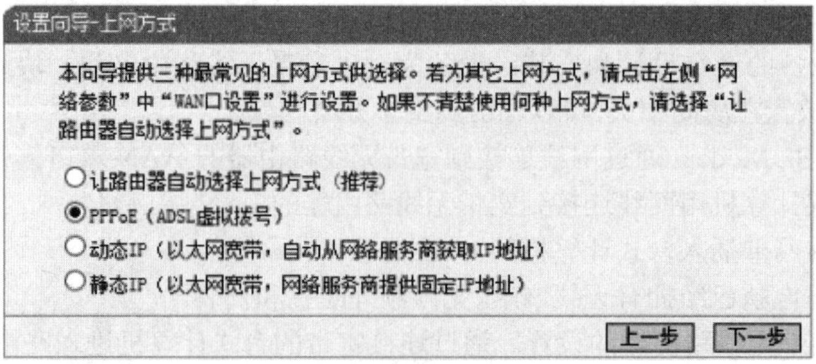

图 4-25 设置上网方式

第五步：根据运营商提供的宽带连接账号以及密码，确定正确后输入，如图 4-26 所示，再点击“下一步”按钮。

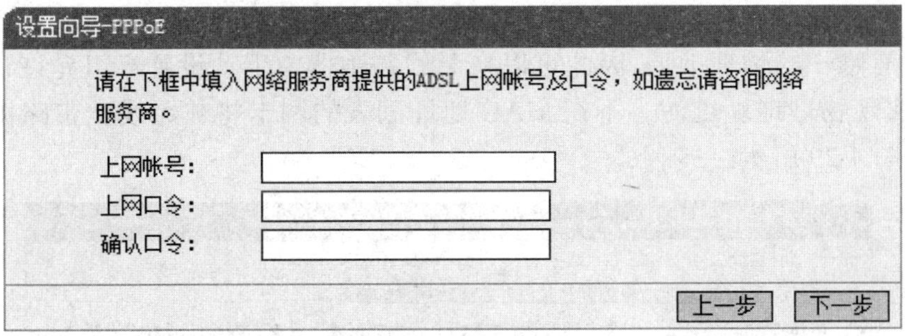

图 4-26　设置 PPPoE

第六步：输入完毕后，进入无线设置页面，即开启 SSID 广播。这样其他可以无线上网的电脑，通过无线网络就可以搜索到该无线网络，再输入所设置的密码之后，方可加入该无线局域网，如图 4-27 所示。

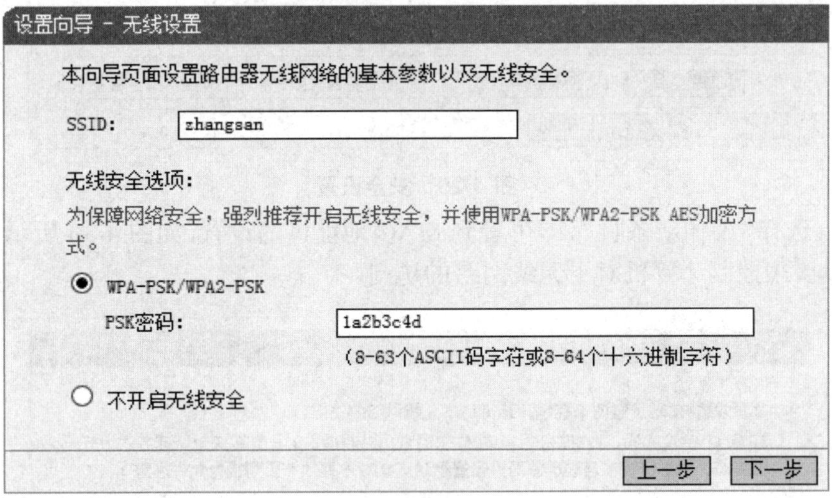

图 4-27　无线设置

第七步：在完成以上操作之后，即可完成无线宽带路由器的配置。点击“重启”按钮，方可连入无线网络，如图 4-28 所示。

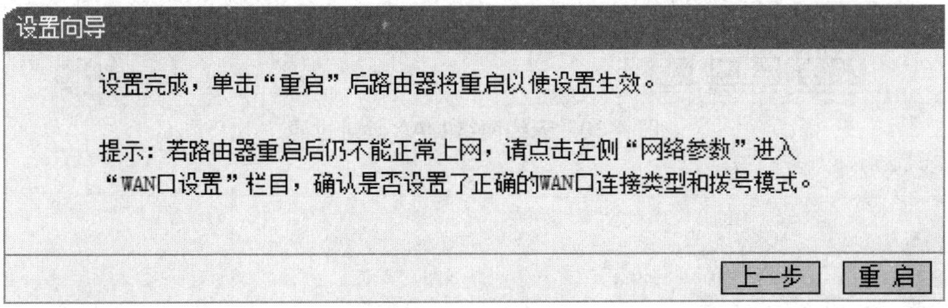

图 4-28　设置完成

第八步：安全设置。为了保障网络的安全，有必要进行简单的安全设置。无线宽带路由器提供了多重安全防护，如禁止 AP 广播网络名称、MAC 地址（物理地址）过滤、支持 64/128

位无线数据加密等。通常用户可以采用MAC过滤功能来保证无线网络的安全。由于每个无线网卡都有唯一的物理地址，因此可以在无线路由器中手动设置一组允许访问的MAC地址列表，实现物理地址过滤。不在MAC地址列表的网卡将被无线宽带路由拒之门外。安全设置如图4-29所示。

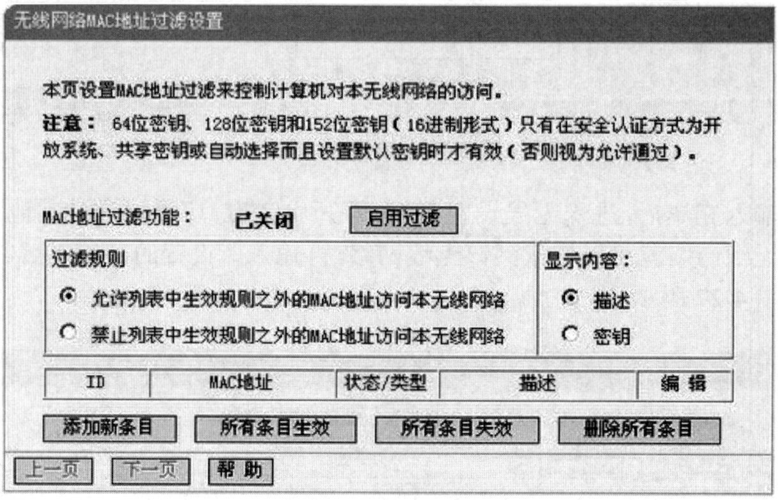

图4-29 安全设置

第九步：选择“添加新条目”，即可看到MAC地址过滤设置，如图4-30所示。添加对应的MAC地址，来控制计算机对于无线网络的访问。

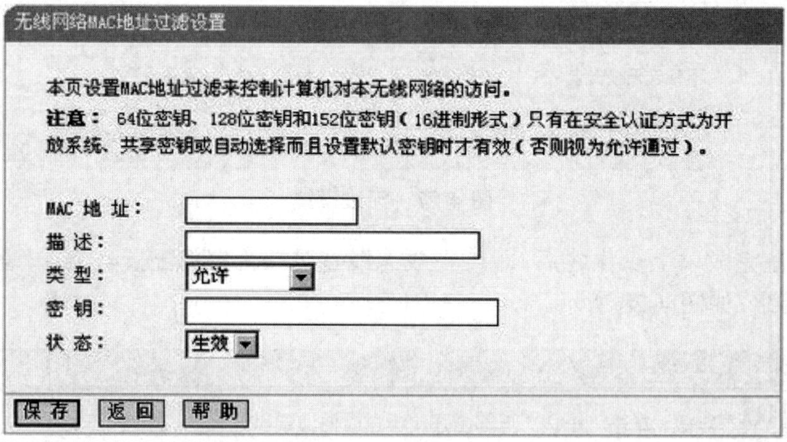

图4-30 无线网络MAC地址过滤

任务总结

通过对局域网的基本知识的学习，了解了局域网的基本概念、特点、发展历史和基本组成，掌握了局域网的主要技术和体系结构，掌握快速网络技术、虚拟局域网和无线局域网等知识。能够根据这些知识，组件无线局域网络。

英语角

Network Operating System	网络操作系统
Media Access Control	介质访问控制
Logic Link Control	逻辑链路控制
Wireless Access Point	无线接入点
Wireless Local Area Network	无线局域网
Electromagnetic wave	电磁波
Base station	基站

任务习题

一、填空题

1. 局域网可采用多种传输介质，如 ______、______ 和 ______ 等。

2. 组建局域网通常采用 3 种拓扑结构，分别是 ______、______ 和 ______。

3. 吉比特以太网的 4 种物理层标准，分别是 ______、______、______ 和 ______。

二、选择题

1.（　　）在逻辑结构上属于总线型局域网，在物理结构上可以看成星型局域网。

A. 令牌环网　　B. 广域网　　C. 因特网　　D. 以太网

2. 在如下的网络拓扑结构中，具有一定集中控制功能的网络是（　　）

A. 总线型结构　　B. 星型结构　　C. 环型结构　　D. 树型结构

3. 100Base-T 使用（　　）传输介质。

A. 同轴电缆线路　　B. 双绞线　　C. 光纤　　D. 红外线

项目五 搭建 FTP 服务器

学习目标

通过学习 Internet 的基本概念，了解 Internet 起源和发展，熟悉 Internet 的主要功能及其服务，了解 Internet 的协议结构和地址构成，学习子网和子网掩码，了解域名系统。并掌握使用 Windows 系统搭建并访问 FTP 服务器。

- 理解和掌握 Internet 基本概念。
- 掌握 Internet 的主要功能与服务。
- 掌握 Internet 的组成结构。
- 掌握 Internet 的地址和域名相关知识。

学习路径

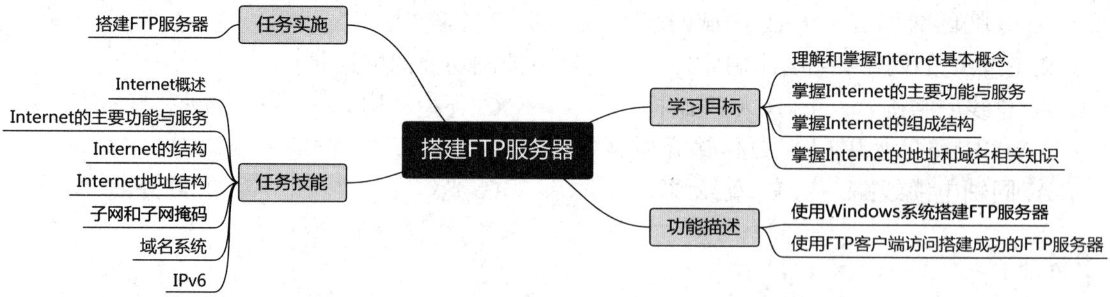

任务描述

【情景导入】

FTP 服务是 Internet 提供的主要服务之一，FTP 服务器是一种在 Internet 上提供文件存储和访问服务的主机，它依照 FTP 协议提供服务。学习搭建 FTP 服务器能使用户更为方便、快捷地实现互联网信息共享。

【功能描述】

- 使用 Windows 系统搭建 FTP 服务器。
- 使用 FTP 客户端访问搭建成功的 FTP 服务器。

任务技能

技能点 1　Internet 概述

Internet 不是一个单一的网络，它是一个巨大的、全球范围内的计算机网络，它是借助于现代通信技术和计算机技术实现全球信息传递的一种快捷、有效、方便的工具。没有单独的个人、群体或组织结构来负责运营 Internet。Internet 可以连接各种各样的计算机和网络，例如，PC、Macintosh、UNIX、系统工作站、大中型计算机、各种局域网和广域网（如政府网、企业局域网、校园网），以及服务商中国电信（ChinaNet）、美国在线（American Online）等。

1. Internet 的起源和发展

1）Internet 的雏形阶段

1969 年，美国高级研究计划局（ARPA，Advanced Research Projects Agency）开始建立一个命名为 ARPANET 的网络，建立该网络主要是为了将美国的几个军事及科学研究用电脑主机连接起来，使它们之间建立流畅的通信，该网络被普遍认为是 Internet 的雏形。

2）Internet 的发展阶段

美国国家科学基金会 NSF 在 1985 开始建设 NSFNet 网络。该网络的主要功能是将 NSF 拥有的多台超级计算与美国各大学和科研机构的计算机连接起来，使这些机构、学校能共享超级计算机的计算性能。该网络利用 ARPANET 发展起来的 TCP/IP 功能进行通信，并以此为基础，实现同其他网络的连接。

NSFNET 最初以 56 kbit/s 的速率通过电话线进行通信，连接的范围包括所有的大学及国家经费资助的研究机构。1986 年 NSFNET 建设完成，正式取代了 ARPANET 而成为 Internet 的主干网。现在 NSFNET 已是 Internet 主要的远程通信设施的提供者，主通信干道以 45Mbit/s 的速率传输信息。

3）Internet 的商业化阶段

20 世纪 90 年代以前，Internet 主要由美国政府资助，以供美国各大学和研究机构使用。20 世纪 90 年代初，商业机构开始进入 Internet 领域，使 Internet 开始了商业化的进程，也成为 Internet 发展的强大推动力。

4）Internet 的发展

1996 年起，世界各国陆续启动下一代高速互联网及其关键技术的研究，近几年来 Internet 规模迅速发展，已经覆盖了包括我国在内的 160 多个国家，连接的网络数万个，终端用户几十亿，而且每年仍在高速增长。与之前使用的互联网相比，现在的互联网规模更大、速度更快、使用更安全。

现今 Internet 已经深入到了社会生活的各个方面，用户通过 Internet 可以了解世界上最新的新闻动态、同熟悉的或者陌生的用户进行社交、足不出户完成购物，以及在 Internet 中搜索和查询自己所需的各种资料，极大地方便了人们的生活。

2. Internet 在中国的发展

1987 年 9 月 20 日，钱天白教授发出我国的第一封电子邮件“越过长城，通向世界”，揭开了中国人使用 lnternet 的序幕。

Internet 中的发展可以粗略地划分为 3 个阶段。

第一阶段为 1987—1993 年，我国一些科研部门通过 Internet 建立电子邮件系统，并在小范围内为国内少数重点高校和科研机构提供电子邮件服务。

我国现有四大主干网络的基本情况如表 5-1 所示。

表 5-1　中国四大主干网络

骨干网名称	缩写	主管部门	运营方	服务对象	开通时间
中国科技网	CSTNet	中国科学院	中国科学院	科研院校、政府、科技企业	1994 年 4 月
中国公用计算机互联网	ChinaNet	中国邮电电信总局	中国邮电电信总局	公众	1995 年 5 月
中国教育和科研计算机网	CERNet	教育部	塞尔网络有限公司	科研院校	1995 年 12 月
中国金桥信息网	ChinaGBN	电子工业部	吉通通信有限公司	公众	1996 年 9 月

1）中国公用计算机互联网（ChinaNet）

中国公用计算机互联网是由原邮电部组织建设和管理的。原邮电部与美国 Sprint Link

公司在 1994 签署 Internet 互连协议，开始在北京、上海两个电信局进行 Internet 网络互连工程。目前，ChinaNet 在北京和上海分别有两条专线，作为国际出口。

中国公用计算机互联网由骨干网和接入网组成。骨干网是 ChinaNet 的主要信息通路，覆盖全国各省市、自治区，包括 8 个地区网络中心和 31 个省市网络分中心，这些节点共同构成了 ChinaNet 的骨干网。

2）中国教育和科研计算机网（CERNet）

中国教育和科研计算机网是 1994 年由原国家计委、国家教委批准立项，原国家教委主持建设和管理的全国性教育和科研计算机互联网络。该项目的目标是建设一个全国性的教育科研基础设施，把全国大部分高校连接起来，实现资源共享。它是全国最大的公益性互联网络。

3）中国科技网（CSTNet）

中国科技网是国家科学技术委员会联合全国各省、市的科技信息机构，采用先进信息技术建立起来的信息服务网络，旨在促进全社会广泛的信息共享、信息交流。中国科技网络的建成对于加快中国国内信息资源的开发和利用，促进国际交流与合作起到了积极的作用，以其丰富的信息资源和多样化的服务方式为国内外科技界和高技术产业界的广大用户提供服务。

4）中国金桥信息网（ChinaGBN）

中国金桥信息网是建立在金桥工程上的业务网，支持金关、金税、金卡等“金”字头工程的应用。它覆盖全国，实行国际联网，是为用户提供专用信道、网络服务和信息服务的基干网。中国金桥信息网由吉通公司牵头建设并接入 Internet。

技能点 2　Internet 的主要功能与服务

1. Internet 的主要功能

Internet 的主要功能基本上可以归为 3 类：资源共享、信息交流和信息的获取与发布。网络上的任何活动都与这 3 个基本功能有关。

1）资源共享

Internet 建立之初的主要目标之一就是要将计算机网络中提供的各种资源充分利用，这些资源可以是软件、硬件和数据。由于其中很多资源（如可以进行海量复杂计算的超级计算机、可以随时取用的大容量存储设备、高速激光打印机等）十分昂贵，不可能被每个用户所拥有。当这些设备接入 Internet 后，用户即可通过远程登录服务（Telnet）来共享网络中的各类软件或硬件资源。如现在互联网公司常用的云服务器，用户在注册并获得云服务提供商的账号后，即可在公司或家中通过远程登录服务登录到云服务提供商的远程服务器中，并在其权限范围内执行各种操作。

图 5-1 云服务器中心

2)信息交流

Internet 上可以进行信息交流的方式有很多种,商务领域最常见的交流方式是发送电子邮件。与传统的电话通信和传真通信相比,电子邮件交流在成本和便捷方面有很大优势,只需要电脑接入 Internet,一封电子邮件在几秒种内就可以发送到世界上任何接入 Internet 网络的地方,且不需要任何成本。

此外,在 Internet 中可以进行便利的群体交流,网络新闻(USENET)就是由许多有着共同爱好的用户共同发起的,专门进行各种细分话题讨论的公共网络场所,一般将这种网络讨论群组称为全球性的电子公告板系统(Bulletin Board System),也就是用户常听到的 BBS。通过 UESNET,用户可以发布新闻、公告以及各种话题文章供 BBS 用户浏览和讨论。Internet 中的任何一个用户都可以加入自己所感兴趣的 BBS 讨论组中,和来自世界各地的有共同爱好的用户进行广泛交流。

Internet 的不断发展使用户可以进行实时通信以及多媒体通信,例如在中国广泛使用的即时通信软件 QQ 和国外的同类产品 WhatsApp,还可以利用音频、视频等方式实现实时语音、视频通话,在线课程以及视讯会议等。

3)信息的获取与发布

Internet 的出现为人们提供了一个了解和认证世界的新媒介,它作为一种新兴的传播媒体平台,每天承载了无数的新信息以供人们浏览。在 Internet 上,各类新闻、多媒体资源、电子出版物应有尽有,人们可以方便地通过万维网来访问各种资源网站,获得自己感兴趣的信息资源。随着 Internet 在大众中逐渐普及,许多政府部门、教育科研机构、企事业单位等都在 Internet 上设立了网站,来实现公示信息、对外宣传、提供服务等功能,使人们足不出户就能了解到与自身息息相关的各种信息。

随着 Internet 的不断发展和完善,今后 Internet 的功能还将不断增强,更多的信息服务会以 Internet 为媒体来实现，如远程教育、远程医疗、工业自动控制、全球情报检索与信息查询、电视会议、电子商务等。

2. Internet 的主要服务

Internet 在拥有丰富资源的同时，也提供了各种各样的服务方式，包括电子邮件（E-mail）、远程登录（Telnet）、文件传输（File Transfer Protocol , FTP），还包括 WWW、USENET、Archie、Gopher、WAIS 与 EC/EB 等信息查询工具。

1）电子邮件 (E-mail) 服务

电子邮件（Electronic Mail）简称 E-mail，是一种由寄件人通过 Internet 将数字信息发送给一个或多个收件人的信息交换方式，是一种方便、快捷、廉价的现代通信手段，现今广泛使用在各种商业活动中。

一些早期的电子邮件需要寄件人和收件人同时在线，类似即时通信。现在的电子邮件系统以存储与转发的模型为基础。邮件服务器负责接收、转发、提交及存储邮件。寄信人、收信人及他们的电脑不用同时在线。寄信人和收信人只需在寄信或收信时简短地连线到邮件服务器即可。电子邮件包括 3 个部分：消息的"信封"、邮件标头及邮件内容。标头至少包括一些传递邮件相关的信息，如寄信人的邮件地址及一至多个收信人的邮件地址；一般会包括一些叙述性的内容，如邮件的标题以及时间等。

电子邮件最早是纯文字（ASCII）的沟通介质，但后经过扩展可以加入多媒体的附件、其他字符集的文字，其程序 RFC2045 到 RFC2049 中，也产生了多用途互联网邮件扩展（MIME）。

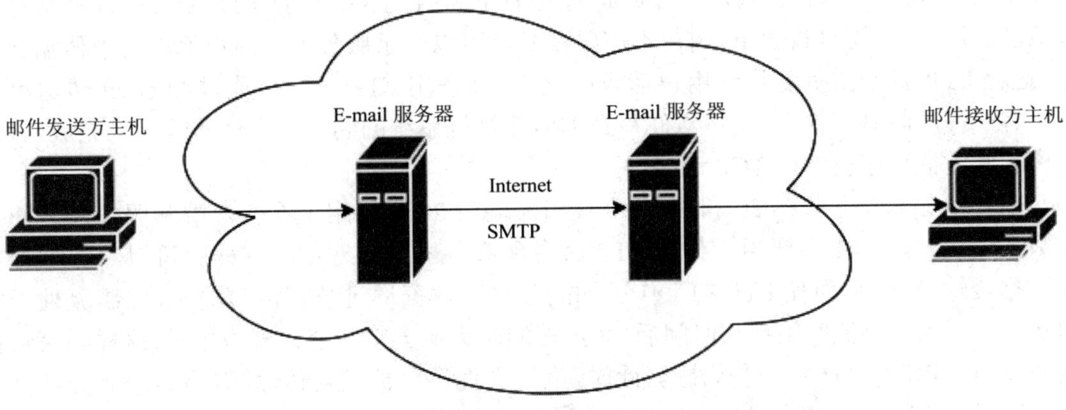

图 5-2　邮件服务示意图

2）远程登录 (Telnet) 服务

Telnet 是最老的 Internet 应用之一，起源于 ARPNET，一般被称为"网络终端协议"，它是一种应用层协议，被应用于互联网以及局域网中。它使用虚拟终端的形式，提供双向、以文字字符串为主的命令行接口交互功能，属于 TCP/IP 协议族之一，是互联网远程登录服务的标准协议和主要方式，常用于服务器的远程控制，可供用户在本地主机运行远程主机上的程序。

使用 Telnet 登录远程服务器，首先需要在用户主机上安装一个联网的 Telnet 客户端程序，用户通过此程序远程登录到 Telnet 服务器，实现对远程计算资源的控制。远程登录服务器首先需要目标主机的用户名及密码，当用户主机通过 Telnet 客户端向目标主机发出登录请求后，目标主机的 Telnet 服务将返回一个信号，要求本地用户输入自己的用户名和密码，只有返回的用户名与密码正确，登录才能成功。如果主机上同时装有 Telnet 客户端和 Telnet 服务器，那么该主机则可以双向使用。

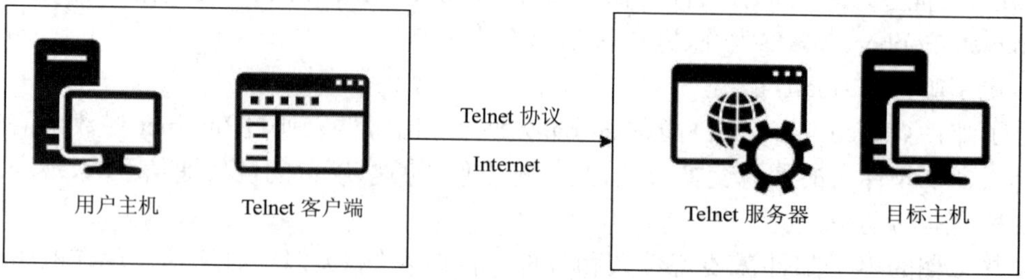

图 5-3 远程登录服务示意图

3）文件传输 (FTP) 服务

FTP（File Transfer Protocol）是一种应用于计算机网络中，使文件可以在客户端和服务器之间进行传输的应用层协议，是一种实时的连机服务。FTP 服务一般被用来进行文件分享，使任何连接到 FTP 服务器的用户，都可以下载服务器上存储的资源，极大地提高了互联网用户对于资源的利用率。

当使用 FTP 进行文件传输时，在本地计算机上启动客户程序，并利用客户程序与远程计算机系统建立连接，激活远程计算机系统上的 FTP 服务程序，本地 FTP 程序就成为一个客户，远程 FTP 程序则成为服务器，彼此通过 TCP 进行通信。运行 FTP 服务的许多站点都开放匿名服务，在这种设置下，用户不需要账号就可以登录服务器。用户每次请求传输文件时，远程 FTP 服务器负责找到用户请求的文件，并利用 FTP 将文件通过 Internet 传送给客户。客户程序收到文件后，便将文件写到本地计算机系统的硬盘。文件传输一旦完成，客户程序和服务器程序就终止 TCP 连接。

FTP 服务一般运行在 20 和 21 两个端口。端口 20 主要用于在客户端和服务器之间传输数据流，而端口 21 主要用于传输 FTP 命令和服务器的回送信。这样就可以将数据控制和数据传输分开，从而使 FTP 的工作更加高效。当数据通过数据流传输时，控制流处于空闲状态。而当控制流空闲很长时间后，客户端的防火墙会将其会话置为超时，这样当大量数据通过防火墙时，会产生一些问题。此时，虽然文件可以被成功传输，但因为控制会话会被防火墙断开，使传输产生一些错误。FTP 虽然可以被终端用户直接使用，但是它是设计成被 FTP 客户端程序所控制。

FTP 服务的优点：促进文件的共享、鼓励间接或者隐式的使用远程计算机、向用户屏蔽不同主机中各种文件存储系统的细节差异以及可靠和高效的传输数据等。

4）万维网 (www) 服务

万维网（World Wide Web）并不是一个物理上的网络，而是一个通过 Internet 访问的、基于许多相互链接的超文本（Hypertext）组成的系统。万维网最大的特点是拥有对普通用户十分友善的图形界面、简单的操作方法以及由多媒体组成的显示方式。万维网是信息时代发展的核心，也是数十亿人在互联网上进行交互的主要工具。网页主要是文本文件格式化和超文本置标语言（HTML）。除了格式化文字之外，网页还可能包含图片、视频、声音和软件组件，这些组件会在用户的网页浏览器中呈现为多媒体内容的连贯页面。

万维网资源通常使用 HTTP 或 HTTPS 访问，这两种访问协议包含在互联网通信协议中。用户访问万维网中的某一个网页，或其他网络资源的步骤如下。

（1）在浏览器中输入想要访问网页的统一资源定位符（URL），或者通过超链接方式链接到目标网页或网络资源。

（2）通过分布于全球的 Internet 数据库解析 URL 的服务器名部分，并根据解析结果进入 URL 指向的 IP 地址（IP Address）。

（3）向 IP 地址所代表的服务器发送一个 HTTP 请求，来获取想要访问的网页。

（4）服务器将 HTML 文本、图片和构成该网页的一切其他文件逐一请求并发送至用户。

（5）用户的浏览器把发送回的 HTML、CSS 和其他接收到的文件所描述的内容，加上图像、链接和其他必须的资源，渲染并显示给用户。

超文本技术是指将许多信息资源连接成一个信息网，并由节点和超链接（Hyperlink）所组成、方便用户在 Internet 上搜索和浏览信息的超媒体信息查询服务系统。超媒体（Hypermedia）是一个与超文本类似的概念，在超媒体中，超链接的两端既可以是文本节点，也可以是图像、语音等各种媒体数据。WWW 通过超文本传输协议（Hypertext Transfer Protocol，HTTP）向用户提供多媒体信息，所提供的基本单位是网页，每一网页中包含文字、图像、动画、声音等多种信息。

WWW 系统采用客户机 / 服务器（C/S）结构。在服务器端，定义了一种组织多媒体文件的标准——超文本标识语言（Hypertext Markup Language，HTML），按 HTML 格式储存的文件被称为超文本文件。在每一个超文本文件中都是通过超链接把该文件与其他超文本文件连接起来并构成一个整体的。在客户端，WWW 系统使用浏览器（如微软公司的 Internet Explorer、网景公司的 Netscape 等）就可以访问全球任何地方的 WWW 服务器上的信息。

技能点 3　Internet 的结构

1. Internet 的协议结构

Internet 协议是一个协议簇的总称，通常被称为 TCP/IP 协议簇（TCP/IP Protocol Suite，或 TCP/IP Protocols），它是网际网络的基础通信架构。该协议簇的两个核心协议为 TCP（传输控制协议）和 IP（网际协议），是协议簇中最早通过的标准。由于网络通信协议普遍采用分层的结构，当多个层次的协议共同工作时，类似计算机科学中的堆栈，因此又称为 TCP/IP 协议栈。

TCP/IP 提供了点对点链接的机制，将资料封装、寻址、传输、路由以及在目的地接收，都加以标准化。它将软件通信过程抽象化为 4 个抽象层，采取协议堆栈的方式，分别实现不同通信协议。协议簇下的各种协议，依其功能不同，分别归属到这 4 个层次结构之中，常视为是简化的 7 层 OSI 模型，TCP/IP 与 OSI 7 层参考模型的对应关系如表 5-2 所示。

表 5-2 TCP/IP 与 OSI 7 层参考模型的对应关系

<table>
<tr><th>TCP/IP 参考模型</th><th>TCP/IP 簇</th><th>OSI 参考模型</th></tr>
<tr><td rowspan="3">应用层</td><td rowspan="3">Telnet、FTP、SMTP、HTTP、Gopher、SNMP、DNS 等</td><td>应用层</td></tr>
<tr><td>表示层</td></tr>
<tr><td>会话层</td></tr>
<tr><td>传输层</td><td>TCP、UDP</td><td>传输层</td></tr>
<tr><td>网络层</td><td>IP、ARP、RARP、ICMP</td><td>网络层</td></tr>
<tr><td rowspan="2">数据链路层</td><td rowspan="2">Ethernet、X.25、ATM 等</td><td>数据链路层</td></tr>
<tr><td>物理层</td></tr>
</table>

1）应用层

该层包括所有和应用程序协同工作，利用 Internet 网络交换应用程序专属数据的协议。应用层是大多数与网络相关的程序，为了通过网络与其他程序通信所使用的层。这个层的数据由需要传输的应用程序进行处理，数据在程序中以内部使用的格式进行传送，然后编码成标准协议的格式并传送到传输层。

在传输层中，应用程序最常用的是面向连接的 TCP 传输控制协议和无连接的 UDP 用户数据报文协议。根据使用的传输层协议的不同来分类，常用的应用层协议有如下几种。

运行在 TCP 协议上的应用层协议如由表 5-3 所示。

表 5-3 运行在 TCP 协议上的应用层协议

协议名称	协议主要功能
HTTP（Hypertext Transfer Protocol，超文本传输协议）	主要用于普通网页浏览
HTTPS（Hypertext Transfer Protocol over Secure Socket Layer, or HTTP over SSL，安全超文本传输协议）	在 HTTP 协议的基础上实现的更安全版本
FTP（File Transfer Protocol，文件传输协议）	主要用于文件的上传、下载传输
POP3（Post Office Protocol, version 3，邮局协议）	主要用于电子邮件的收取
SMTP（Simple Mail Transfer Protocol，简单邮件传输协议）	主要用于电子邮件的发送
TELNET（Teletype over the Network，网络电传）	主要用于通过一个终端登录到其他网络主机
SSH（Secure Shell，安全外壳协议）	主要用于通过加密网络登录到其他网络主机，TELNET 协议的安全替代品

运行在 UDP 协议上的应用层协议如表 5-4 所示。

表 5-4　运行在 UDP 协议上的应用层协议

协议名称	协议主要功能
BOOTP（Boot Protocol，启动协议）	主要用于为无磁盘主机进行开机
NTP（Network Time Protocol，网络时间协议）	主要用于用于网络同步
DHCP（Dynamic Host Configuration Protocol，动态主机配置协议）	主要用于动态配置 IP 地址

运行在其他传输层协议上的应用层协议如由表 5-5 所示

表 5-5　运行在其他传输层协议上的应用层协议

协议名称	协议主要功能
DNS（Domain Name Service，域名服务）	主要用于完成地址查找，邮件转发等工作
ECHO（Echo Protocol，回绕协议）	主要用于查错及测量应答时间
SNMP（Simple Network Management Protocol，简单网络管理协议）	主要用于网络信息的收集和网络管理
ARP（Address Resolution Protocol，地址解析协议）	主要用于动态解析以太网硬件的地址

2）传输层

传输层协议能够解决端到端可靠性和保证数据按照正确的顺序到达等问题，在 TCP/IP 协议组中，传输协议控制传输的数据发送给哪个应用程序。传输层的常用协议有如下几种。

（1）TCP（Transmission Control Protocol），一种面向链接的传输控制协议，它提供一种可靠的字节流保证数据完整、无损并且按顺序到达。TCP 协议会连续不断地测试网络的负载，控制发送数据的速度以避免网络过载，并且将数据按照规定的顺序发送。

（2）UDP（User Datagram Protocol），一种无链接的用户数据报文协议，该协议不检查数据包是否已经到达目的地，并且不保证它们按顺序到达。UDP 的典型性应用是如流媒体这样按时到达比可靠性更重要的应用，或者如 DNS 查找这样的简单查询、响应应用。

（3）SCTP（Stream Control Transmission Protocol），一种流控制传输协议，该协议是面向记录的而不是面向字节的，它在一个单独的链接上通过多路复用提供多个子流。它也提供多路自寻址支持，其中链接终端能够以多个 IP 地址表示，这样即使其中一个连接失败了也不中断。它最初是为电话应用开发的，但是也可以用于其他应用。

3）网络层

网络层解决在一个单一网络上传输数据包的问题。类似的协议有 X.25 和 ARPANET 的 Host/IMP Protocol。随着 Internet 出现，该层的主要作用是将数据从源网络传输到目的网络。

4）数据链路层

数据链路层实际上并不是 Internet 协议组中的一部分，但是它是数据包从一个设备网络层传输到另外一个设备网络层的基础。这个过程能够在网卡的软件驱动程序中控制。

2. TCP/IP

Internet 允许世界各地的网络接入作为其通信子网，而连入各个通信子网的计算机以及计算机使用的操作系统可能是不相同的。为了保证这样一个复杂和庞大的系统能够顺利、正常地运转，要求所有连入 Internet 的计算机都使用相同的通信协议，这个协议就是 TCP/IP。

TCP/IP 是美国高级计划研究局为实现 ARPANET 而开发的，也是很多大学及研究所多年的研究及商业化的结果。TCP/IP 是一组协议的代名词，其核心协议是 TCP 和 IP，除此之外还包括许多其他协议，共同组成了 TCP/IP 簇。

TCP/IP 具有以下特点。

①开放的协议标准，可以免费使用，并且独立于具体的计算机硬件和操作系统。

②可应用在各类计算机网络中，包括局域网、城域网、广域网，更适用于 Internet。

③统一的网络地址分配方案，使所有 TCP/IP 设备在网络中都具有唯一的地址。

④标准化的高层协议，可以提供多种可靠的用户服务。

（1）TCP。TCP 是一种面向连接的传输层协议，可以使网络提供一种可靠的数据流服务。面向连接服务具有建立连接、数据传输和连接释放 3 个阶段，而且传输的数据是按顺序到达的，实现了“虚电路分组交换”的概念。在双方通信之前，先建立一条连接，就好像打电话时占有了一条完整的物理线路一样（虚电路分组交换中，通信链路是逐步被占用的）。连接建立后，用户就可以将报文按顺序发送给远端用户。远端用户也是按顺序接收报文的。数据发送完毕后，释放连接。

TCP 采用“带重传的肯定确认”技术来实现传输的可靠性。简单的“带重传的肯定确认”是指接收方每接收一次数据，就送回一个确认报文，发送方对每个发出去的报文都留一份记录，等收到确认信息之后再发出下一个报文分组。发送方在发出一个报文分组时，马上启动一个计时器，若计时器计数完毕，确认还未到达，则发送方重新传送该报文分组。简单的确认重传对网络带宽的浪费较大，因此 TCP 还采用一种称为“滑动窗口”的流量控制机制来提高网络的吞吐量，窗口的范围决定了发送方发送的但未被接收方确认的数据报的数量。每当接收方正确收到一则报文，窗口便向前滑动，这种机制使网络中未被确认的数据报数量增加，从而提高了网络的吞吐量。

TCP 还可以识别重复信息，丢弃不需要的多余信息，使网络环境得到优化。如果发送方传送数据的速度远远高于接收方接收数据的速度，TCP 可以采用数据流控制机制减慢数据的传送速度，协调发送方和接收方的数据响应。

（2）IP。IP 是一种无连接的采用分组交换方式的网络层协议，既可作为单独通信子网中的网络层协议，也可作为由多个通信子网互连组成的广域网的网络层协议。IP 主要负责主机间数据的路由选择和网络上信息的存储，同时为 TCP、UDP 提供分组交换服务。

技能点 4　Internet 地址结构

在日常生活中，每一个建筑都有一个地址，这个地址结构是由国家、省市、街区、门牌号这种逐层精细的信息组成的，且每个地址都具有唯一性，代表了这个唯一的建筑或房间。因此，当人们有目的去往某个建筑目标时才不会迷路。同理，覆盖全球的 Internet 组成了一个巨大的网络，网络中的每个主机都是一个节点，为了在这些数量庞大的节点中精准地进行寻址定位，实现节点间的点对点通讯，除了主机间要使用相同的通信协议——TCP/IP 以外，每个主机都需要有一个唯一的地址来表明其身份，这个地址就是 Internet 地址。Internet 地址包括 IP 地址和域名地址两种，它们是 Internet 地址的两种表示方式。

Internet 地址也称为 IP 地址（Internet Protocol Address），它作为 Internet 中主机的逻辑地址，当一台主机接入互联网后，它将被分配一个 IP 地址用作标识。网际协议版本 4（Internet Protocol version 4，IPv4），又被称为互联网通信协议第四版，它是目前 IP 地址主要的使用标准，它是网际协议开发过程中的第四个修订版本，也是此协议第一个被广泛部署和使用的版本。IP 地址有两个主要功能。

（1）标识主机：标识主机网络接口，并且提供主机在网络中的位置。

（2）网络寻址：在将数据包从一个网络位置发送到目的地的过程中，IP 地址充当着目的地门牌号的作用，每个 IP 数据包的标头包含了发送主机的 IP 地址和目的主机的 IP 地址。

1. IP 地址组成

在 Internet 中，每个 IP 地址都由网络号和主机号两部分组成。这种构成的目的是为了使路由器转发数据包时寻址更加方便快捷。在现实生活中投送快递时，首先要把同一个城市的快递集中送到一处，然后再根据街道住址和门牌号的不同进行分别配送。路由器在转发数据包时，首先查询包中目的 IP 的网络地址，把这个数据包送到某个网络后再根据该数据包中目的 IP 的主机部分从该网络中找到目的主机。在这个过程中，网络地址就是 IP 地址中的网络号，而主机地址即为主机号。

在同一物理子网中，所有设备（如个人电脑、服务器、工作站等）的网络号都是相同的，而通过路由器相互连接的两个网络一般是两个不同的物理网络，其网络号也是各不相同的。而在同一物理子网中，不同的主机和网络设备的主机号都是不同的。

2. IP 表示方法

IP 地址是一个 32 位的二进制数，一般被分割为 4 个 8 位二进制数，也就是 4 字节。为了方便录入，在实际使用中，IP 地址通常被转译为十进制数据，用“点分十进制法”编写成“a.b.c.d”的形式，其中 a、b、c、d 都是范围在 0~255 之间的十进制整数。使用“点分十进制法”转换二进制 IP 地址示例如下所示。

```
二进制地址格式：11011000 10001010 01010000 00011010
十进制地址格式：216. 138.80.26
```

3. IP 地址分类

在 IP 地址中，网络号的长度将决定 Internet 中能包含多少个网络，主机号的长度将决定某个网络中能容纳多少台主机。根据 IP 所指网络的规模大小，IP 地址一共分为 5 类，分别是：A 类、B 类、C 类、D 类和 E 类。其中，A 类、B 类和 C 类地址是基本的 Internet 地址，是用户使用的地址，为主类地址；D 类和 E 类为次类地址。各类 IP 的网络号、主机号长度分配和地址范围如图 5-4 所示。

A 类地址的第一字节表示网络号，且最前端的一位二进制数固定是“0”。因此，其网络号的实际长度为 7 位，主机号的长度为 24 位，表示的地址范围是 1.0.0.0 ～ 126.255.255.255。A 类地址允许有 $2^7-2=126$ 个网络（网络号的 0 和 127 保留，用于特殊目的），每个网络有 $2^{24}-2=16\ 777\ 214$ 个主机。A 类 IP 地址主要分配给具有大量主机而局域网络数量较少的大型网络。

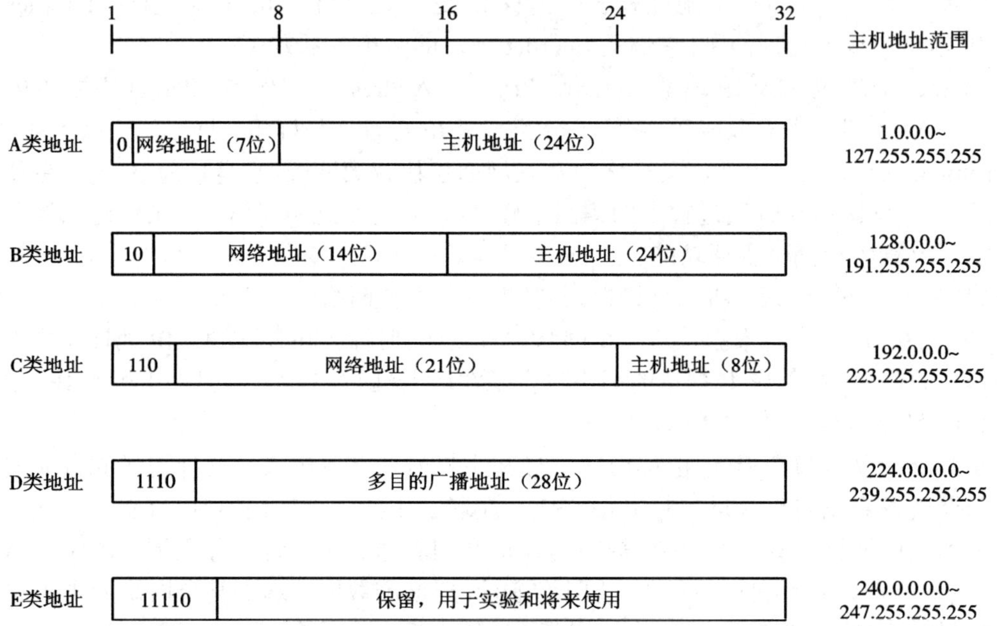

图 5-4　IP 地址组成

B 类地址的前两个字节表示网络号，且最前端的两位二进制数固定是“10”。因此，其网络号的实际长度为 14 位，主机号的长度为 16 位，表示的地址范围是 128.0.0.0 ～ 191.255.255.255。B 类地址允许有 $2^{14}=16\ 384$ 个网络，每个网络有 $2^{16}-2=65\ 534$ 个主机。B 类 IP 地址适用于中等规模的网络，一般用于一些国际型大公司和政府机构等。

C 类地址的前 3 个字节表示网络号，且最前端的 3 个二进制数是“110”。因此，其网络号的实际长度为 21 位，主机号的长度为 8 位，表示的地址范围是 192.0.0.0~223.255.255.255。C 类地址允许有 $2^{21}=2\ 097\ 152$ 个网络，每个网络有 $2^8-2=254$ 个主机。C 类 IP 地址的结构适用于小型的网络，如一般的校园网、一些小公司的网络或研究机构的网络等。

D 类 IP 地址不标识网络，一般用于其他特殊用途，如供特殊协议向选定的节点发送信息时使用，又被称为广播地址，表示的地址范围是 224.0.0.0 ～ 239.255.255.255。

E 类 IP 地址尚未使用，暂时保留以供将来使用，表示的地址范围是 240.0.0.0 ～ 247.255.255.255。

从 IP 地址的分类方法来看，A 类地址的数量最少，共可分配 126 个网络，每个网络中最多有 1 700 万台主机；B 类地址共可分配 16 000 多个网络，每个网络最多有 65 000 台主机；C 类地址最多，共可分配 200 多万个网络，每个网络最多有 254 台主机。

值得一提的是，这 5 类地址是完全平级的，不存在任何从属关系。但由于 A 类 IP 地址的网络号数量有限，因此现在仅能够申请的是 B 类或 C 类两种。当某个企业或学校申请 IP 地址时，实际上申请到的只是一个网络号，而主机号则由该单位自行确定分配，只要主机号不重复即可。

近年来，随着 Internet 用户数量的急剧增长，可供分配的 IP 地址数量也日益减少。现在 B 类地址已基本分配完，只有 C 类地址尚可分配，原有 32 位长度的 IP 地址的使用已经显得相当紧张，而新的 IPv6 方案的 128 位长度的 IP 地址将会缓解目前 IP 地址紧张的状况。

4. IP 地址和物理地址的转换

TCP/IP 的物理层连接的都是具体的物理网络，物理网络都有确切的物理地址。IP 地址和物理地址之间是有区别的，IP 地址只是在网络层中使用的地址，其长度为 32 位。物理地址是指在一个网络中对其内部的一台计算机进行寻址所使用的地址。物理地址工作在网络最底层，其长度为 48 位。通常将物理地址固化在网卡的 ROM 芯片中，因此有时也称之为“硬件地址”或“MAC 地址”。

IP 地址通常将物理地址隐藏起来，使 Internet 表现出统一的地址格式。但在实际通信时，物理网络使用的依然是物理地址，因为 IP 地址是不能被物理网络识别的。对于以太网而言，当 IP 数据报通过以太网发送时，以太网设备并不识别 32 位 IP 地址，而是以 48 位的 MAC 地址传输以太网数据。因此，在两者之间要建立映射关系，地址之间的这种映射称为地址解析。硬件编址方案不同，地址解析的算法也是不同的。例如，将 IP 地址解析为以太网地址的方案和将 IP 地址解析为令牌环网地址的方案是不同的，因为以太网编址方案与令牌环网编址方案不同。通常，Internet 中使用较多的是查表法，即在计算机中存放一个从 IP 地址到物理地址的映射表，并经常动态更新该表，通过查表找到对应的物理地址。

前面已经提到，地址解析工作由 ARP 来完成，ARP 是一个动态协议，之所以叫“动态”，是因为地址解析这个过程是自动完成的，一般用户不必关心。网络中的每台主机都有一个 ARP 缓存，其中存有 IP 地址到物理地址的映射表。ARP 定义了两种基本信息：一种是请求信息，其中包含了一个 IP 地址和对应物理地址的请求；另一种是应答信息，其中包含了发来的 IP 地址和相应的物理地址。

5. IPv4 的局限性

IPv4 虽然在现今 Internet 中仍然是最广泛使用的协议，但 TCP/IP 的研究人员早在 20 世纪 80 年代初期就已经意识到了 IPv4 在未来将无法满足人们的需求。当时，研究人员发现随着 Internet 用户数量的不断增多，IPv4 的地址空间将有用尽的危险，而且在过去的十几年间，Internet 经历了爆炸般的发展，在不到一年的时间里，连接到 Internet 的网络数量成倍增长，主机的接入数量更是高得惊人，这就使得解决 IP 地址匮乏的需求提上研究人员的日程。

由于 IPv4 的地址空间可容纳的地址数量可能具有多于 40 亿，有些人认为 Internet 很容易容纳数以亿计的主机，至少几年内仍可以应付连续的倍增。但是，这只适用于 IP 地址顺序化分布的情况，即第一台主机的地址为 1，第二台主机的地址为 2，以此类推。使用分级地址格式，即每台主机首先依据它所连接的网络进行标识，IP 可支持简单的选路协议，主机只需要了解彼此的 IP 地址，就可以将数据从一台主机转移至另一台主机。这种分级地址把地址分配的工作交给了每个网络的管理者，从而不再需要中央授权机构为 Internet 上的每台主机指派地址。网络外的数据依据网络地址进行选路，在数据到达目的主机所连接的路由器之前不需要了解主机地址。通过中央授权机构顺序化地为每台主机指派地址可能会使地址指派更加高效，但是这几乎使所有其他的网络功能不可行。例如，选路实质上不可行，因为这将需要每个中间路由器查询中央数据库，以确定向何处转发包，而且每个路由器都需要最新的 Internet 拓扑图获知向何处转发包。每一次主机的地址变动都将导致中央数据库的更新，因为需要在其中修改或删除该主机的表项。

在 5 类 IP 地址中，只有前 3 类用于 IP 网络，这 3 类地址曾一度被认为足以应付将来的网络互联。A 类地址主要分配给具有大量主机，而又对局域网络数量要求较少（最多 126 个）的大型网络，因为每个网络连接着最多的主机，理论上最多可达 1 600 多万台。B 类地址大约 16 000 个，一般用于一些国际型大公司和政府机构，理论上可支持超过 65 000 多台主机。C 类网络超过 200 万个，每个网络上的主机最多 254 个，主要用于一些小公司和研究机构等。

而且某些只有几台主机的小公司对于申请到的 C 类地址的使用效率很低，导致大型机构在寻找可使用的 B 类地址时却愈发艰难，并且获得 A 类地址的少数公司很少能够高效地使用它们的 1 600 万个主机地址。这使得过去几十年中一直使用的网络地址指派规范陷入了困境。为此，IETF 在 1992 年 6 月就提出要制定下一代 IP，即 IPng（IP Next Generation）。由于 IPv5 打算用作面向连接的网络层协议，因此 IPng 现正式称为 IPv6。1995 年以后陆续公布了一系列有关 IPv6 的协议、编址方法、路由选择以及安全等问题的 RFC 文档。

技能点 5　子网和子网掩码

随着 Internet 的不断发展，网络中的用户迅速增长，提供服务的主机数量也随之扩张，32 位二进制数表示的 IP 地址在网络主机的庞大数量下将逐渐被占用完。在为新入网的主机制定编码方案时，常常会遇到网络数量不够的情况，子网寻址技术就是为了解决这个问题而发明的。

1. 子网

子网，是指把单一网络划分为多个子物理网络，并使用路由器进行相互连接。为了解决网络数量不够的情况，需要对子网进行划分。

在进行子网划分时，为了提高网络划分的灵活性，使用了 VLSM（可变长子网掩码）和 CIDR（无类别域间路由）两种技术，这两种技术把传统的 IPv4 有类网络演变成一个更为高效、实用的无类网络。VLSM 技术用于划分子网，也就是把一个大的网络划分成多个小的子网络。CIDR 用于将分散的子网进行路由汇总，把多个小的子网络由条目汇总成一个大网络的路由条目，以减少路由器中路由条目的数量，提高路由效率。

VLSM 划分子网的方法为：借用现有网段主机号二进制数最左边的几位作为子网位，从而划分出多个子网号，剩余的部分作为相应子网的主机号。划分多少位二进制给子网主要根据实际所需的子网数量而定。这样在划分子网以后，IP 地址实际上就由 3 部分组成——网络号、子网号和主机号。划分子网如图 5-5 所示。

划分子网是解决 IP 地址空间不足的有效措施。把较大的网络划分成小的网段，并由路由器、网关等网络互联设备连接，这样既可以充分使用地址，方便网络管理，又能够有效缓解网络拥挤，提高网络的性能。

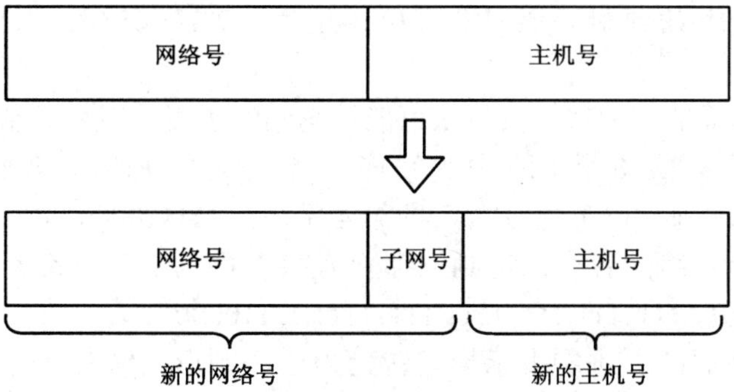

图 5-5　划分子网

2. 子网掩码

在划分子网时，必须引入子网掩码的概念。子网掩码是一个 32 位二进制的数字，用于屏蔽 IP 地址的一部分以区分网络号和主机号，并说明该 IP 地址是在局域网上还是在远程网上。子网掩码的表示形式和 IP 地址的表示形式类似，也是用圆点“.”分隔开的 4 段共 32 位二进制数。为了便于记忆，通常用十进制数来表示。用子网掩码判断 IP 地址的网络号与主机号的方法是用 IP 地址与相应的子网掩码进行“AND”运算，这样可以区分出网络号部分和主机号部分。子网掩码 AND 运算如表 5-6 所示。

表 5-6　子网掩码 AND 运算

组合类型	结果
0 和 0	0
0 和 1	0
1 和 0	0
1 和 1	1

由子网掩码的定义可以得出 A 类、B 类和 C 类地址的标准子网掩码，如表 5-7 所示。

表 5-7　不同类别地址标准子网掩码

地址类型	二进制子网掩码表示	十进制子网掩码表示
A 类	11111111 00000000 00000000 00000000	255.0.0.0
B 类	11111111 11111111 00000000 00000000	255.255.0.0
C 类	11111111 11111111 11111111 00000000	255.255.255.0

由于表示子网号和主机号的二进制位数分别决定了子网数和每个子网中的主机数，因此在确定子网掩码前必须清楚实际要使用的子网数和主机数。下面通过一个例子进行简单介绍。

例如，某一私营企业申请了一个 C 类网络，假设其 IP 地址为“192.73.65.0”，该企业由 10 个子公司构成，每个子公司都需要自己独立的子网络。确定该网络的子网掩码一般分为以下几个步骤。

（1）确定是哪一类 IP 地址。该网络的 IP 地址为“192.73.65.0”，说明是 C 类 IP 地址，网络号为“192.73.65”。

（2）根据现在所需的子网数以及将来可能扩充到的子网数用二进制位来定义子网号。现在有 10 个子公司，需要 10 个子网，将来可能扩建到 14 个，所以将第 4 字节的前 4 位确定为子网号（$2^4-2=14$）。前 4 位都置为“1”，即第 4 字节为“11110000”。

（3）把对应初始网络的各个二进制位都置为“1”，即前 3 字节都置为“1”，则子网掩码的二进制表示形式为“11111111.11111111.11111111.11110000”。

（4）将该子网掩码的二进制表示形式转化为十进制形式“255.255.255.240”，即为该网络的子网掩码。

技能点 6　域名系统

主机在 Internet 上的唯一标识是 IP 地址，数字型的 IP 地址在分配上有绝对优势，但是对于使用 Internet 的用户来说记忆起来十分困难。与数字型地址相比，用户更喜欢使用具有描述性含义的字符串来标识 Internet 上主机的位置，因此 Internet 中出现了域名系统（Domain Name System，DNS）。为了防止用户在对自己的主机命名时出现重名情况，Internet 网络协会采取了在主机名后加上后缀名的方法，这个后缀名称即为域名，用来标识主机的区域位置。域名是通过申请合法得到的，申请完成后即可用该名称来标识自己的主机，并保证主机名和 IP 地址一一对应。

1. 域名命名规则

域名由多个部分组成，这些部分按层次连接在一起，并由“.”符号分隔，其通用结构如下所示。

四级域名 . 三级域名 . 二级域名 . 一级域名

一个域名的层次结构，从右侧到左每隔一个点依次下降一层。每个标签可以包含 1~63 个八字节。域名的结尾有时候还有一点，这是保留给根节点的，书写时通常省略，在查询时由软件内部补上。域名里的英文字母不区分大小写，因此可以使用大写方法拼写，但一般都以小写形式拼写（有时为了区别 i 和 L，将 L 改为大写）。

2. 域名层次命名

1）顶级域名

域名层次命名是一种以层次结构来为主机命名的规则，首先划分的是一级域名，也被称为顶级域名，在 Internet 早期由中央管理机构（Network Information Center，NIC）来进行划分，主要被分成两类，分别是国家及地区双字代码顶级域（Country Code Top-level domains，ccTLD）和通用顶级域（general Top-level domains，gTLD）。国家及地区双字代码顶级域基于 ISO-3166 规定的国家 / 地区双字缩写代码，主要国家缩写如表 5-8 所示。

表 5-8　域名国家缩写

国家	域名缩写	国家	域名缩写
中国	CN	加拿大	CA
美国	US	澳大利亚	AU
英国	UK	意大利	IT
法国	FR	挪威	NO
俄罗斯	RU	瑞典	SE
德国	DE	韩国	KR
日本	JP	西班牙	ES

通用顶级域代表了一组名称和多个组织，由于 Internet 早期主要在美国发展成型，使 Internet 的主干网分布在美国，所以通用顶级域主要以美国国内的机构组织的类别进行划分，如表 5-9 所示。

表 5-9　顶级域名应用范围

域名	主要应用范围
.gov	主要用于政府网站
.edu	主要用于初高等学校和教育机构网站
.com	主要用于商业网站，现成为全球注册量最大、最通用的域名
.mil	主要用于军事网站，如美国国防部及其附属机构等
.org	主要用于非营利组织网站
.net	一般被定位为网络基础服务提供商所用域名
.int	主要用于国际组织和机构网站

2）子域名

子域名将顶级域名进一步细分。域名层次结构中，顶级域名下面是二级域名，它位于顶级域名的左侧。例如，在 wenku.baidu.com 中，baidu 是二级域名。在 wikipedia.org 中，wikipedia 也是二级域名，与前例中的 baidu 属于同一层面。

二级域名下面是三级域名，它位于二级域名的左侧。例如，在 wenku.baidu.com 中，wenku 是三级域名；在 map.baidu.com 中，map 也是三级域名，与前例中的 wenku 属于同一层级。从右侧到左侧，每隔一个点依次下降一个层级。

通常情况下，用户基于公司、产品或服务的名称来创建二级域名或更低级别的域名，以方便其他人识别和记忆。

完整域名的所有字符加起来不得超过 253 个 ASCII 字符的总长度。因此，当每一级都使用单个字符时，限制为 127 个级别：127 个字符加上 126 个点，总长度为 253 个字符。但实际上，某些域名可能具有其他限制，也没有只有一个字符的域名后缀。

3. 域名解析规则

1）域名服务器

Internet 上的主机之间通过 IP 地址进行通信，当用户使用域名来访问某个网站时，域名需要被转换成 IP 地址来与主机进行通信，实现这种转换的服务器主机被称为域名服务器（DNS Server）。域名服务器本质上是一个基于客户机 / 服务器的分布式数据库，这个数据库中保存了主机的域名和其 IP 地址的映射关系，能够使人更方便地访问互联网。域名服务器主要负责域名、地址、域名到地址或地址到域名的映射的询问以及维护关于询问类型、分类或域名的所有资源记录的列表

域名服务器一般使用 TCP 和 UDP 端口 53。当前，对于每一级域名长度的限制是 63 个字符，域名总长度则不能超过 253 个字符。域名服务器中常见的资源记录类型如下。

（1）主机记录（A 记录）：RFC 1035 定义，A 记录是用于名称解析的重要记录，它将特定的主机名映射到对应主机的 IP 地址上。

（2）别名记录（CNAME 记录）：RFC 1035 定义，CNAME 记录用于将某个别名指向到某个 A 记录上，这样就不需要再为某个新名字另外创建一条新的 A 记录。

（3）IPv6 主机记录（AAAA 记录）：RFC 3596 定义，与 A 记录对应，用于将特定的主机名映射到一个主机的 IPv6 地址。

（4）服务位置记录（SRV 记录）：RFC 2782 定义，用于定义提供特定服务的服务器的位置，如主机（hostname）、端口（port number）等。

（5）域名服务器记录（NS 记录）：用来指定该域名由哪个 DNS 服务器来进行解析。用户注册域名时，总有默认的 DNS 服务器，每个注册的域名都是由一个 DNS 域名服务器来进行解析的，DNS 服务器 NS 记录地址一般以下面的形式出现：ns1.domain.com、ns2.domain.com 等。简单地说，NS 记录是指定由哪个 DNS 服务器解析用户的域名。

（6）NAPTR 记录：RFC 3403 定义，它提供了正则表达式方式去映射一个域名。NAPTR 记录非常著名的一个应用是 ENUM 查询。

2）域名的解析过程

DNS 查询有两种方式：递归和迭代。DNS 客户端设置使用的 DNS 服务器一般都是递归服务器，它负责全权处理客户端的 DNS 查询请求，直到返回最终结果。而 DNS 服务器之间一般采用迭代查询方式。DNS 查询有两种情况。

（1）当要访问的目标主机位于本地网络时，一般本地 DNS 服务器中存有本地主机的域名与其 IP 地址的映射关系表。当用户主机向本地 DNS 服务器发送将目标主机的域名解析成 IP 地址的请求时，DNS 服务器查询其管理范围内主机的域名，查出该域名对应的 IP 地址后，将解析出的 IP 地址返回给用户主机。

（2）当要访问的目标主机不在本地网络时，解析过程如下。

第一步：客户机先向自身指定的本地 DNS 服务器发送一个查询请求，请求得到目标域名的 IP 地址。

第二步：收到查询请求的本地 DNS 服务器若未能在数据库中找到对应目标域名的 IP 地址，就从根域层的域名服务器开始自上而下地逐层查询，直到找到对应该域名的 IP 地址为止。

第三步：目标域名映射所在的 DNS 服务器给本地 DNS 服务器返回目标域名所对应的 IP 地址。

第四步：本地 DNS 服务器向客户机发送一个回复，其中包含目标域名的 IP 地址。

技能点 7　IPv6

网际协议版本 6（Internet Protocol version 6，IPv6）的计划是创建未来互联网扩展的基础，其目标是取代 IPv4，虽然 IPv6 在 1994 年就已被 IETF 指定作为 IPv4 的下一代标准，但是由于早期的路由器、防火墙、企业的企业资源计划系统及相关应用程序皆须改写。所以在世界范围内使用 IPv6 部署的公众网与 IPv4 相比还非常少，技术上仍以双架构并存居多。预计在 2025 年以前 IPv4 仍会被支持，以便给新协议的修正留下足够的时间。

在 Internet 上，数据以分组的形式传输。IPv6 定义了一种新的分组格式，目的是为了最小化路由器处理的消息标头。由于 IPv4 消息和 IPv6 消息标头有很大不同，因此这两种协议无法互操作。但是在大多数情况下，IPv6 仅仅是对 IPv4 的一种保守扩展。除了嵌入了互联网地址的应用协议（如 FTP 和 NTPv3，新地址格式可能会与当前协议的语法冲突）以外，大多数传输层和应用层协议几乎不需要修改就可以在 IPv6 上运行。

1. IPv6 编码

IPv6 具有比 IPv4 大得多的编码地址空间，在 IPv6 中，地址的长度是 128 位，可提供约 2 128 个 IP 地址，具体数量为 340 282 366 920 938 463 463 374 607 431 768 211 456 个，因为每 4 位地址（128 位分为 32 段，每段 4 位）可以取 2^4=16 个不同的值因此。IPv6 可给地球上 65 亿人每人分配 4.86×1 028 个地址，所以在可预计的时间内，IPv6 地址空间是十分充足的。

从 IPv4 到 IPv6 最显著的变化就是网络地址的长度。RFC 2373 和 RFC 2374 定义的 IPv6 地址有 128 位长；IPv6 地址的表达形式一般采用 32 位十六进制数。

2. IPv6 格式

IPv6 的地址长度为 128 位，以 16 位为一组，每组以冒号“:”隔开，可以分为 8 组，每组以 4 位十六进制方式表示。例如：2001:0db8:86a3:08d3:1319:8a2e:0370:7344 是一个合法的 IPv6 地址。类似于 IPv4 的点分十进制，同样也存在点分十六进制的写法，将 8 组 4 位十六进制地址的冒号去除后，每位以点号“.”分组，例如：2001:0db8:85a3:08d3:1319:8a2e:0370:7344 则记为 2.0.0.1.0.d.b.8.8.5.a.3.0.8.d.3.1.3.1.9.8.a.2.e.0.3.7.0.7.3.4.4，其倒序写法用于 ip6.arpa 子域名记录 IPv6 地址与域名的映射。

在 IPv6 中某些部分在一些条件下可以省略。

（1）每项数字前导的 0 可以省略，省略后前导数字仍是 0 则继续省略，例如下组 IPv6 是一样的。

```
2001:0db8:02de:0000:0000:0000:0000:0e13
2001:db8:2de: 0000:0000:0000:0000:e13
2001:db8:2de:000:000:000:000:e13
2001:db8:2de:00:00:00:00:e13
2001:db8:2de:0:0:0:0:e13
```

（2）可以用双冒号“::”表示一组0或多组连续的0，但只能出现一次。如果四组数字都是0，可以被省略。按照以上省略规则，下面两组IPv6都是一样的。

```
2001:db8:2de:0:0:0:0:e13
2001:db8:2de::e13
```

```
2001:0db8:0000:0000:0000:0000:1428:57ab
2001:0db8:0000:0000:0000::1428:57ab
2001:0db8:0:0:0:0:1428:57ab
2001:0db8:0::0:1428:57ab
2001:0db8::1428:57ab
```

需要注意的是，如2001::25de::cade这样的写法是非法的，因为双冒号出现了两次。它有可能是以下情形之一，从而无法推断。

```
2001:0000:0000:0000:0000:25de:0000:cade
2001:0000:0000:0000:25de:0000:0000:cade
2001:0000:0000:25de:0000:0000:0000:cade
2001:0000:25de:0000:0000:0000:0000:cade
```

如果这个地址实际上是IPv4的地址，后32位可以用十进制数表示。因此::ffff:192.168.89.9相当于::ffff:c0a8:5909。::ffff:1.2.3.4这种格式叫做IPv4映射地址。IPv4位址可以很容易被转化为IPv6格式，如果IPv4的一个地址为135.75.43.52（十六进制为0x874B2B34），它可以被转化为0000:0000:0000:0000:0000:FFFF:874B:2B34或者::FFFF:874B:2B34。同时，还可以使用混合符号（IPv5-compatible address），则地址可以为::ffff:135.75.43.52。

由于同一非全局地址可能在同一范围的多个区域中使用，而且一个节点可能连接同一范围的不同区域的接口。IPv6新增了区域ID（Zone ID）功能加以区分，或称作用域ID（Scope ID）。作用域ID仅用于本地连接，使用百分号追加在地址后面。其内容特定于操作系统，例如Windows使用数字fe80::2%3，Linux使用网卡名字fe80::2%eth0。

3. IPv6 地址类型

IPv6地址有3种类型：单播地址、任播地址、多播地址。

1）单播（unicast）地址

单播地址标示一个网络接口。协议会把送往地址的数据包送往其接口。IPv6 的单播地址可以有一个代表特殊地址名字的范畴，如链路本地地址（link local address）和唯一区域地址（ULA，unique local address）。单播地址包括可聚类的全球单播地址、链路本地地址等。

2）任播（anycast）地址

任播像是 Unicast（单点传播）与 Broadcast（多点广播）的综合。单点广播在来源和目的地间直接进行通信；多点广播可以在单一来源和多个目的地间进行通信。

而 Anycast 则在以上两者之间，它像多点广播（Broadcast）一样，会有一组接收节点的地址列表，但指定为 Anycast 的数据包，只会发送给距离最近或发送成本最低（根据路由表来判断）的其中一个接收地址。当该接收地址收到数据包并进行回应，且加入后续的传输时，该接收列表的其他节点就会知道某个节点地址已经回应了，它们就不再加入后续的传输作业。

以目前的应用为例，Anycast 地址只能分配给中间设备（如路由器、三层交换机等），不能分配给终端设备（手机、电脑等），而且不能作为发送端的地址。

3）多播（multicast）地址

多播地址也称组播地址。多播地址被指定到多个不同的接口，送到多播地址的数据包会被发送到所有地址。多播地址由皆为一的字节起始，也就是它们的前置为 FF00::/8，其第二个字节的最后 4 个比特用以标明“范畴”。

一般有 node-local(0x1)、link-local(0x2)、site-local(0x5)、organization-local(0x8) 和 global (0xE)。多播地址中的最低 112 位会组成多播组群标识符，不过因为传统方法是从 MAC 地址产生，故只有组群标识符中的最低 32 位会使用。定义过的组群标识符有用于所有节点的多播地址 0x1 和用于所有路由器的 0x2。

另一个多播组群的地址为“solicited-node 多播地址”，是由前置 FF02::1:FF00:0/104 和剩余的组群标识符（最低 24 位）所组成。这些地址允许经由邻居发现协议（NDP，Neighbor Discovery Protocol）来解译链接层地址，因而不会干扰到区网内的所有节点。

任务实施

搭建 FTP 服务器

第一步：创建一个 FTP 账号用于管理 FTP 服务器，右键单击“此电脑”选择“管理”，如图 5-6 所示，打开计算机管理页面。

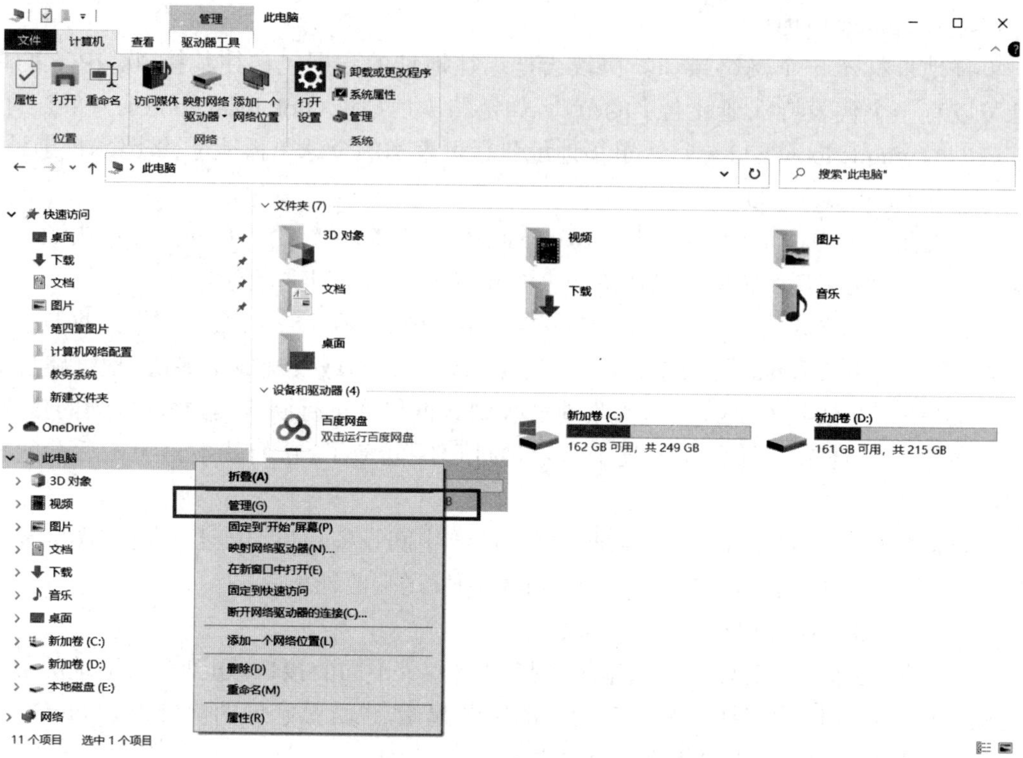

图 5-6 “管理”选择

第二步：打开页面右侧“本地用户和组”选项卡，右键点击“用户”，选择“新用户”来创建 FTP 账户，如图 5-7 所示。

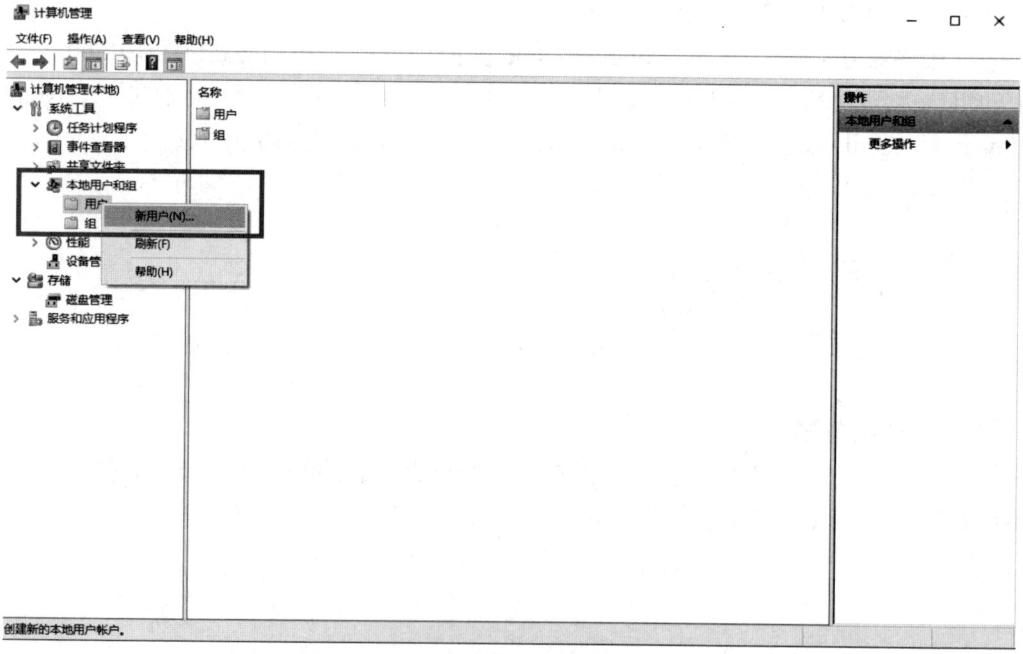

图 5-7 创建 FTP 账户

第三步：自定义“用户名”“全名”“描述”以及“密码”，如图 5-8 所示。其中“用户名”和“密码”用于 FTP 账户登录时的身份验证。

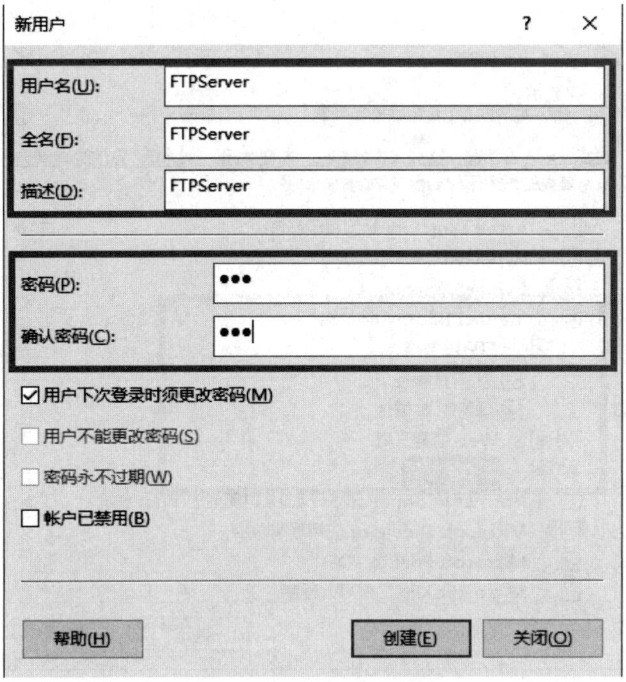

图 5-8　自定义用户信息

第四步：FTP 账户创建完成后开始添加 Internet 信息服务（Internet Infomation Server，IIS），IIS 服务程序是由微软公司提供的基于运行 Microsoft Windows 的互联网基本服务，IIS 可以配置诸如 IIS(“包括 FTP/FTPS、NNTP”和 HTTP/HTTPS、SMTP 等)服务。打开控制面板，在程序页面中点击启用或关闭 Windows 功能，如图 5-9 所示。

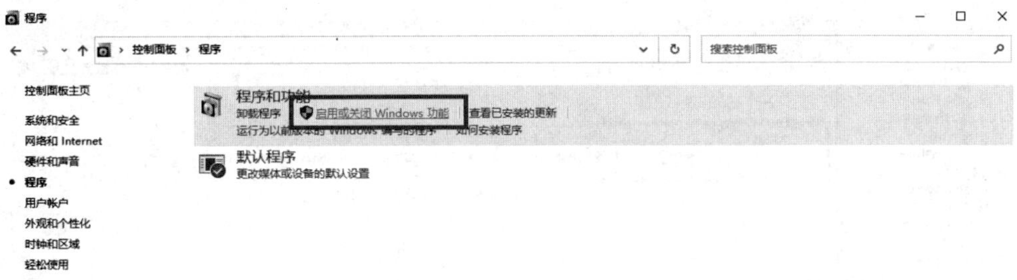

图 5-9　启用 Windows 功能

第五步：在 Windows 功能页面中找到 Internet Infomation Services 选项，勾选其中的“FTP 服务器”“Web 管理工具”以及“万维网服务”，如图 5-10 所示。点击“确定”按钮并等待安装完成。

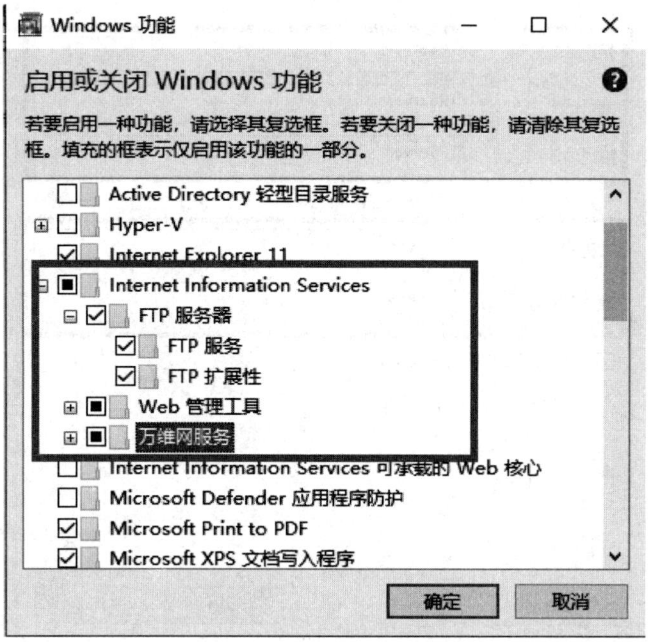

图 5-10 勾选 FTP 服务

第六步：创建 FTP 站点，再次打开计算机管理页面，在左侧栏目中点击“服务和应用程序”选项卡，选择“Internet Infomation Services 管理器”，在右侧的管理器中右键点击“网站”，选择“添加网站”来创建 FTP 站点，如图 5-11 所示。

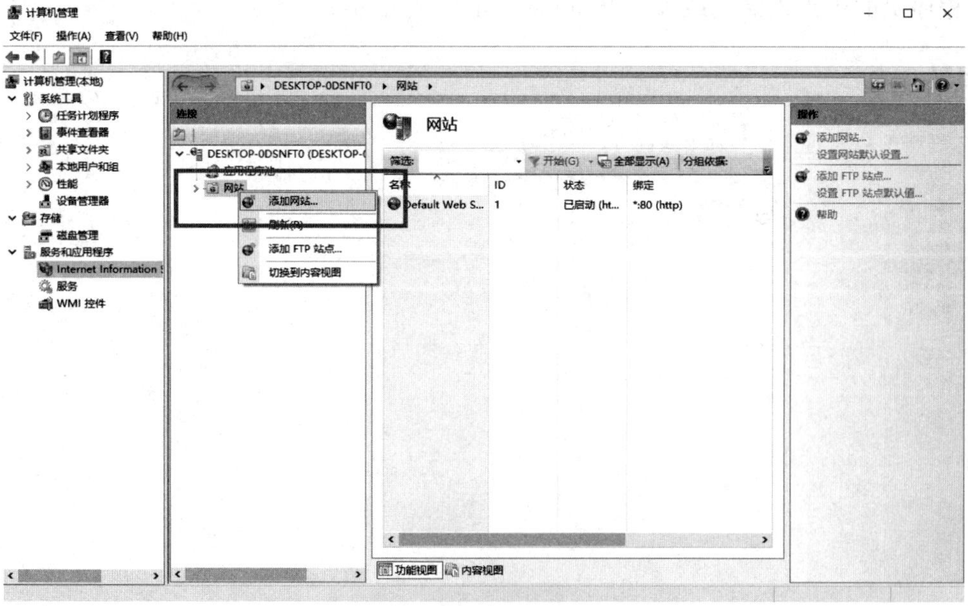

图 5-11 添加网站

第七步：自定义网站名称，并设置物理路径为 FTP 服务器存储文件的文件夹，在绑定中设置网站绑定的本机 IP 地址和端口，如图 5-12 所示。点击“确定”按钮完成添加。

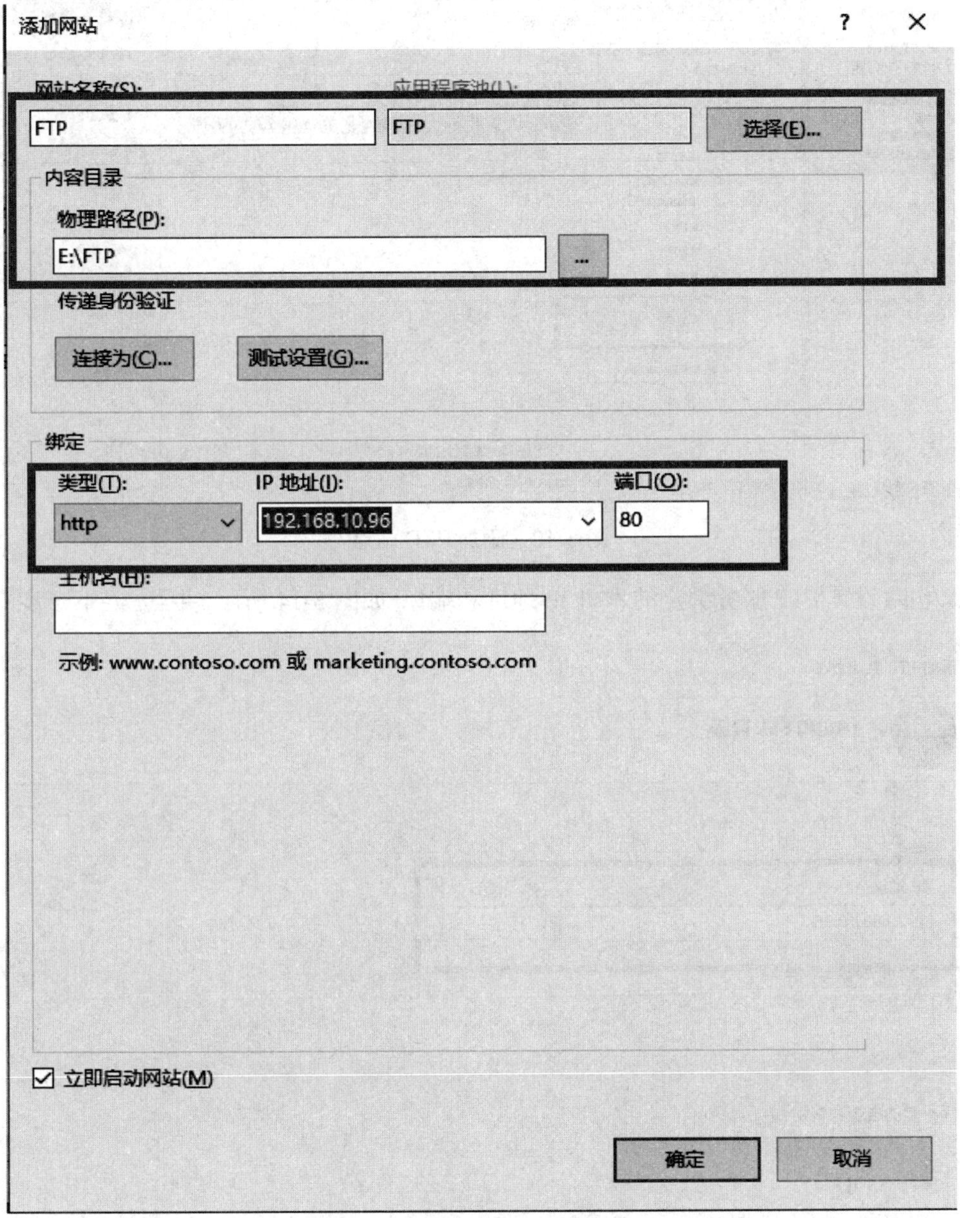

图 5-12　设置本机 IP 地址和端口

第八步：右键点击在网站选项卡中新增的“FTP”站点，点击“添加 FTP 发布”来为站点添加 FTP 服务功能，如图 5-13 所示。

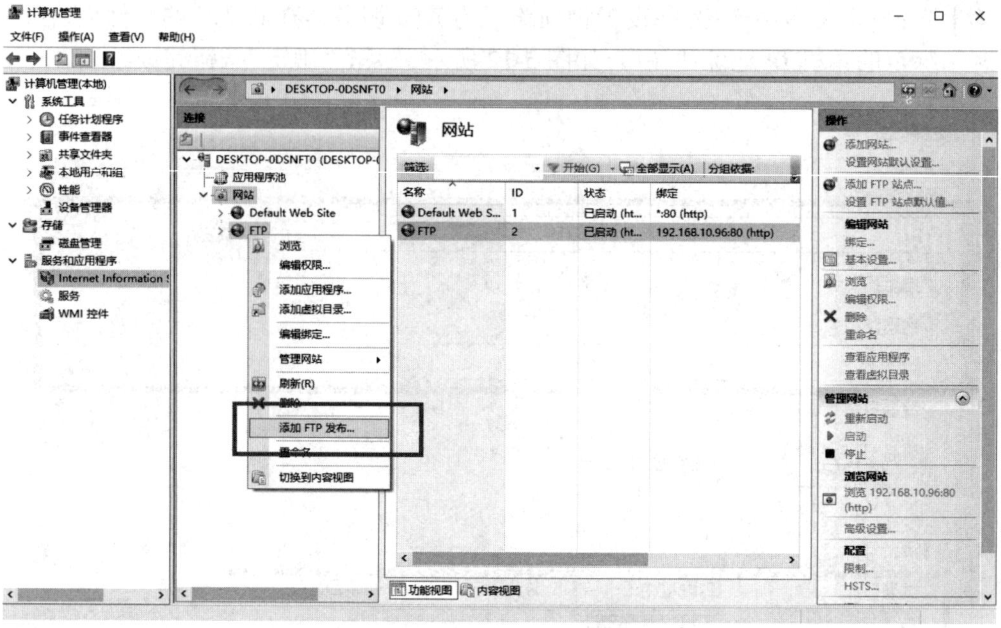

图 5-13 添加 FTP 站点

第九步：设置 FTP 服务绑定的本机 IP 地址和端口，如图 5-14 所示，并点击“下一步”按钮。

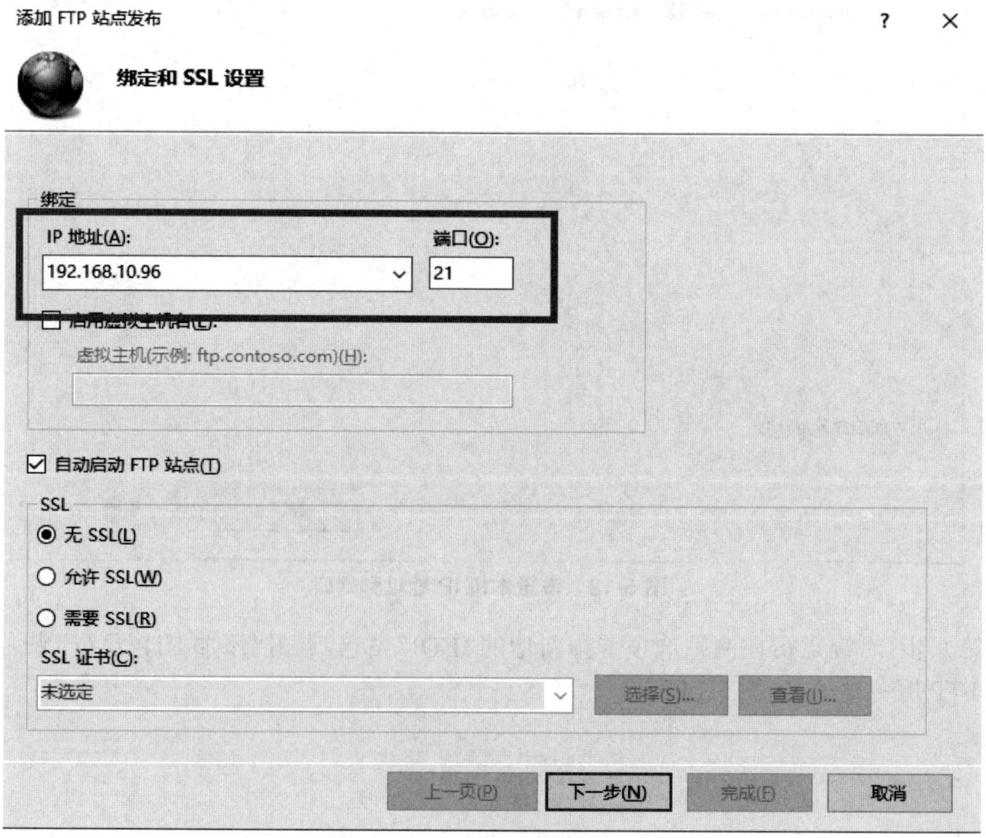

图 5-14 绑定和 SSL 设置

第十步：勾选身份验证选项，无论基本登录或匿名登录都需要完成身份验证，在 FTP 站点中为所有用户授权读取写入权限，如图 5-15 所示，点击“完成”按钮结束设置。这样 Windows 中的 FTP 服务器就搭建完成了。

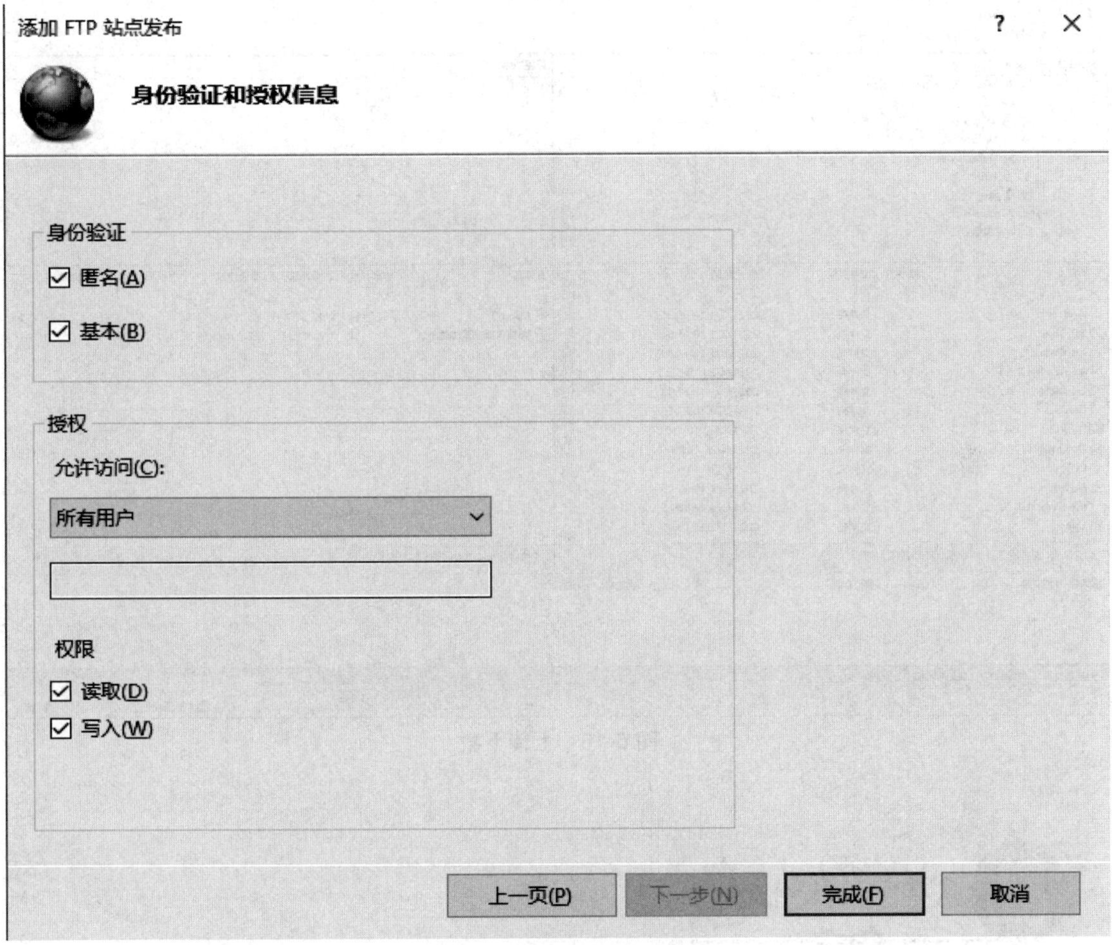

图 5-15　身份验证和信息授权

第十一步：使用任意的第三方 FTP 客户端，通过设置主机、用户名、密码和端口号对 FTP 服务器进行连接，完成对 FTP 服务器的登录后即可在 FTP 服务器中进行文件的上传和下载操作，如图 5-16 所示。

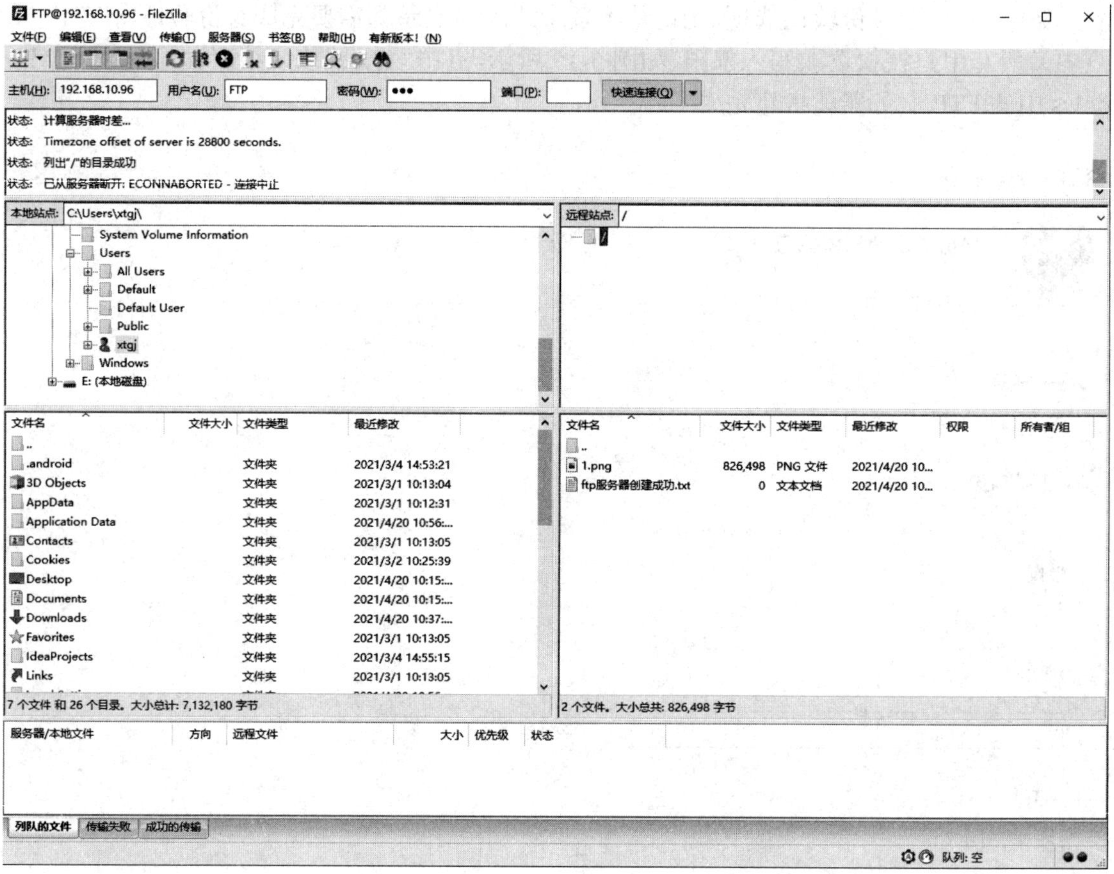

图 5-16 上传下载

任务总结

通过学习 Internet 基本知识，掌握了 Internet 的主要服务，了解了 Internet 的结构和协议，熟悉子网、子网掩码以及域名系统，充分掌握 IPv6 的编码方式，并在任务中使用 Windows 系统搭建 FTP 服务器，使用 FTP 客户端访问搭建成功的 FTP 服务器，充分巩固了 Internet 的相关知识。

英语角

World Wide Web　　万维网

Hypertext	超文本
Internet Protocol Address	互联网协议地址
Hypertext Transfer Protocol	超文本传输协议
Hypertext Markup Language	超文本标识语言
Dynamic Host Configuration Protocol	动态主机配置协议

任务习题

一、选择题

1. 如果访问 Internet 时只能使用 IP 地址，是因为没有配置 TCP/IP 的 ______。

A. IP 地址　　B. 子网掩码　　C. 默认网关　　D. DNS

2. ______ 属于 B 类 IP 地址。

A. 127.233.12.59　　B. 202.96.209.5　　C. 152.96.209　　D. 192.196.29.45

3. 关于子网掩码的设置正确的是 ______。

A. 对应于网络地址的所有位都设为 0

B. 对应于主机地址的所有位都设为 1

C. 对应于网络地址的所有位都设为 1

D. 以上说法都不对

4. 在 Internet 的基本服务功能中，远程登录使用的命令是 ______。

A. FTP　　B. TELNET　　C. MAIL　　D. OPEN

5. ______ 服务使用 POP3 协议。

A. E-mail　　B. FTP　　C. WWW　　D. Telnet

二、简答题

简述域名解析的过程。

项目六　网络设备构建办公网络

学习目标

通过学习网络管理Cisco的相关技术，熟悉网络设备的基本操作，了解华为网络设备以及基础配置方式，更深一步掌握计算机网络的相关知识，运用所学习的知识，使用网络设备来构建办公网络。

- 掌握Cisco网络设备。
- 掌握网络设备的基本操作。
- 掌握华为网络设备介绍及基础配置命令。

学习路径

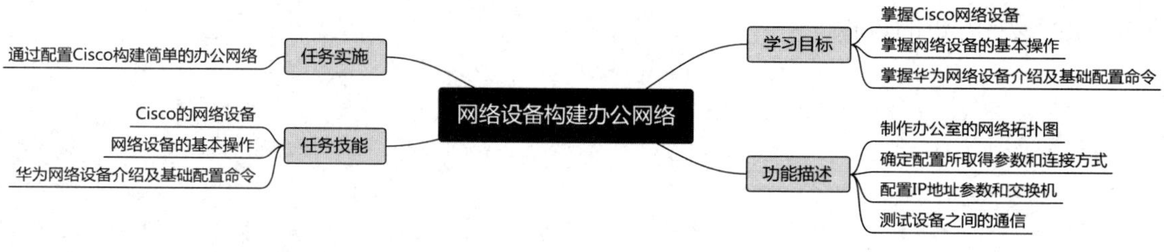

任务描述

【情景导入】

思科(Cisco)是一个与硬件分离的软件体系结构,随着网络技术的不断发展,可动态升级以适应不断变化的技术(硬件和软件)。尽管 IOS 可能仍然等同于路由软件,但是它的持续发展已使之过渡到支持局域网和 ATM 交换机,并且为网络管理应用提供重要的代理功能。

【功能描述】

- 制作办公室的网络拓扑图。
- 确定配置所取得参数和连接方式。
- 配置 IP 地址参数和交换机。
- 测试设备之间的通信。

任务技能

技能点 1　Cisco 的网络设备

思科公司目前已经发展成为一家全球规模领先的移动互联网通信解决模式方案服务提供商。Cisco 这个名字最早来源于 San Francisco(美国旧金山)思科公司依靠自己的专业技术和对中国互联网网络经济产业发展创新模式的深刻认识和深度理解,已经发展为中国网络经济信息化技术应用的最早成功者和实施者之一。

党的二十大报告中指出,要加快发展数字经济,促进数字经济和实体经济深度融合,打造具有国际竞争力的数字产业集群。优化基础设施布局、结构、功能和系统集成,构建现代化基础设施体系。我们在学习的过程中,要加强理论知识学习,丰富知识储备,培养创新意识,为数字经济的建设添砖加瓦。思科公司的 logo 如图 6-1 所示。

图 6-1　思科公司 logo

思科制造的路由器、交换机和其他设备承载了全球 80% 的互联网通信，成为硅谷中新经济的传奇。过去 20 多年，思科几乎成为“互联网”“网络应用”“生产力”的同义词，思科公司在其进入的每一个领域都成为市场的领导者。

1. 交换机和路由器介绍

对于 Cisco 的网络产品，在网络工程中接触和使用最多的就是交换机与路由器，如图 6-2 和 6-3 所示。

图 6-2　交换机

图 6-3　路由器

（1）思科交换机主要分为二层的交换机、三层的交换机和多层的交换机。其中二层的交换机是使用率最多的交换机。它主要工作在数据链路层，在组建的网络中用于解决冲突和宽带问题。除非特别说明使用的是三层交换机或者多层的交换机，本章中的交换机都指的是二层的交换机。

Cisco 的交换机可以分为许多不同的系列，它们主要应用于不同的使用环境，其中包括 Catalyst 2950、Catalyst 3550 等系列交换机，它们的比较如表 6-1 所示。

表 6-1　Catalyst 2950 交换机和 Catalyst 3550 交换机的比较

参数	Catalyst 2950 系列交换机	Catalyst 3550 系列交换机
内存	16 MB DRAM 和 8 MB 闪存	32 MB DRAM 和 8 MB 闪存
传输速率	10 Mbps/100 Mbps	10 Mbps/100 Mbps/1 000 Mbps
端口数量	24	50
传输模式	支持全双工	支持全双工
配置形式	可堆叠	可堆叠
交换方式	存储—转发	存储—转发
背板带宽	8.8 Gbps	13.6 Gbps
VLAN 支持	支持	支持
MAC 地址表	8 000	8 000

（2）思科路由器是智能信息网络的基础，为当今要求最严格的网络服务，包括 IP 通信、视频、客户关系管理、金融交易和其他实时应用，并为这些网络服务提供可用性、全面的安全性、易管理性和先进的服务（QoS）。在网络中路由器用于解决不同的子网间的路由问题，路由器和交换机相同也分为多个系列。

Cisco 公司在生产网络设备时，数字就是一个编号或批号，一般来讲，数字越大的设备其性能越好，如可以提供更多的功能、更大的内存、更快的处理器等。不同系列的网络设备在配置时也有所不同，但是绝大多数设备的基本操作是相同的。

2. 联网端口

1）控制台端口

CONSOLE（控制台端口）：当用户首次对 Cisco 网络设备进行配置时，必须从 CONSOLE 端口开始。基本上每个 Cisco 网络设备都有一个 CONSOLE 端口。如果为全新的设备，其设备中并不带有任何的 IP 地址，那么当通过此端口与计算机上的超级终端相连后，就可以进行各种配置了。在这些配置中，最主要的是配置 IP 地址，以及允许进行远程配置的设置，这样就可以通过其他接口连接到设备上进行远程配置了。

对于 Cisco Catalyst 系列的交换机，如果不做任何配置，直接将计算机与它的端口相连，也可以正常工作。

而对于 Cisco 的各系列的全新路由器，如果不做任何配置而直接将计算机或其他网络设备接到它的各端口上，是不能工作的。因此，路由器必须先配置后使用。下面以路由器为例，讲述控制台端口的连接过程。

第一步：将路由器的 CONSOLE 端口与计算机的串行通信端口（COM）相连。

连接时使用的连线是在买路由器时配送的特制线缆，称为“console 连线”，它是一根反转线。反转线两端的连接器可能不同，可能两端都是 RJ-45，或者一端是 RJ-45，另一端是 DB9/15（D 型数据接口连接器）。如果连接时接口不匹配，则需要使用购买路由器时附送的连接器，或者自行购买相应的适配器。

第二步：打开计算机上的超级终端。如果系统中没有自带超级终端，可以到网上下载

“Hyper Terminal”直接使用。

单击移动计算机网络应用程序桌面上的“开始”菜单，选择“程序”，然后右键单击“附件”，选择“通信”命令，并在其他子程序菜单中选择“超级终端”命令，随意输入电话号码，再在超级终端的“端口设置”中设置如下选项。

①波特率：9 600。

②数据位：8。

③奇偶校验：无。

④停止位：1。

⑤流控：无。

除了使用手动配置参数的方式对“端口设置”进行配置外，还可以使用最简单“使用默认值”按钮还原上述参数。经过上述两步之后，打开路由器即可清楚地看到在超级终端上已经出现了一个路由器启动的过程，如图 6-4 所示。

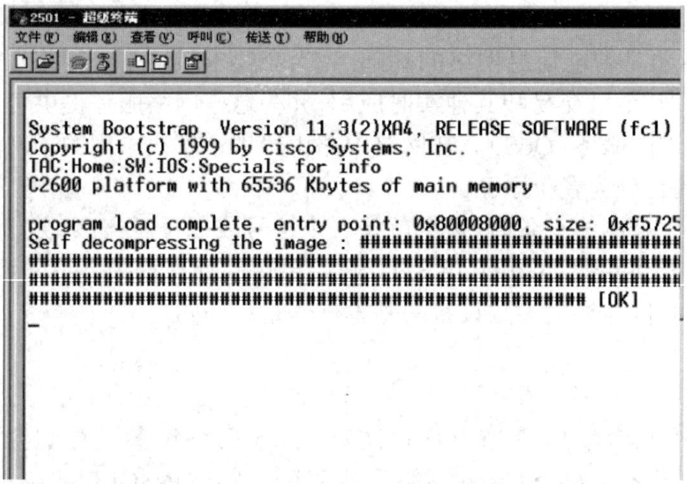

图 6-4　路由器的启动过程

2）辅助端口

在前面使用 CONSOLE 端口进行基本配置之后，可以使用调制解调器连接此辅助端口，进行远程配置。例如，一个公司在全国各地有多个分公司，该公司的网管可以通过将路由器连接调制解调器后再与电话线相连，进行远程管理配置。

3）串行接口

在路由器中，串行接口分为同步串口（Serial）和异步串口（Async）。

Serial（高速同步串口）是一个带有 60 针的 d 型接口，这种高速同步串口的速率很高，在各个品种端所需要连接的互联网两端都是可以进行同步。串行接口一般用于与广域网连接。

Async（异步电话串口）主要适用于与 Modem 相互的网络，实现与远程公用电脑通过一个新的公用交换电话网（PSTN）拨号接入（在实验室里可以接八爪线进行反向 Telnet 配置）。

4）以太网端口

Ethernet（以太网）端口就是一个被用来进行局域网连接的端口。其端口为 AUI，是一个带有以太网的端口，用来连接粗同轴电缆。现在，常常使用的所有组网终端均采用 RJ-45 终端，这就需要一个将 AUI 端口转接成为 RJ-45 的适配器。

在 Cisco 的网络设备的以太网端口中，除了普通的 Ethenet（以太网）端口传输速度为 10 Mbitls 外，FastEthemet（快速以太网）端口和 Gigabit(吉比特以太网）端口的传输速度分别为 100 Mbit/s 和 1 000 Mbit/s。

3. Cisco 设备端口命名

在对 Cisco 的网络设备进行配置时，往往需要进入某个特定的端口。须先掌握网络工程中的交换机和路由器这两个重要设备的端口命名规则。

1）交换机端口

在 Cisco 的交换机分为固定端口和模块化端口两种。固定端口是将端口直接做在交换机的主板上，不采用插槽增减端口的形式；模块化端口是在交换机上可以插入端口模块，以增加交换机的端口。

（1）端口的命名规则：端口类型插槽号 / 端口号（type slot_#/port_#）。无论这个交换机是固定端口的交换机，还是模块化端口的交换机，都有端口类型、插槽号、端口号 3 个部分。

（2）端口类型（type）：可以是 Ethernet、FastEthenet、Gigabit。如 Ethernet 0/4 中的 Ethenet 就是端口类型。

（3）插槽号（slot_#）：插槽号也称模块号。针对固定端口的交换机，如 1900、2950 等系列，插槽号都是 0，如 Ethenet 0/4 中的 0 就是插槽号，表示是一个固定端口的插槽号；针对模块化端口的交换机，如 1840 和 7200 等系列，插槽号为 0 表示固定端口，而插槽号为 1 和 2 表示交换机模块是插在 1 和 2 中的端口。如 FastEthernet 1/3 中的"1/3"，表示在插槽 1 中的模块上的第 3 个端口。

（4）端口号（port_#）：表示是第几个端口，它是从 1 开始增加的。如 1912 交换机的以太网端口有 12 个，其范围是 Ethernet 0/1~Ethernet0/12。

（2）路由器端口

Cisco 的路由器分为固定端口路由器和模块化端口路由器，在对端口命名时，与交换机有一定的区别，主要包括如下几方面。

（1）有模块的路由器，才需要加上模块号，对固定端口进行命名时，则不像交换机那样需要加上 0 模块。

（2）端口号是从 0 开始的，而不像交换机那样是从 1 开始。

（3）对于某些模块的路由器，其插槽号是从 0 开始的。

例如：2501 路由器，这是一种固定端口的路由器，有一个以太网口 Ethenet 0，有两个串行端口分别命名为 serial 2/0 和 serial 2/1。从这里可见，端口号是从 0 开始的，并且不需要加模块号。

掌握这些规则之后，在实际的网络工程中，交换机或路由器的面板上都标示有端口的类型、插槽号和端口号，对照这些标示即可对某个端口进行配置。

4. 连接线缆

网络中各种不同的设备之间，需要相互连接才能通信。在组建一个园区网络时，除了主干部分采用光缆之外，其中大部分线缆都采用的是双绞线电缆。双绞线有反转线、直通线和交叉线三类。

1）反转线

反转线只有一个用途，即将网络设备的 CONSOLE 端口与计算机的 COM 口相连并且进行初始配置。

2）直通线

直通线的线序：两端都采用相同的线序。根据 EIA/TIA（电子工业协会 / 通信工业协会）制定的标准 EIA/TIA 568-A 和 EIA/TIA 568-B，直通线两端都采用同一个标准来制作，如图 6-5 所示。

图 6-5 直通线连接

直通线用途：路由器的以太网端口与计算机网卡相连、路由器与交换机或集线器相连、交换机或集线器与计算机相连等。

3）交叉线

交叉线的线序：一端采用 EIA/TIA 568-A 的线序，另一端采用 EIA/TIA 568-B 的线序。在制作交叉线时，就是将线序的 1 和 3、2 和 6 对调，如图 6-6 所示。

交叉线用途：两台路由器以太网端口相连、两台交换机相连、两台电脑的网卡相连、一台交换机与一台集线器相连。

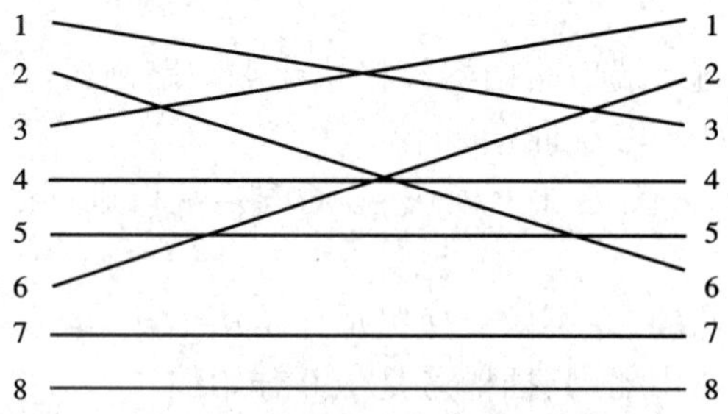

图 6-6 直通线与交叉线连接

5. 路由器的硬件组成

Cisco 的路由器与交换机内部的基本硬件组成大致相同，以路由器为例来说明它们的硬件组成情况。对于路由器来说，其种类和型号有许多种，但它们的基本硬件组成却大致相同，与日常所使用的计算机主机内部组成非常相似，均是由以下部件组成的。

1）中央处理器(CPU)

中央处理器解释执行路由器的操作系统(IOS)指令、用户输入的各种命令，以及根据路由表、MAC地址表进行计算等。不同档次的设备，其CPU的处理能力也不同，如1600系列路由器的CPU就比3600系列路由器的CPU性能差。

2）存储器

Cisco设备配有4种类型的存储器。

（1）内存（RAM）：用于启动路由器的互联网络操作系统（IOS）的存储，启动后配置文件的载入存储，用户输入信息的存储，路由器在运行过程中产生的数据如路由表、缓存等的存储等。其功能相当于计算机的内存RAM，在路由器关电后这些信息都将丢失。

（2）只读存储器（ROM）：在ROM中存储的内容有开机自检程序（POST）、系统引导程序（Bootstrap）、Rommon和路由器IOS的精简版本（RXBoot）。具体如下所示。

① POST：在开机时检查设备的硬件状态，与计算机开机时的系统自检一样。

② Bootstrap：用于确定从什么地方加载IOS，可以从TFTP、Flash或是从ROM中加载。

③ Rommon：是一个命令集，一般当路由器的Flash中的IOS被破坏时，连接到TFTP服务器以恢复IOS。

④ RXBoot：又被称为迷你IOS，是袖珍的IOS，为正常IOS的分拆版本，它比Rommon有更强的功能和更多的命令。

（3）闪存（Flash）：主要用于在路由器正常开始时使用的IOS中。如果一个路由器中的闪点数目足够大，可以同时存储多个IOS以为其提供多次启动，闪存也可用来存储其他文件。由于每一台无线路由器的闪存类型不同，一台大的路由器闪存很可能会同时拥有多个大的闪存。

（4）非易失性启动内存（NVRAM）：通常用于同时存放无线路由器已经启动和重新配置一段时间的内存文件，也就是网络管理人员将路由器配置好后，这些配置的信息就存储在NVRAM中，当电源关闭时，存在其中的配置文件也不会丢失，下次启动时，还可以从NVRAM中读取配置该设备的信息。

交换机与路由器是网络构成的硬件设备基础，它们的组成大致相同均有CPU、存储器，只有一部分或者缺失任一部分都会导致设备的运转出错，各个部件只有相互协作才能完成任务。正如党的二十大表示“只有各国行天下之大道，和睦相处、合作共赢，繁荣才能持久，安全才有保障。”在生活学习的过程中，单打独斗不会减轻任务的负担，只有合作发展才能提高认识，更好更快地完成学习工作任务。

技能点 2　网络设备的基本操作

1. 互联网络操作系统（IOS）

Cisco的IOS用于管理控制Cisco硬件设备的运行；IOS为用户和硬件提供了交互的界面；不同的Cisco路由器型号一般使用不同版本的IOS。

最初Cisco的IOS主要是为路由器开发的，现在已将路由器使用的IOS移植到Cisco

Catalyst 交换机上，这使得 Cisco 的路由器与交换机在操作 IOS 时的基本命令是一致的，并且不同版本的 IOS，在配置相同功能时也可以使用相同的命令，当然，也有少数命令会有差别。

1）IOS 的启动过程

对一个路由器进行初始配置时，需要 CONSOLE 端口与计算机的 COM 口相连，然后从计算机的超级终端上可以看到路由器的启动界面。

路由器在启动时，需要经历以下几个步骤。

第一步：运行 POST，进行硬件自检。

第二步：定位 IOS，并加载 IOS 到 RAM。

第三步：将配置的文件查找和加载到 RAM 中。

（1）硬件自检：在给路由器加电之后，要进行硬件测试以确定路由器是否能正常工作，如果没有发现严重问题，则进入下一步。

（2）路由器定位 IOS 并加载到 RAM：首先查看配置寄存器的值，然后根据在 ROM 中的系统引导程序 Bootstrap，检查在 NVRAM 中的启动配置文件的引导顺序。这个过程比较复杂，在实际工程中很少需要这些过程。

以下为 IOS 的定位和加载过程。

①查看配置寄存器的值。这个值在正常情况下（默认值）是 0x2102。在这组十六进制数中，最后一位如果为 0，即 0x2100，路由器将进入 ROMMON 模式；如果最后一位为 1，即 0x2101，路由器将进入 RXBoot 模式；如果最后一位是 2~F，则根据 ROM 中的 Bootstrap 检查 NVRAM 的引导程顺序。

②如果用户在 NVRAM 的配置文件中配置有引导顺序，即按此顺序来查找 IOS。用户的配置命令如下。

在全局配置模式下，使用命令“boot system”来配置。过程如下。

```
Router#(config)#boot system flash c7200-js-mz.123-5.bin
Router#( config)#boot system tfp c3640-js-mz. 124-12.bin
Router#(config)#boot system rom
```

这 3 条语句的配置顺序将决定路由器从什么地方查找 IOS，现在的顺序是先 Flash，然后 TFP，最后是到 ROM 中加载精简版的 IOS，提示符为“Router(bot)>”。如果连精简版的 IOS 也没找到，则加载 ROM 中的 ROMMON，从而进入 ROM Monitor 模式，提示符为“rommon>”。在进入“Router(boot)>”或“rommon>”状态后，就可以从 TFTP 服务器上下载正常的 IOS。

（3）从 NVRAM 中加载配置文件到 RAM 中：用户对路由器的配置信息是存储到 NVRAM 中的，在正常情况下，每次开机时，都会将保存在 NVRAM 中的配置文件读入到内存中供路由器调度和使用。

2）命令行接口

Cisco 的各种网络设备在系统中进行配置和管理时，许多种类型可以在系统中实现，如通过一个图形界面的 Web 浏览器、Cisco 的专业化管理软件 CiscoWorks2000、命令行模式等。在这些方式中，命令行方式的特点是功能最强大，但学习难度也最大，为了充分利用网络设备提供的功能，学习时必须掌握命令行方式的配置方法。

命令行接口，是一个类似于 DOS 命令行的接口和界面格式，在进行配置时不需要区分字母的大小。它和 DOS 命令有很多不同之处，主要是对这些命令都能够进行简单的缩写。

一个路由器或交换机的命令行称为一个 EXEC 会话。EXEC 会话有以下 4 种常用的模式。

（1）用户模式。

当通过超级终端或 Telnet 远程登录到路由器后，将会看到提示符为“Router>”。这个模式常用于网络故障的基本查找，这是一种只读模式，用户可以查看路由器的某些信息，但不能进行任何修改。在提示符“Router>”中，“Router”是 Cisco 路由器的默认名称，这个名称可以根据需要进行修改。

针对交换机，提示符一般是“Switch>”，但 Catalyst 1900 交换机的用户模式提示符是“>”，没有前面的“Switch”。

（2）特权模式。

在选择了用户模式下的“Router>”作为提示符后，输入“enable”命令，如果没有对该口令设置加密口令，则系统会自动进入特权模式，提示符被称为“Router#”。

在特权模式下，用户可以使用很多高级管理命令，可以查看路由器的详细信息，更改路由器配置，测试与调试命令以及故障排除命令等。

要从特权模式回到用户模式，可以输入“disable”命令。过程如下。

```
Router#disable
Router>
```

（3）全局配置模式。

在无线路由器的全局特权管理配置控制模式“Router#”命令行中输入“configure terminal”命令后，即可直接进入全局特权配置控制模式，提示符为“Router(config)#”。过程如下。

```
Router#configure terminal
Router(config)#
```

在全局模式下，可以对影响整个路由器工作的功能进行修改，也可以进入更有针对性的配置模式进行进一步的配置，如进入端口模式、线路模式、路由协议配置模式等。

（4）端口模式。

在路由器的全局模式的“Router(config)#”提示符后输入“interface 端口名称”，将进入某个端口，提示符为“Router(configif#)”。过程如下。

```
Router(config)#interface Ethernet 0
Router(config-if)#
```

3）命令的简写

在上面介绍的命令行接口模式中，要求手工输入路由器的配置命令，但有的命令很长，用户需要花时间熟悉这些精准的命令，耗费的精力比较大。面对这种情况，Cisco 的 IOS 允许用户输入命令的简写。

简写的规则：只要所输入的命令不与其他的命令产生混淆即可，也就是所输入的命令必须在当前模式下是唯一的。例如：

当从一个独特的用户特权模式进入另一个独特的特权用户模式时，可以将“Router>enable”的英文缩写为“Router>en”；

当从全局特权控制配置功能模式进入使用全局特权配置功能模式时，可以简单地将“Router#configure terminal”的英文缩写为“Router#conf t”。

再举个例子，将当前在线的 RAM 数据中的所有配置数据信息重新保存到 NVRAM 中，以便下一次重新启动路由器时仍能使用。建议在编写过程中养成一个输入简写的习惯，这可大大提高工作效率，降低记忆难度。

4）命令错误提示

对初学者而言，命令输入错误是常见的事情，在这里讲几种命令输入错误的情况避免在以后的工作中出现类似错误。

（1）输入无效命令。这是对命令不熟悉造成，如图 6-7 所示。

```
Router#cofig  t
          ^
% Invalid  input  detected  at  '^'  marker.
```

图 6-7　输入错误命令

这里本来应输入“config t”，但少输了字母 n 而造成错误。

（2）命令使用的模式不正确，如图 6-8 所示。

```
Router(config)#copy  run  start
                     ^
% Invalid  input  detected  at  '^'  marker.
```

图 6-8　命令使用的模式不正确

这个命令应该在特权模式下使用，这是命令使用模式不正确造成的错误。

（3）命令不完整。如图 6-9 所示，在这个错误中没有输入要保存到什么位置，如 NVRAM 或是 TFTP 服务器等，导致输入不完整。

```
Router#copy  run
% Incomplete comnand.
```

图 6-9　命令不完整

（4）命令不唯一。如图 6-10 所示，这个命令“e”在这里不唯一，因为以字母 e 开头的还有另外一些命令，如“enable”“end”“exit”等。

```
Router(config)#e
% Ambiguous  comnand:  "e"
```

图 6-10　命令不唯一

在上面的错误提示信息中，大多有一个“^”符号，它用来指示输入错误的位置，结合错误提示信息，一般可以在此处找出错误。

5）命令帮助提示

Cisco 的命令非常多，工作人员在输入过程中，可能会忘记一些使用较少的命令，因此需要借助于 IOS 的帮助提示。

在 Cisco 的 IOS 中，无论当前处于用户模式、特权模式、全局配置模式、端口模式还是线路模式等，都支持命令帮助提示。在需要帮助时，只需输入“?”即可，如图 6-11 所示。

```
Router>enable
Router#conf?          ①
configure
Router#conf ?         ②
  terminal  Configure from the terminal
  <cr>
Router#conf t
Enter configuration commands, one per line.  End with CNTL/Z.
Router(config)#?      ③
Configure commands:
  aaa                  Authentication, Authorization and Accounting.
  access-list          Add an access list entry
  banner               Define a login banner
  boot                 Modify system boot parameters
  cdp                  Global CDP configuration subcommands
  class-map            Configure Class Map
  clock                Configure time-of-day clock
  config-register      Define the configuration register
  crypto               Encryption module
  do                   To run exec commands in config mode
  dot11                IEEE 802.11 config commands
  enable               Modify enable password parameters
  end                  Exit from configure mode
  exit                 Exit from configure mode
  flow                 Global Flow configuration subcommands
  hostname             Set system's network name
  interface            Select an interface to configure
  ip                   Global IP configuration subcommands
  ipv6                 Global IPv6 configuration commands
  key                  Key management
  license              Configure license features
 --More--
```

图 6-11　命令帮助提示

在上述代码中，可以看到命令帮助提示命令。

①处是在 conf 未输完时加“?”可以看到以 conf 开头的命令。

②处是查看 conf 命令之后还可以有哪些参数的帮助。

③处只使用“?”可查看在当前模式下的命令列表，这种情况用得较少，因为将会列出大量的命令以供选择。

6）常用的命令行快捷键

在配置路由器与交换机时，有可能会用到前面输入的命令，例如，当前一条命令输入错误或是想让某条命令无效（称为“no 掉”）时，可以使用命令行的快捷键来提高工作效率。常用的快捷键如表 6-2 所示。

表 6-2　快捷键

快捷键	功能说明
向上箭头	恢复上一条命令，默认可以翻回到最近 10 条命令。可以使用“Router#terminal history size XX”设置
向下箭头	如果向上翻得太多，可以恢复到下一条命令

续表

快捷键	功能说明
Ctrl+A	光标到行首，当想“no 掉”某一条语句时，先按“Ctrl+A”组合键，使光标到行首，在此条件语前面输入“no”即可
Ctrl+E	光标到行尾
Delete	删除光标后一个字符
Backspace	删除光标前一个字符
Tab	输入一个命令的前两个字母后，如果命令是唯一的，则 IOS 会自动补全此命令字的余下字母。先输入了“enable pa”之后，按 Tab 键，IOS 会在下一行中自动弹出“enable password”。同样，在输入“enable s”之后，按 Tab 键，会自动弹出“enable secret”
Ctrl+Z	从全局配置模式、端口模式、路由模式、路由协议配置模式回到特权模式

2. 交换机的基本配置

一台 Cisco 的交换机即使没有配置，也可以直接连接电脑，开机使用，这似乎说明对交换机来说不需要配置也可使用。其实，没有配置的交换机，只用到了它其中的部分功能，因此，为了充分发挥交换机功能，需要对它进行配置。

1）设置主机名

交换机系统中默认的第一个主机名称是“switch”，在对每一台交换机系统进行管理时，应该先给它配置一个非常具有现代化和实际意义的主机名称。例如，公司的某个部门用“部门 1”表示，当它要使用的交换机时，为了与其他交换机进行区别，可以选择使用“part1”来作为系统的主机名。修改交换机的主机名是在全局配置模式下进行的，如图 6-12 所示。

```
Switch>enable
Switch#conf t
Enter configuration commands, one per line. End with CNTL/Z.
Switch(config)#host part1    ①
part1(config)#
part1(config)#    ②
```

图 6-12　配置交换机主机名

在上述代码中，可以看到配置交换机主机名命令。

①处表示是在全局配置模式下，使用“host part1”（这个关键词是配置交换机的英文简写，完整的是命令“hostname part1”），该命令表示配置一个交换机的虚拟主机机器名称为“part1”。

按 Enter 键后②处可以清楚看到配置交换机的主机名已经改变成“part1”了。

2）配置交换机的口令

在一台交换机上通过设置口令，可以限制一个用户自动进入的用户模型和特权模型，以便于访问和修改该交换机的配置。下面分别讲解如何在 1900 与 2950 系列的交换机上配置口令。

第一步：在 1900 系列交换机上，使用相同的命令设置用户和特权口令，配置语法格式：1900（config)#enable password level 1/15 XXXX。其中，用户模式的级别数为 1；特权模式的级别数为 15；XXXX 表示配置的口令。口令配置完成后，保存并退出，下次启动时系统就会提示用户输你所配置的口令，如图 6-13 所示。

注意：口令是区分大小写的。

```
part1 >
part1>en
Password :
Password :
Password :
%   Bad   passwords
```

①

```
part1>en
Password :
past1#
```

②

图 6-13　输入口令过程

在上述代码中，可以看到输入口令过程命令。

①处是从用户模式进入特权模式时，连续三次输入口令错误，出现“% Bad passwords”提示。

②处是输入正确口令之后，进入了特权模式。

注意：在输入口令时，没有显示内容以及“*”等信息。

第二步：在 2950 系列交换机以及更高档次的交换机或路由器上，配置口令的方法与在 1900 系列交换机上是相同的，主要区别是在 1900 交换机上只能用设置口令来控制未授权用户对 IOS 命令行的访问，而在 2950 交换机上，还可以对控制台 CONSOLE 端口和 Telnet 进行控制。

编写用于进入控制台端口命令。命令关键字 line 是用于进入线路模式的命令，在 console 之后的 0 指的是控制台端口的编号，因为控制台接口只有一个，并且是从 0 开始编号的。代码如下所示。

```
2950 (config) #line console 0
```

2950 (config-line) #password XXXX　// 这里可见提示符变成了“config-line”，这种提示符称为线路模式提示符，password 之后的 XXXX 就是所配置的口令。注意，此处口令是区分大小写的，如 6-14 图所示。

```
part1 (config) #line   console   0
part1 (config- line) #password   level   1/15
```

图 6-14　配置密码

在完成上面的配置后，保存并退出，用户下次开机再从 CONSOLE 端口进入交换机时，要求输入最后一次所配置的口令。

由于需要使用 IP 地址及其他相关内容。Catalyst 2950 系列交换机与 1900 系列交换机在配置口令时还有一个区别，就是支持的命令不同，2950 系列交换机支持下面两条命令。

```
part1(config)#enable password Cisco
part1(config)#enable secret Microsoft
```

2950 交换机的口令配置过程如图 6-15 所示。

```
part1#
part1#conf  t
Enter  configuration connands, one  per  line.  End with CNTL/z.
part1(config)#enable  pa
part1(config)#enable  password  cisco          ①
part1(config)#enable  s
part1(config)#enable  secret  microsoft        ②
part1#
```

图 6-15 配置 2950 交换机口令

在图 6-15 中，①和②两条语句分别配置的加密口令的主要区别在于：第一条语句配置的是“password”，口令不通过加密来保存，而第二条语句使用“secret”来配置的口令则是通过加密来保存的。这点从图 6-16 中的查看配置就可以得到证明。

```
part1#show run
Building  conf iguration...
Current  configuration : 894  bytes
!
version 12.3
service  timestanps  debug  datetime  msec
service  timestanps  log  datetime  msec
no  service  password-encryption
!
hostnane part1
!
hoot-start- marker
boot- end- marker
!
enable  secert  5  $1$EHRp$nHBOcxpmNpdYwy9SD87Yz/   ①
enable  password  cisco                            ②
```

图 6-16 查看配置口令

在上述代码中，可以看到查看配置口令命令。

①是采用“secret”进行配置的乱码口令，是被一个通过明文加密方式保存在配置后的文件目录中的，在需要使用“show run”命令进行实时性地查看本文配置的口令信息时，显示的口令是一串毫不规则的明文配置口令乱码。

②则是一个采用“password”进行配置的乱码口令，是以一个明文的乱码方式加密保存

在配置后的文件目录中的，可以看见配置的口令就是“cisco”，与图 6-17 中所配置的一样。

```
part1#conf  t
Enter  configuration connands, one  per  line.  End with CNTL/z.
part1(config)#servi
part1(config)#service  pa
part1(config)#service  pass
part1(config)#service  password-encryption
part1(config)#
```

图 6-17　对 password 加密的口令加密

除此之外，还可以直接使用另一条加密命令“service password-encryption”。这样当使用“password”命令时，所配置的一个明文加密口令就对它进行了二次加密，使之可以转化成为一个密文。注意：在线上加密模式下也是直接使用“password”方法来进行数据加密。使用“service password-encryption”对明文口令进行加密之后的效果，如图 6-18 所示。

```
part1#show  run
Building  conf iguration...
Current  configuration : 894  bytes
!
version 12.3
service  timestanps  debug  datetime  msec
service  timestanps  log  datetime  msec
service  password-encryption                  ①
!
hostnane part1
!
hoot-start- marker
boot- end- marker
!
enable  password  7 121A061913                ②
```

图 6-18　查看对明文口令的加密效果

从图 6-18 中可见，①处表示采用了“service password-encryption”加密。②处原本的明文口令“cisco”现在已经转化为一个无规则的乱码。

3）配置交换机管理 IP 地址

交换机是属于数据链路层设备，不必再根据需要给交换机每一个端口分别配置 IP 地址。但是，如果交换机想要直接通过 Web 浏览器或者是远程注册登录 Telnet 来进行管理，那么需要在交换机中安装 SNMP 系统的一些网络管理软件，并为此类型交换机配置管理 IP 地址和网关地址，这样交换机就能够很好地被此类管理软件自动发现和管理。

在一台交换机中，有一个可以包含所有接口的虚拟化接口，称为 VLAN1 接口。如前所述，不能给一个交换机的每个端口分别配 IP 和 IP 地址，网络管理使用的 IP 和 IP 地址应当配置在一个 VLAN1 接口上，而且一个交换机的网关地址也应当被指定为一个与交换机无线网络相连的某个路由器。其配置过程如图 6-19 所示。

```
part1(config)#
part1(config)#int   vlan1                                ①
part1(config-if)#ip   add
part1(config-if)#ip   address   192.168.1.2 255.255.255.0      ②
part1(config-if)#exit
part1(config-if)#ip de
part1(config)#ip   default g
part1(config)#ip   default-gateway   192.168.1.1          ③
part1(config)#
```

图 6-19　配置交换机的管理 IP 地址

在上述配置交换机的管理 IP 地址代码中可以看出：

①处中的指示器应该是一个全局进入口 VLAN1 接口；

②处的处理器应该指示的是设定一个网络交换机直接管理进入 IP 的地址 192.168.1.2。

③处则是指定一个网络交换机在全局进入模式下的一个默认进入网关管理地址。其中，此处所说的默认网关也就是一个路由器以太网接口的 IP 地址。如果需要使用前面讲述的几种方式对交换机进行远程配置，那么网关地址也是必须要配置的。

需特别注意的一点是，在 1900 系列交换机上，不能在 VLAN1 接口上装配 IP 地址，应该将其设置为全局模式下的管理 IP 地址命名为：

```
1900(config)#ip add 192.168.1.255.255.255.0
```

配置的一个网关地址与其他的交换机一样，都认为应该被设定在一个新的全局地址模式下，并且被其他配置者写为：

```
1900(config)#ip defaultg 192.168.1.1。
```

4）在网络中配置一个交换机端口的速度与双工作业模式

Cisco 1900 系列交换机，其端口的运行速率都是固定的 10 Mbit/s ，在 2900 系列及以上的交换机上，支持 10 Mbit/s 、100 Mbit/s 和 auto(自适应) 三种运行速率模式，其中 auto 指的是交换机，它可以针对端设备的运行速率进行自动调整，但为了使设备能够较稳定地工作，我们可以合理地配置它的端口频率，使某一端口的频率同与该端口所接入设备的频率保持一致。

交换机具有连接不同网络类型设备的功能，例如 PC 路由器、集线器以及与其他交换机间的无线互联。这些不同类型的装置可以分别支持不同的双工无线通信模式，包括全部半双工（half）、双全工（full）和全部自动（auto）3 种，其中 auto 就是针对所连的对端设备来自动调整各个端口工作的双工模式。

同样，也可以手工调整其工作模式。针对传统的以太网，使用集线器作为主要的以太网中心进行连接的设备，工作在半双工模式下，因此，应该将与集线器相连的以太网交换机端口设置为半双工模式。

现在的多媒体交换机主要都是与传统的电脑和计算机互联的，而多媒体计算机大多又都是全双工的多媒体网卡，在这种全双工的模式下，可以很好地改善和提高多媒体网络的安全性，保证任何一台网络主机在无法接收到大量数据时，也有可能同时发送多媒体数据。例如一台电脑或计算机上的网卡速率限制为 100 Mbit/s，与一台速率限制为 100 Mbit/s 的网络通信端口互相连接，如果采用全双工模式工作，将会使得此电脑与交换机相连的链路上具有 200 Mbit/s 的可用带宽，因此凡是相连的两端节点都支持全双工时，最好将其设置为 full 模式。交换机端口的速率与双工模式的配置过程如图 6-20 所示。

```
part1(config)#int  f 0/1                                  ①
part1(config-if)#speed  ?
  10     Force   10     Mbps    operation
  100    Force   100    Mbps    operation                 ②
  auto   Enable  AUTO   speed   configuration
part1 (config-if)#speed 100                               ③
part1 (config-if)#dup
part1 (config-if)#duplex  ?
  auto   Enable  AUTO   speed   configuration
  Full   Force   full   duplex  operation                 ④
  half   Force   half - duplex  operation
part1 (config-if)#duplex   full                           ⑤
part1 (config-if)#
```

图 6-20　交换机的速度与双工的配置

在上述代码中，可以看到交换机的速度与双工的配置。

①处的特点就是进入一个交换机的 f0/1 端口，并且要使用 speed? 查看这个交换机的端口应该具备什么样的速度模型。

②处理器显示的特点就是此端口所需要支持的运行速率模型，主要有 10 Mbit/s、100 Mbit/s、auto 3 种。

③处理是为 f0/1 端口设定加速率单元为 100 Mbit/s。注意，后面不需要加速率单位 Mbit/s。

④处指的是屏幕上显示这个端口所需要支持的一种双工模式，有 auto、full、half 3 种；

⑤处则是设置 f0/1 端口为完全双工模式。

5）配置文件

对大部分无线交换机来说，对其进行一次配置后，需要把这些相关的配置信息进行重新保存并进行整理，当下次重新进行配置重启后这些配置信息才可以正常生效。

第一步：保存配置文件。

Cisco 网络设备的配置文件被保存在 NVRAM 中，而正在配置的信息是在 RAM 中，RAM 的特性是一旦掉电，将会丢失里面的所有信息。因此，需要通过执行一条指令来保存配置信息，应在特权模式下完成此操作，如下所示。

```
Switch#copy running-config startup-config
```

一般来说配置目录文件名称可以简写为“Switch#copy run stat”，其中“copy”是用于保存这个配置目录文件的一个关键配置命令;“startup-config”指的是已经存储在 NVRAM 文件中的一个配置目录文件,这就是 IOS 在电脑开机启动时可以去查找的文件名,如图 6-21 所示。

```
Switch# copy run start                      ①
Destination filename [startup-config]?        ②
Building configuration...
[OK]          ③
Switch#
```

图 6-21 保存配置文件

在上述代码中,可以看到保存配置文件的几个步骤。

①处是执行保存命令。

②处是询问是否覆盖原有的“startup-config”文件,如果不覆盖,可以输入别的文件名作为配置,这里是直接按(Enter)键,以表明要覆盖原“startup-config”文件。

③处是表示保存完成。

第二步:查看启动配置文件。

在一个特权模式下,可以看到保存在 NVRAM 中的一个配置文件,如下所示。

```
Switch#show startup-config
```

第三步:查看正在运行的配置信息。

在特权模式下,可以查看正在 RAM 中运行的配置信息,这个命令是经常使用的一条命令,因为在配置过程中,需要确定之前的配置是否已经完成,或是在排查错误时使用,如图 6-22 所示。

```
part1#show run                 ①
Building configuration......
Current confi guration : 1453 bytes
version 12. 4
service timestamps debug datetime msec
service timestamps log datetime msec
no service. password-encryption
hostname part1                 ②
enabte secret 5 $1$VcZH$uEddfntFdyGuxpLT8xu8RO
enable password ccna                                ③
interface FastEthernet0/0
!
interface FastEthernet0/1
duplex full
speed 100                      ④
```

图 6-22 查看正在运行的配置信息

在上述代码中,可重点关注以下几个步骤。

①处为了查看配置的命令。

②处为设置主机命令名称的一个命令执行语句。

③处主要指的是设置“password”和“secret”口令的命令语句。

④处指的为在端口 f0/1 上所配置的双工模式和速率。

3. 路由器的基本配置

路由器与交换机相比，需要更多的配置才能让其正常的功能，基础的配置是重中之重。

Cisco 交换机的 IOS 是从路由器的 IOS 中移植来的，因此，路由器的基本配置与交换机的基本配置非常类似，学习时也可以省去很多麻烦。

1）系统会话配置

当路由器开始启动时，就会自动开始查看 NVRAM 中的初始配置文件“startup-config”，如果没有找到此文件，路由器将运行系统会话配置。另外，如果在会话配置的过程中，在一个特权模式下输入“setup”命令时，路由器可以直接进入系统会话配置状态，如图 6-23 所示。

```
Would you like to enter the initial configuration dialog? [yes/no]:
% Please answer 'yes' or 'no'    ①
Would you like to enter the initial configuration dialog? [yes/no]: y    ②

At any point you may enter a question mark '?' for help.
Use ctrl-c to abort configuration dialog at any prompt。
Default settings are in square brackets '[]'.

Basic nanagenent setup configures only enough connectivity
for nanagenent of the system, extended setup will ask you
to configure each interface on the system

Would you like to enter basic management setup? [yes/no]: y
Configuring global parameters:

  Enter hostname [Router]: routerA    ③

  The enable secret is a password used to protect access to
  privileged EXEC and configuration modes.This password, after
  entered, becomes encrypted in the configuration.
  Enter enable secret: cisco    ④

  The enable passuord is used when you do not specify an
  enable secret password, with some older software versions, and
  some boot images.
  Enter enable password: microsoft    ⑤
```

图 6-23　系统配置会话

在上述代码中，可以看到对基础路由器进行了配置。

①处是因为在前面直接按 Enter 键后产生的一个提示，要求回答“y”或“n”。

②处如果回答“n”，表明不想进入系统会话状态；如果回答“y”，IOS 将会一步步回答配

置提示。

③处提示要求输入路由器名。

④和⑤处提示要求输入"secret"和"password"口令。

2)配置路由器端口

第一步:串行端口协议的封装。

在串行端口可以配置多种第二层的封装协议,用来完成与不同类型的网络连接。为此,需要掌握 3 种封装协议,如图 6-24 所示就是在串行端口 s1/0 上封装帧中继协议。

```
router(config)#host rA
rA(config)int s1/0                          ①
rA(config-if)enca
rA(config-if)encapsulation ?                       ②
  atm-dxi          ATM-DXI encapsulation
  bstun            Block Serial tunneling <BSTUN>
  frame-relay      Frame Re lay netuorks
  hdlc             Serial HDLC s ynchronous
  Lapb             LAPB <x.25 Level 2>
  ppp              Point-to-Point protocol
  sdlc             SDLC
  sdlc-prinary     SDLG Kprinary>
  sdlc-secondary   SDLG <secondary>
  Smds             Switched Megabit Data Service <SMDS>
  Stun             Serial tunneling <STUN>
  x25              X.25
rA(config-if)#eneapsulation fr
rA(config-if)#encapsulation frame-relaye              ③
rA(config-if)#
```

图 6-24 串行端口协议的封装

在上述代码中,可以看到对串行端口协议的封装。

①处是进入 s1/0 端口。

②处中的"encapsulation?"是一个封装协议的命令,后面加"?"是查询在当前端口上可以封装哪些协议。

②处之后的列表就是可以封装的协议。

③处是进行帧中继封装。

第二步:串行端口时钟速率的配置。

设置时钟速率的作用是设置串行端口串行传输的速率。在网络工程中,路由器与外网相连的串行端口上是不需要配置串行端口时钟速率的,这时的时钟速率由外部设备(如 ISP 的调制解调器或 CSU/DSU)来提供定时。但是,如果在实验室里练习命令时,就需要将两台路由器的串口相连,此时需要使用一根特制的背对背电缆来实现串口间的连接。

背对背电缆指的是电缆的一端为 DCE 端,另一端为 DTE 端,都采用 60 个针脚,并在缆线的端头上标注有 DCE 和 DTE 字样。这种缆线主要用于连接两台路由器的串口。在串行接口上,必须有一端来提供时钟速率,这里就是由标有 DCE 一端的串口提供时钟速率的,如图 6-25 所示。

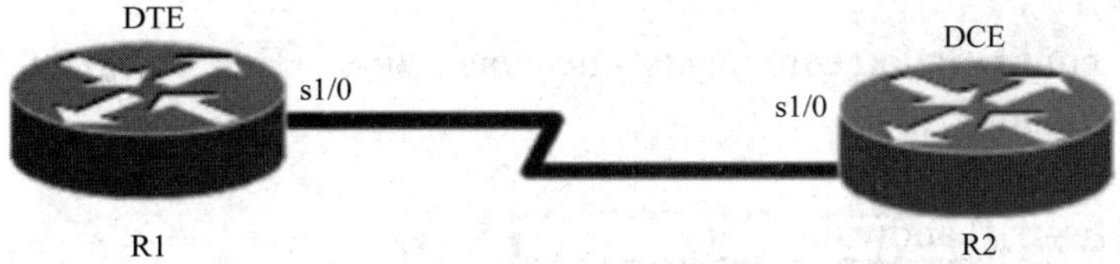

图 6-25　配置串行接口

在图 6-25 中，R2 端为 DCE 端，所以应该在路由器 R2 上配置时钟速率以提供两串口通信的定时，配置过程如图 6-26 所示。

```
R2 #conf  t
Enter  configuration commands, one  per  line.  End  with  CNTL/Z.
R2(config)#int  s1/0
R2(config)#clo                          ①
R2(config-if)#clock  rar
R2(config-if)#clock  rate ?                    ②
  With  the  exceptinn  of  the  following  standard  values  not  subject  to  rounding,

     1200  2400  4800  9600  14400  19200  28800  38400
     56000  64000  128000  2015232                            ③

  accepted  clockrates  will  be  bestfitted (rounded)  to  the  nearest  value
  supportable  by  the  hardware .
                ④
  <246- 806 4000>  DCE clock rate Cbits per second)

R2(config-if)#clock rate 28800                   ⑤
R2(config-if)#
```

图 6-26　时钟速率的配置

在上述代码中，可以看到对串行端口时钟速率的配置。

①处是进入串行接口 s1/0。

②处是查询此串行接口支持哪些可能的时钟速率。注意，不是任意一个值都可以被此串口支持的。

③处列出了此串口支持的时钟速率可能的取值。

④处给出了可以配置的时钟速率的范围，凡在此范围内的值都可以。

⑤处是配置时钟速率的语句。

第三步：配置端口带宽。

端口带宽的作用是在进行路由选择时，报告此端口的通信能力。端口带宽是在计算路由时使用的，而上面讲的时钟速率是实际传输的快慢，是物理上的传输速率。

例如：此接口可能的实际时钟速率为 128 000 bit/s，这是它对比特位的传输速率；而端口带宽被设置为 56 kbit/s，这是在路由协议计算开销时采用的带宽值。端口带宽的配置过程如图 6-27 所示。

```
R2 #conf  t
Enter  configuration commands, one  per  line.  End  with  CNTL/Z.
R2(config)#int  s1/0
R2(config-if)#band
R2(config-if)#bandwidth  56        ①
R2(config-if)#
```

图 6-27　端口带宽的设置

在上图中①处就是对端口带宽的设置语句。时钟速率的单位是 bit/s，而端口带宽的单位是 kbit/s。在进行实际的配置时，后面都不需要加单位。

第四步：激活端口。

交换机的每个端口在默认情况下都是打开的，可以直接连接电脑使用，而路由器的端口与交换机不同，在默认情况下都是禁用的，称之为管理性关闭。

如果没有激活这个端口，即使配置了 IP 地址、掩码以及封装的协议等信息，这个端口还是不能工作的，就好像根本没有启动一样。因此，要使某个接口工作，就必须通过在该接口上运行“no shutdown”命令来激活接口，图 6-28 所示为两台互联的路由器。

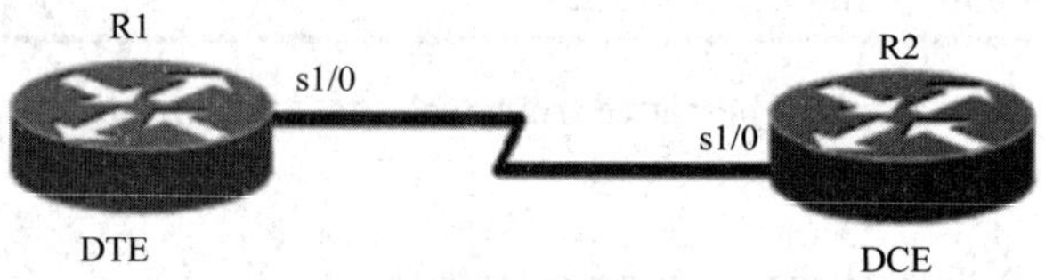

图 6-28　两台互联的路由器

在图 6-29 中，可以看到对激活端口的配置。

```
R1(config)#int  s1/0
R1(config-if)#no  shut                                   ①
R1(config-if)#                                                                      ②
*Jan  3  15:20:36.151: %LINK-3-UPDOWN:  Interface Serial1/0,  changed state toup
*Jan  3  15:20:37.151: %LINEPROTO-5-UPDOWN:  Line  protocol  on  Interface  Serial1/0,
    changed  state  to  up
R1(config-if)#enca  ppp                                       ③
R1(config-if)#                                                                      ④
*Jan  3  15:20:48.371: %LINEPROTO-5-UPDOWN:  Line  protocol  on  Interface  Serial1/0,
    changed  state  to  up
R1(config-if)#
R1(config-if)#                                                                      ⑤
*Jan  3  15:21:04.463: %LINEPROTO-5-UPDOWN:  Line  protocol  on  Interface  Serial1/0,
    changed  state  to  up
R1<config-if>#
```

图 6-29　激活端口

①处是进入 s1/0 端口，并使用“no shut”命令激活 s1/0，使 s1/0 可正常使用。

②处是在①处使用了“no shut”命令之后得到的提示信息，其中第一行表示 s1/0 物理层开启，第二行表示 s1/0 线路协议开启。

③处是在 s1/0 进行协议封装，封装协议为 PPP 协议（此时 R2 上的 s1/0 端口上没有封装 PPP 协议）。

④处是在③处封装 PPP 协议之后，由于两端的线路协议不一致，提示 s1/0 线路协议被关闭。

⑤处是在 R2 路由器上对 s1/0 封装 PPP 协议之后，此时两端的封装协议相同，则提示 s1/0 线路协议开启。

此外，如果需要关闭某个端口，可以使用“R2 (config-if) #shutdown”命令来关闭。

第五步：配置 IP 地址。

给一台路由器配置 IP 地址与交换机的不同之处主要：一是交换机需要指定网关接口地址，而路由器并不需要指定网关接口地址，这主要是因为路由器的每个接口就是网络的网关；二是给一台交换机配置 IP 地址的目标主要就是为了对远程进行管理，只需要为每个端口配置一个 IP 地址即可，而路由器需要为每一个端口配置不同的 IP 地址。由于一台路由器的每一个端口都与不同网段进行连接，因此这些 IP 地址应该处于不同的网段。

如图 6-30 所示，R2 的两个端口 e1/0 和 e1/1 的 IP 地址都属于 192.168.1.0/24 网段，所以是一个无效的分配 IP 地址方式。

图 6-30　在 R2 上无效的 IP 地址

在图 6-31 中，可以看到对 IP 地址的配置。

```
R2(config) #int e1/0
R2(config-if)#ip  add 192.168.1.1 255.255.255.0          ①
R2(config-if)#no  shut
R2(config-if)#
*Jan 314:34:51.651: %XLINK -3-UPDOUIN: Interface Ethernet1/0. changed state to up

*Jan 314:34:52.651: xLINEPROTO0-5-UPDOUN: Line protocol on Interface Et hernet1/
0, changed  state  to  up
R2(config-if)#int  e1/1
R2(config-if)#ip  add  192.168.1.2  255.255.255.0
R2(config-if)#no shut                                    ②
%192.168.1.0  overlaps  with  Ethernet1/0
Ethernet1/1: incorrect  IP  address  assisnnent
R2(config-if)#ip add 192.168.2.1 255.255.255.0            ③
R2(config-if)#no shat
R2(config-if)#
*Jan 3 14:36:21.871: %LINK-3-UPDOUN: Interface Ethernet1/1, changed state to up
*Jan 3 14:36:22.871: xLINEPROTO-5-UPDOWN: Line protocol on Interface Ethernet1/
1,  changed state to up
R2(config-if)#
```

图 6-31　IP 地址配置示例

①处是给 e1/0 端口分配 IP 地址 192.168.1.1，后面是子网掩码 255.255.255.0，是 24 位的掩码，说明 e1/0 端口属于 192.168.1.0 网段。

②处是给 e1/1 端口分配 IP 地址 192.168.1.2，也是属于 192.168.1.0 网段，接着就是一个错误提示："% 192.168.1.0 overlaps with Ethernet1/0"，说明 192.168.1.0 网段已被分配给 e1/0 端口了。

有效的分配方案是将②处的配置改为③处的配置，这样就不会再报告错误了。

3）更改超时时间

在默认情况下，如果 10 min 内没有接到用户的输入指令，路由器会自动退出 console 线路，这称为线路超时。线路超时之后，如果想再次进入配置模式，就要输入口令才行。如果不想让 console 线路超时，可以设置一个更长的时间或者设置为永不超时，其配置过程如图 6-32 所示。

```
R2(config)#line    console    0              ①
R2 (config- line)#exec    T
R2 (config- line)#exec-Timeout      20 0           ②
R2 (config- line)#
R2 (config- line)#exec-Timeout    0 0            ③
R2 (config- line )#
```

图 6-32　更改超时时间

4）保存配置文件

路由器和交换机一样，对其进行配置后，需要把所有配置的信息都保存起来，下次再进行重启后才可以生效。Cisco 无线路由器的配置文件如同一台交换机一样，被直接保存在了 NVRAM 中，而正在进行配置的所有信息都是在 RAM 中，RAM 的一个基本特性就是一旦断电，将会自动丢失里面的所有信息，所以需要通过在一种特权模式下执行"router # copy running-config startup-confg"指令来保存所有配置的信息，常简写为"Router#copy run start"。

另外，在保存配置时也可以用"write"命令来保存，即"Router#wrtie"或简写为"Router#wr"。两种保存配置唯一的区别是"copy run start"可另取配置文件名，而"wr"只能以默认文件名"startup-config"来保存。在实际应用中一般不改配置文件名，因此后者更快捷实用。

5）查看路由器基本配置

在完成路由器配置后，使用"show"命令来检查或验证配置是否完全正确。在网络工程的故障排除中，也常常会使用到"show"命令。

第一："show run"与"show startup-config"这两个命令的使用和功能与交换机设置一样。

第二："show interface"命令。此命令用来显示路由器端口的参数、状态信息、统计信息。在故障排除和故障查看时会经常使用此命令。命令格式为"R1#show interface 端口名"。如图 6-33 所示，如果在此命令中，没有指明要查看的端口名称（如这里查看的是 s1/0），则将会显示所有端口，包括已经激活的和未被激活的端口。

```
R1#show interfaces s1/0
Serial1/0 is up, line protocol is up                              ①
  Hardware is M4T
  Internet address is 192.168.1.1/24
  MTU 1500 bytes, BW 1544 Kbit, DLY 20000 usec                      ②
     reliabilty 255/255, txload 1/255, rxload 1/255
  Encapsulation PPP, LCP Open                                       ③
  Open: CDPCP , IPCP , crc 16 , loopback not set
  Restart-Delay is 0 secs
  Last input 00:00:19 , output 00: 00:08 , output hang never
  Last clearing of "show interface" counters 00:02:38
  Input queue: 0/75/0/0 (size/max/drops/flushes); Total output drops : 0
  Queueing strategy : weighted fair
  Output queue: 0/1000/64/0 csize/nax total/thres ho 1d/drops ,
     Conversations 0/1/256 (actiue/nax active/nax total)
     Reserved Conversations 0/0 (allocated/nax allocated)
     Auailable Banduidth 1158 kilobits/sec
  5 minute input rate 0 bits/sec, 0 packets/sec
  5 minute output rate 0 bits/sec, 0 packets/sec
     32 packets input. 3021 bytes. 0 no buffer ;
     Received 0 broadcasts, 0 runts, 0 giants, 0 throttles
     0 input errors, 0 CRC, 0 frame, 0 overrun. 0 ignored, 0 abort
     42 packets output, 1389 bytes, 0 underruns
     0 output errors, 0 collisions, interface resets
     0 output buffer failures, 0 output buffers swapped out
     4 carrier transitions DCD=up DSR-up DTR=up RTS=up CTS=up
```

图 6-33　显示端口 s1/0 信息

在上述代码中，可以看到显示端口 s1/0 信息。

①处的两个“up”表示此端口当前的物理层和数据链路层协议已打开，第一个“up”指的是物理层状态，表示这个端口正在侦听物理层信号，如果为“down”，可能是与此端口相连的设备已关闭或者没有连线等；第二个“up”指的是数据链路层状态，表示数据链路层可用，如果为“down”，可能是两端封装协议不一致引起的。

②处是显示当前端口上所配置的 IP 地址和掩码长度、以太网帧的最大传输单元（这里为 1500 字节）以及端口带宽等。

③处是显示当前端口的封装协议为 PPP 协议。

第三：show ip interface 命令。此命令用于显示某端口的状态、配置的 P 地址、子网掩码、广播地址和对端地址等，如图 6-34 所示。

```
R1#show ip interfaee s1/0
Serial1/0 is up. line pratocel is up                ①
    Internet address is 192.168.1.1/24
    Broadcast address is 255.255.255.255                ②
    Address detennined by setup command
    Peer address is 192.168.1.2                         ③
    MTU is 1500 bytes
    Helper address is not set
    Directed broadcast forwarding is disabled
```

图 6-34 显示端口 IP 地址

在上述代码中,可以看到显示端口 IP 地址。

①处的两个"up"表示此端口当前的物理层和数据链路层协议已打开,第一个"up"指的是物理层状态,表示这个端口正在侦听物理层信号。

②处显示的是本端口的 IP 地址 192.168.1.1,掩码长度为 24 位,定向广播地址为 255.255.255.255。

③处显示的是与此端口相连接的对端的 IP 地址为 192.168.1.2。

技能点 3 华为网络设备介绍及基础配置命令

华为是全球领先的信息与通信技术解决方案供应商,专注于信息与通信领域。旗下的华为网络设备与 Cisco 的网络设备在原理上大致相同,但其拥有的很多先进技术、多年的技术积累和丰富的经验,使其能够根据实际需求,提供完善的解决方案。

1. 华为产品分类

目前华为网络产品有路由器、交换机、防火墙。

1)路由器

华为的路由器主要分为 AR 系列和 NE 系列，AR 系列如图 6-35 所示，NE 系列如图 6-36 所示。

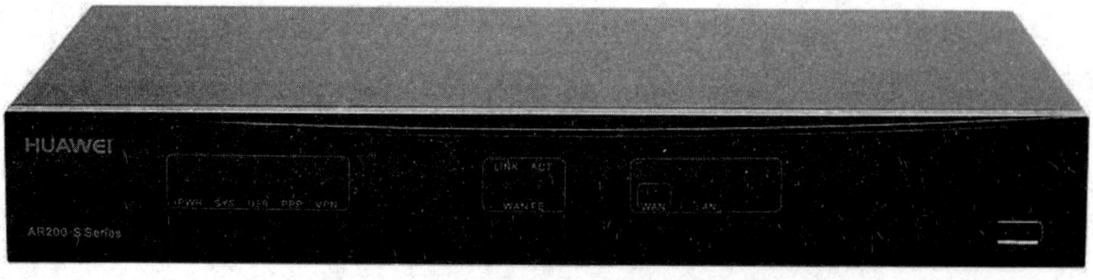

图 6-35 华为 AR 系列路由器

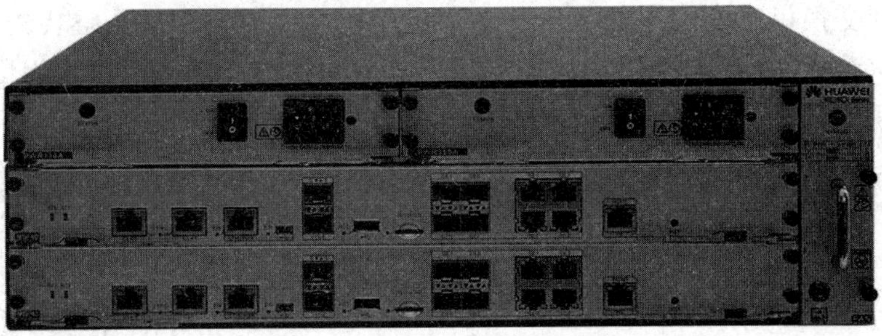

图 6-36　华为 NE 系列路由器

（1）AR 系列路由器。AR 系列路由器是目前华为正在大力推出的一款新型无线网络产品，主要针对大型企业和网络分支机构。AR 系列将系统集网络路由、交换、5G、语音和安全等多种网络功能于一身，采用一种多核 CPU 和多核无线抗阻塞网络交换机相结合的网络架构，提升了系统的网络性能，以多种方式来满足各类网络企业在不同业务领域中需要应用的各种多样化网络业务。

（2）NE 系列路由器。NE 系列路由器主要是华为公司推出的一种针对运营商和大规模数据通信网络的中低档高端路由器产品，其中该类产品既可以涵盖骨干网及城域网，又可以广泛地应用在大型公司的骨干网上。它采用了分布式体系架构结构及先进的快速数据转发等技术，大幅度地提高了对数据的综合处理能力，支持热插拔模块，更易于实现数据的扩充。

2）交换机

华为的交换机主要包括 S 系列和 CE 系列，其中 S 系列如图 6-37 所示，CE 系列如图 6-38 所示。

图 6-37　华为 S 系列交换机

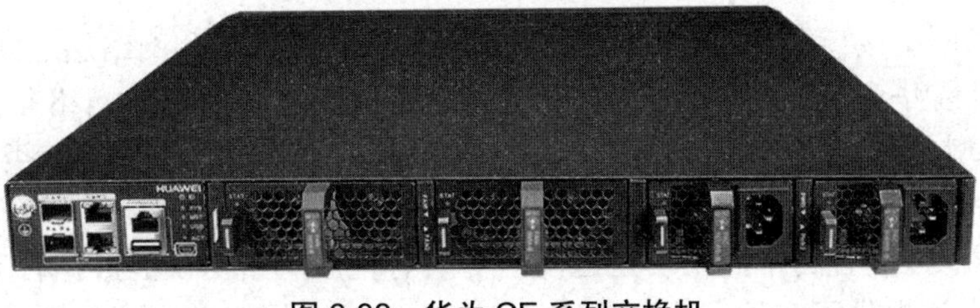

图 6-38　华为 CE 系列交换机

（1）S 系列交换机主要面向企业。其系列产品有 S6700-EI、S5700-SI、S5700-LI、S5710-HI 等。LI 表示设备为弱特性版本；SI 表示设备为标准版本；EI 表示设备为增强版本；HI 表示设备为高级版本。

（2）CE 系列交换机主要针对数据中心，它们的性能和功能均较 S 系列交换机更加强大，并且支持了高级数据中心。其公司的系列产品主要有 CE12816、CE12812 等。

3）防火墙

华为公司企业级的网络安全防火墙主要采用 USG 系列，它集中了传统的防火墙、网络防御、预测病毒、数据预测防泄露、带宽管理、网络行为处置和信息化管理等多种安全技术功能于一身，为华为公司用户提供全面、简便、高效率的网络安全保障和防护。华为防火墙如下图 6-39 所示。

图 6-39　华为防火墙

2. 华为网络设备的操作系统

华为公司的通用数据通信系统产品中所有经常使用的各种数据操作管理系统都被称为华为 VRP（通用数据路由操作平台），它以 IP 的业务为系统设计上的核心，采用一种基于组件式的和多元化的系统结构，在为用户实现了丰富多样的产品功能和有特点的应用的同时，也为其提供了基于各个行业不同应用的各种可靠性裁切和它所具有的可扩展性。

VRP 提供以下功能。

（1）实现了统一的实时用户界面和数据管理系统接口，其中主要包含统一的实时操作系统管理内核、IP 接口和软件数据转发处理引擎、路由数据处理和网络配置数据管理等网络接口。

（2）实现控制平面功能，并定义转发平面接口规范，实现各产品转发平面与 VRP 控制平面之间的交互。

（3）实现了网络接口层，屏蔽了各个企业产品的网络链路层和网络层之间的差异。

平面，是目前华为基于 VRP 网络中的一个重要概念，它描述的网络是目前华为基于 VRP 的一种新型分层网络架构。VRP 将不同的系统业务后台职能系统归类并放到不同的后台平面中，每一项后台业务系统职能只需要单独负责一个系统指定的后台业务系统职能管理模块。因此，控制者的平面主要是适用于对所有使用网络协议的数据管理与运行控制，管理者的平面设计提供了一种方式可以让多个网络管理者同时使用诸如 Telnet、SSH、Web

等多种控制方式来独立管理网络设备。

3. 华为网络设备的模拟器及基础配置命令

第一步：安装、注册及命令视图。

eNSP 是华为所对应的模拟器。安装比较简单，选择安装的路径，点击“下一步”即可，安装完成后，默认需要注册设备，注册方法如下。

（1）依次点击右上角的“菜单”→“工具”→“注册设备”，如图 6-40 所示。

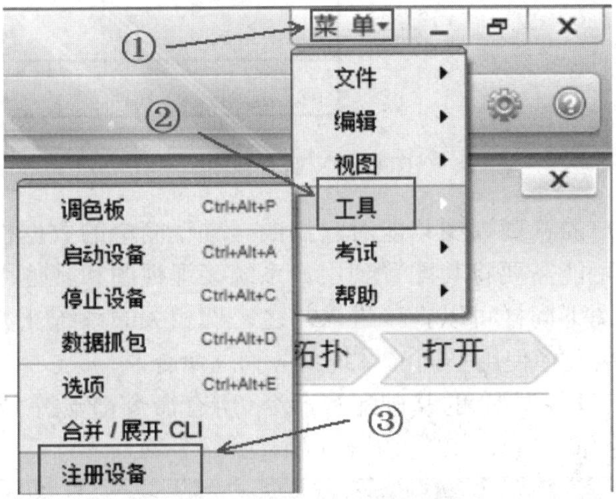

图 6-40　eNSP 注册前期准备

（2）注册步骤，如图 6-41 所示。

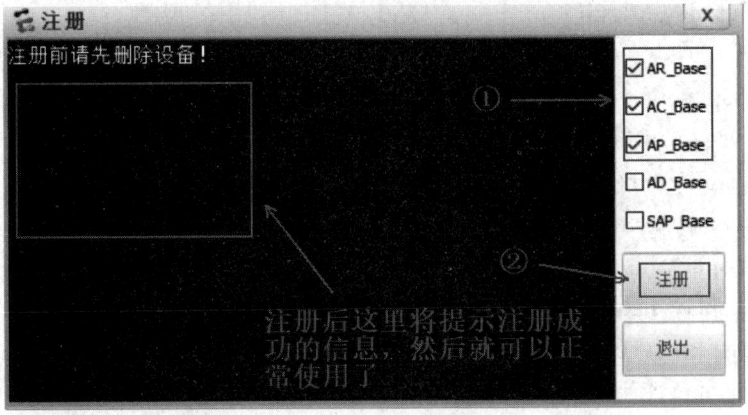

图 6-41　eNSP 注册

（3）VRP 命令视图介绍。VRP 中的各个命令视图，如图 6-42 所示。

当首次注册或者首次登录使用到该移动设备时，可以直接点击进入一个使用者的设置视图。这点与思科很相似，华为的移动设备在整个配置系统模型的用户视图上仅仅包含两个功能层：用户视图和整个操作系统的视图。

（1）用户视图相当于思科的用户模式。

（2）系统视图相当于思科的全局模式。

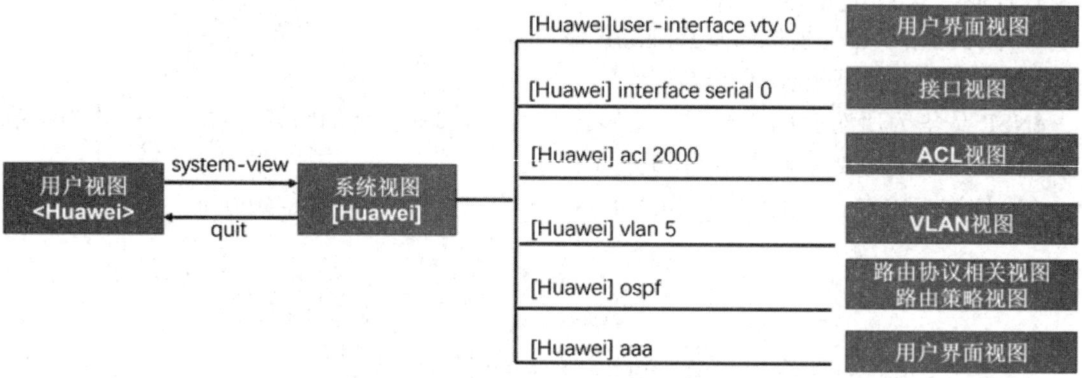

图 6-42 命令视图

通常一些特殊用户的管理视图只能对它们数据进行简单的数据检索和直接查看，许多已经配置好的命令均可能需要将其配置到用户系统管理视图和其他用户业务管理视图中。从一个系统的软件视图下同样可以直接进入与之密切相关的系统业务管理命令，不同的系统视图下同样可以直接选择使用不同的系统业务管理命令。

第二步：华为网络设备 VRP 的基础配置命令（所有命令都支持“？”在线帮助以及“Tab 键自动补充”或者命令缩写），如示例代码 6-1 所示。

示例代码 6-1

```
<Huawei>system-view      #<Huawei>表示为用户视图，执行该命令可以进入系统视图
[Huawei]interface Serial 0/0/0        # 进入接口视图
[Huawei-Serial0/0/0]quit        # 从接口视图退到系统视图
[Huawei]?        # 同样支持“?”，获取当前视图下支持的命令
[Huawei]display history-command        # 查询历史命令
[Huawei]sysname Router1        # 更改主机名
[Router1]display version        # 显示系统版本
[Router1]display users        # 显示已连接的终端用户
[Router1]display this        # 查询当前视图的运行配置，非常实用的一条命令
[Router1]display diagnostic-information    # 显示设备所有状态信息
[Router1]display saved-configuration    # 查看已保存的路由器配置
[Router1]display current-configuration
# 查看当前的路由器配置，相当于 Cisco 中的“show run”命令
[Router1]quit        # 退到用户视图
<Router1>save        # 保存当前配置，仅在用户视图下支持该命令
<Router1>reset saved-configuration    # 擦除存储设备中路由器配置文件，仅支持在用
户视图下使用
<Router1>compare configuration    # 比较配置文件
# 可以比较当前的配置与存储设备中保存的配置文件是否一致
```

第三步：eNSP 连接虚拟机。

桥接虚拟机的方法如图 6-43 所示。

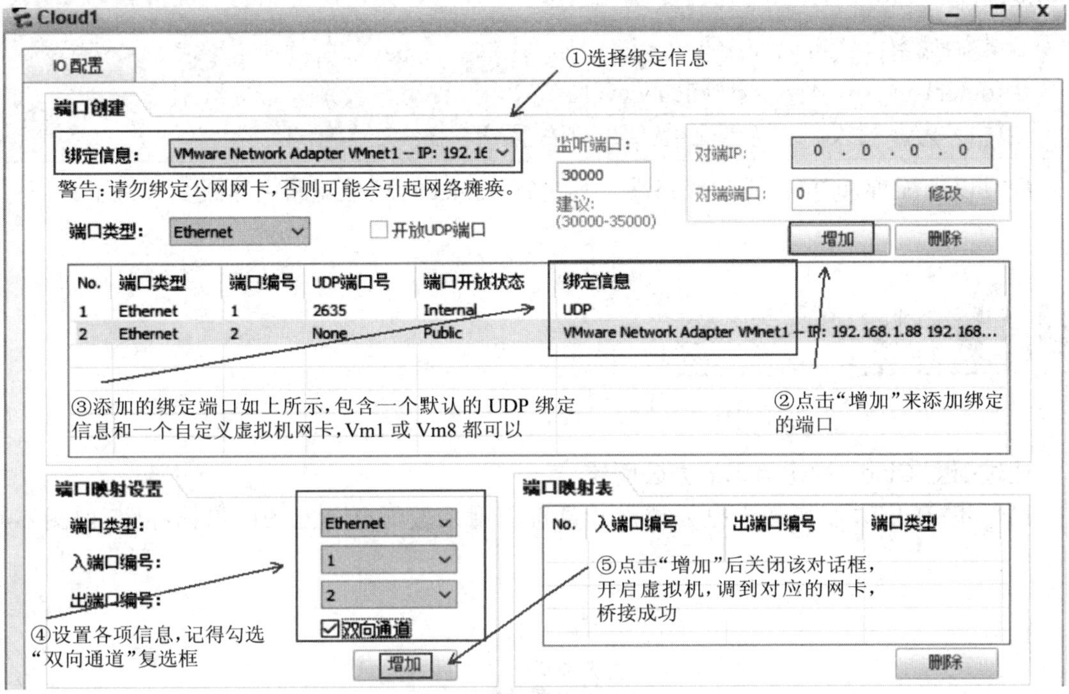

图 6-43　桥接虚拟机

（1）选择绑定的信息。

（2）点击“添加”来添加绑定的端口。

（3）添加的绑定端口，包含一个默认的 UDP 绑定信息和一个自定义虚拟机网卡，Vm1 或 Vm8 都可以。

（4）设置端口类型为“Ethernet”，入口端号为“1”，出口端号为“2”，勾选“双向通道”复选框。

（5）点击“增加”后关闭该对话框，开启虚拟机，调到对应的网卡，桥接成功。

第四步：VRP 配置路由器 IP 地址，如示例代码 6-2 所示。

示例代码 6-2

```
<Router1>sys                              # 进入系统视图
[Router1]int e0/0/0                       # 进入指定接口
[Router1-Ethernet0/0/0]ip add 192.168.1.1 24        # 配置 IP 地址，支持写掩码位数
[Router1-Ethernet0/0/0]undo shut                    # 开启此接口
```

第五步：配置 Telnet（路由器及交换机配置命令一致），如示例代码 6-3 所示。

示例代码 6-3

```
[Router1]user-interface vty 0 4      # 进入 vty 用户视图
```

```
[Router1-ui-vty0-4]authentication-mode password    # 选择验证模式为 password
[Router1-ui-vty0-4]set authentication password simple 123456  # 配置 Telnet 密码为
123456
# 密码加密方式可以配置明文(simper)和密文(cipher),这里使用了明文
[Router1-ui-vty0-4]user privilege level 3    # 设置用户级别为管理级别
#("0"为参观级,"1"为监控级,"2"为配置级,"3~15"为管理级)
```

经过以上配置,即可使用超级终端工具进行 Telnet 管理配置路由器或交换机了。

任务实施

通过配置 Cisco 构建简单的办公网络

第一步:确定并制作教学办公楼内计算机应用系教师办公室的网络拓扑图,如图 6-44 所示。

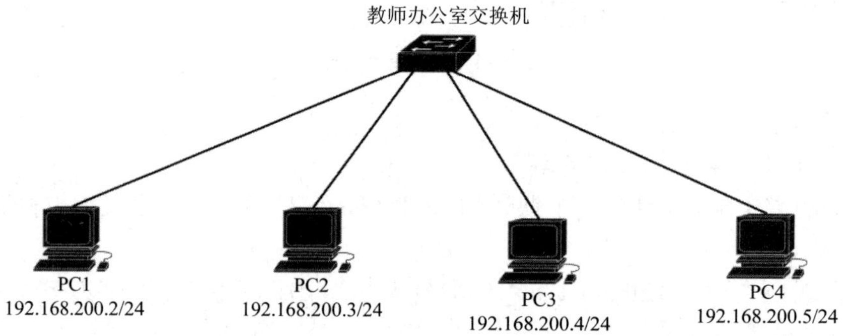

图 6-44 计算机应用系教师办公室的网络拓扑图

第二步:确定配置所取得参数,表 6-3 为对应设备的 IP 地址参数。

表 6-3 对应设备的 IP 地址参数

设备名	地址
OfficeSW1	192.168.200.245/24
PC1	192.168.200.2/24
PC2	192.168.200.3/24
PC3	192.168.200.4/24
PC4	192.168.200.5/24

第三步：确定连接方式，表 6-4 为计算机连接到交换机的端口号。

表 6-4　端口号表

设备名	交换机端口号
PC1	F0/1
PC2	F0/2
PC3	F0/3
PC4	F0/4

第四步：具体操作过程。

（1）配置客户端计算机的 IP 地址参数，图 6-45 所示为配置计算机 PCI 的方法，其他计算机也按此方法配置。

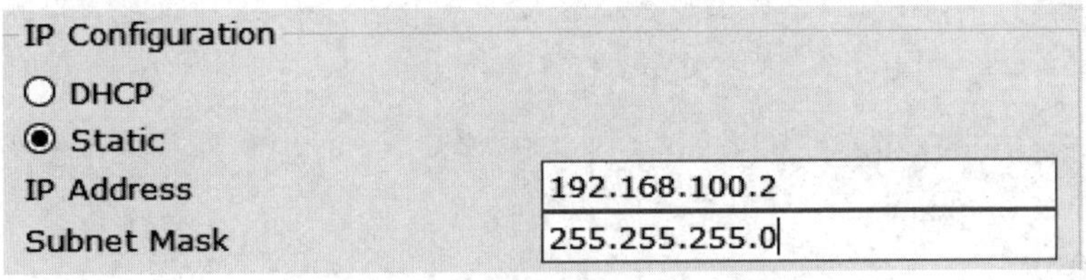

图 6-45　计算机 IP 参数的配置

（2）配置交换机。

①配置交换机的名称，如示例代码 6-4 所示。

示例代码 6-4

```
Switch>enable
Switch#
Switch#configure terminal
Switch(config)#hostname OfficeSW1
OfficeSW1(config)#
```

②配置交换机的端口参数，如示例代码 6-5 所示。

示例代码 6-5

```
OfficeSW1#configure terminal
OfficeSW1(config)#interface range fastEthernet 0/1-4
OfficeSW1(config-if-range)#description  Computer
OfficeSW1(config-if-range)#speed 100
OfficeSW1(config-if-range)#no shutdown
```

上面的命令同时选择了 4 个端口，通过步骤 3 查看端口的配置是否正确。

③查看端口的配置是否正确，如示例代码 6-6 所示。

示例代码 6-6

```
OfficeSW1#show running-config
...... 省略部分内容
interface FastEthernet0/1
description Computer
speed 100
!
interface FastEthernet0/2
description Computer
speed 100
!
interface FastEthernet0/3
description Computer
speed 100
!
interface FastEthernet0/4
description Computer
speed 100
...... 省略部分内容
```

④配置交换机的管理地址，如示例代码 6-7 所示。

示例代码 6-7

```
OfficeSW1#configure terminal
OfficeSW1(config)#interface vlan 1
OfficeSW1(config-if)#ip address 192.168.100.254 255.255.255.0
OfficeSW1(config-if)#no shutdown
```

⑤配置交换机的远程登录参数，如示例代码 6-8 所示。

示例代码 6-8

```
OfficeSW1(config)#line vty 04
OfficeSW1(config-line)#password admin
OfficeSW1(config-line)#login
```

⑥配置 Console 的登录密码，如示例代码 6-9 所示。

示例代码 6-9

```
OfficeSW1(config)#line console O
OfficeSW1(config-line)#password admin
OfficeSW1(config-line)#login
```

⑦配置特权模式密码，如示例代码 6-10 所示。

示例代码 6-10

```
OfficeSW1(config)#tenable secret cisco
```

⑧查看配置，如示例代码 6-11 所示。

示例代码 6-11

```
OfficeSW1#show running-config
```

⑨保存配置，如示例代码 6-12 所示。

示例代码 6-12

```
OfficeSW1#write
OfficeSW1#copy  running-config  startup-config
```

（3）测试结果。

①测试设备之间的通信。

在 PC1 上进入"命令提示符"模式，利用 ping 命令测试是否能与其他 3 台计算机进行通信。如果配置没有错误，则所有计算机之间都能通信。

②测试 Telnet 远程登录交换机。

测试过程与前面介绍的内容一样，这里不再重复。

③测试所配置密码的作用。

根据配置的内容，在模拟器上直接交换命令行界面时，由于模拟的是 Console 口登录，所以将会要求用户输入登录密码"admin"，登录后切换到特权模式要求输入密码"Cisco"。

任务总结

通过学习 Cisco 网络设备的基本知识，了解了交换机和路由器，熟悉了网络设备的基本原理以及配置方法，了解了华为网络设备及其基础配置，并通过运用 Cisco 构建简单的办公网络，加深了对于 Cisco 网络设备的理解。

英语角

Serial	高速同步串口
Async	异步电话串口
Etherne	以太网

EIATIA	电子工业协会 / 通信工业协会
Privileged mode	特权模式

任务习题

一、选择题

1. 路由器和路由器相连接，应采用（　　）。

A. 直通线　　B. 交叉线　　C. 反转线　　D. 以上都可以

2. 串行端口大多用于（　　）连接。

A. 与内网的 PC 相连　　B. 与 WAN 相连

C. 与交换机相连　　D. 与 PC 的 COM1 相连

3. 在路由器配置完成后需要将配置信息保存在（　　）内。

A. ROM　　B. RAM　　C. flash　　D. NVRAM

4. 为获得设备的提示性帮助，应在特定的提示符下输入（　　）。

A. ?　　B. help　　C. save　　D. help ?

5. 当在 R# 后输入 copy run，然后按 Enter 键，将会出现以下（　　）提示。

A. %incomplete command　　B. %ambiguous command

C. %invalid input detected at '^' maker　　D. copied OK

二、简答题

1. 连接线缆有哪几种，有何特点。

2. 交换机的基本配置有哪些，简要描述。

项目七　Linux 操作系统的网络配置

学习目标

通过学习网络操作系统的基本概述，学习 Windows 系统和 Linux 系统的使用与特点，了解网络操作系统的使用与基本概念，并掌握 Linux 系统的安装与常用的网络管理命令。

- 了解网络操作系统概述。
- 掌握常见的网络操作系统。
- 熟练掌握 Linux 操作系统的安装。
- 掌握 Linux 网络常用的管理命令。

学习路径

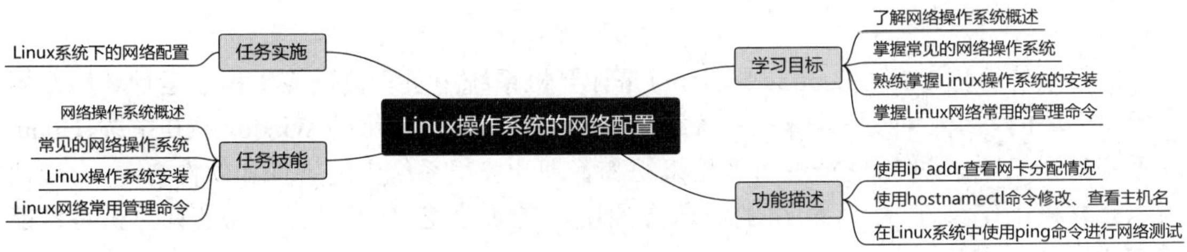

任务描述

【情景导入】

计算机网络发展迅速，网络功能的实现在网络操作系统中变得越来越容易，在学习计算机网络知识过程中，以网络操作系统作为实践与实验平台，可以获得更好的使用和学习体验。所以本次任务的目标是在 Linux 操作系统中练习常用的网络配置命令。

【功能描述】

- 使用 ip addr 查看网卡分配情况。
- 使用 hostnamectl 命令修改、查看主机名。
- 在 Linux 系统中使用 ping 命令进行网络测试。

任务技能

技能点 1　网络操作系统概述

操作系统简称 OS（Operating System）是计算机系统中负责提供应用程序运行环境及用户操作环境的系统软件，是计算机系统的核心和基石。比如常用的 Windows 10 系统、Ubuntu 系统都属于操作系统，它能够有效地组织和管理计算机系统中的硬件和软件资源，合理地组织计算机工作流程，控制程序的执行，方便用户灵活地使用计算机，从而使计算机系统能够高效运行。

对于操作系统来说安全保障尤为重要，若是在操作系统中加入一些后门程序，会对用户信息安全造成威胁。同样在系统之上的网络环境也充斥着各类信息。有些网络使用者故意散播虚假信息，会造成不良影响。作为网络公民的一员，应该知法守法，明辨是非、不要盲目跟风。党的二十大报告中指出，加快建设法治社会，弘扬社会主义法治精神，传承中华优秀传统法律文化，引导全体人民做社会主义法治的忠实崇尚者、自觉遵守者、坚定捍卫者，努力使尊法学法守法用法在全社会蔚然成风。

1. 网络操作系统的定义

网络操作系统是指一种专门向计算机网络提供服务的操作系统，除了实现单击操作系统的全部功能外，还具备管理网络中的资源共享、用户通信等功能，是网络的心脏和灵魂。同时可以为网络上的计算机提供文件共享、打印机共享、数据传输等多种功能，通常会被部署在局域网或私有网络中。

网络操作系统的基本特点是内置了连接到计算机网络所必需的多种组件（比如 TCP/IP、ARP、PPPoE 等协议栈），以及为应用程序提供便捷的连接、使用网络资源的能力。这些功能大多由各种系统组件支撑，而不需要应用程序自行处理一切事务。

2. 主流网络操作系统的功能

计算机网络发展迅速，各种硬件和组网方式层出不穷，早期那些与硬件高度相关，硬件软件高度耦合的设计方式已经不再实用，各大系统均采用了分层设计的方案，这极大地提升了操作系统的兼容性和实用性，降低了使用成本。将每一层实现和接口隔离，只要双方共同遵守接口规则，即使实现被新的技术替换，依旧可以正常工作。目前主流的网络操作系统大多提供了以下功能。

1）文件服务 (File Service)

文件服务可以说是大多数网络操作系统都提供的基础功能，大多数文件服务都是由文件服务器提供集中化的文件管理机制，客户端可以根据需求访问服务器上存储的文件，同时由服务器完成对客户端访问请求的认证和授权。

2）数据库服务 (Database Service)

如今的大多数应用都以一个可靠的数据库作为持久化方案，目前主流数据库无论是 NoSQL 还是基于 SQL 的传统数据库管理系统，大多采用了基于网络的客户端 / 服务端 (C/S) 结构。目前主流网络操作系统都可以运行这些数据库系统。

3）打印服务 (Printing Service)

一般情况下打印服务只出现在局域网中共享使用打印机的情况下，服务器会通过多种方式将自己连接的打印机共享给网络上被授权的客户端使用，打印服务可以缓冲客户机提交的打印任务到本地的打印队列，并在合适的时候传送到打印机进行打印。

4）信息服务 (Message Service)

目前网络上的大多数流量都可以算作是信息服务，包括 E-mail 电子邮件服务与 Web 服务。E-mail 服务一般依托于简单邮件发送协议 (SMTP) 在客户邮件代理 / 服务器、服务器 / 服务器之间进行传输；而 Web 服务则大多采用 HTTP 协议以 C/S 的模式进行提供。

5）网络管理服务 (Network Management Service)

大多数网络操作系统都提供丰富的网络管理工具，可以快速有效地组建、排查、维护网络和提供各项服务。

6）远程访问服务 (Remote Access Service)

随着网络中的设备越来越多，网络分布的范围也越来越广泛，远程访问功能成为大多数系统必须具备的基础功能，几乎所有网络操作系统都支持经典的 Telnet 协议进行远程终端访问，该协议由于历史与安全原因现在已经逐渐被各个操作系统上提供的更强大的协议取代。

7）路由服务 (Routing Service)

现代网络拓扑结构已经不再是早期简单的点对点、总线式地将少量计算机连接到一起的模式了，系统必须要提供完整的组网和路由能力，支持多种自动的路由协议可以使计算机更容易加入网络。

技能点 2　常见的网络操作系统

目前，在局域网中常用的操作系统有很多种，典型的网络操作系统有 Windows 类操作系统、NetWare 类操作系统、Unix 系统和 Linux 操作系统。不同的操作系统，应用范围是不一样的，比如 Windows 10 操作系统主要用于桌面计算机，Linux 目前较适用于小型网络，Windows Server 适用于中小型网络，Unix 适用于大型网络。

1. Windows NT Server 操作系统

Windows 操作系统是微软公司开发的，其目的是将 DOS 功能图形界面化，是基于之前微软和 IBM 共同开发的 OS/2 操作系统的改进版，该系统采用了分离用户模式和核心模式的分层设计方案，并为之提供了抢占式多任务和可重入功能。Windows NT 内核属于混合式操作系统内核，内核中包含了基本内核、硬件抽象层（Hardware Abstract Layer）、驱动程序、和少数核心服务；其他系统服务则运行在用户模式下，可以通过系统调用与 NT 内核通信。

1993 年发布的初代 Windows NT 包含了两个版本：Windows NT Workstation 和 Windows NT Advanced Server，分别适用于工作站桌面和服务器等多个平台。Windows NT Server（服务器版）是专门为服务器优化过的版本，支持 32 个处理器核心，同时其上附带了丰富的组件，可用于充当服务器，完成繁重的网络任务；也支持 Macintosh 文件和打印功能，同时磁盘带有容错能力。如图 7-1 所示是 Windows NT 3.1 操作系统的主界面，该界面采用了程序管理器作为根窗口（关闭该窗口则意味着退出 Windows）。

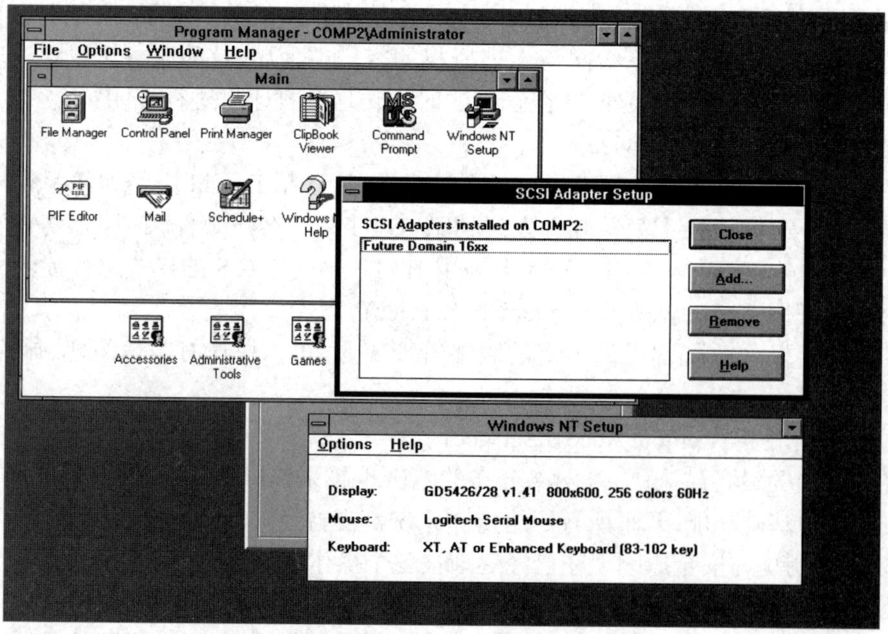

图 7-1　Windows NT 3.1 操作系统主界面

Windows NT Server 是 Microsoft Windows 操作系统系列中的高级产品，拥有强大的功能，可靠性高并可以进行扩充，目前适用于大多数计算机，主要有以下几个特点。

（1）内置的管理。网络管理员可以使用该操作系统内部的安全保密机制来对每个文件设置不同的访问权限以及规定用户对服务器操作的权限。

（2）良好的用户界面。Windows NT Server 采用了全图形化的用户界面，可以方便使用鼠标进行操作。

（3）内置的网络功能。通常的网络操作系统是在传统的操作系统上附加网络软件，Windows NT Server 操作系统是把网络功能做到了操作系统之中，并将其作为输入输出系统的一部分。

（4）组网简单。使用 Windows NT Server 操作系统来管理和组件局域网络非常简单。

（5）开放的体系结构。Windows NT Server 支持网络驱动接口和传输驱动接口，可以允许用户使用不同的网络协议。

2. Windows Server 2019 操作系统

Windows Server 2019 操作系统是微软于 2018 年末发布的适用于 Windows 10 的服务器版本，是对 Windows NT Server 的进一步拓展和延伸，也是 Windows Server 系列中最新的长期支持版（LTSC）。

和针对桌面平台的操作系统不同，针对服务器发布的操作系统增加了很多适合服务器使用的特性，比如 IIS（Internet 信息服务器）可以用来提供 Web、FTP、邮件服务，远程访问也允许多个会话的同时登录，Windows Server 2019 作为和 Windows 10 同时代发布的版本，主要从以下方面增强了特性。

1）更好的虚拟化和与云的结合

Windows Server 2019 提供了可以直接与 Azure 云连接的网络适配器，使得在云上使用 Windows Server 更加容易。更灵活的网络防火墙和网络虚拟化机制，使整个操作系统运行在软件定义网络（SDN）环境下的体验大幅提升。

2）功能强大，管理简单

Windows Server 2019 可帮助 IT 专业人员在针对云进行优化的同时，提供高度可用，易于管理的多服务平台，更快速、高效的满足业务需求，并且可以通过基于软件的策略控制技术更好地管理系统，从而获得各类收益。

3）现代化的工作方式

Windows Server 2019 在设计上可以满足现代化工作风格的要求，帮助管理员使用智能并且高效的方法提升企业环境中的用户生产力，用户可以使用自己选择的设备从任何位置访问数据与应用程序，为身处任务地点的用户提供完整的 Windows 体验，让整个体验尽可能安全和规范。

4）更可靠的存储

支持文件去重存储的 ReFS 文件系统，可以有效帮助用户降低存储器的占用率，同时作为一个优秀的基础功能，也使其上的开发变得更加容易和简单。

支持持久化内存，使其上的应用程序可以按字节读写主机上的非易失性存储器，比如 Intel Optane 存储器。

注：Intel Optane（傲腾）是 Intel 发布的一种全新结构的非易失性存储器，与传统的 Flash

闪存不同，该存储器提供了按字节寻址读写的能力，同时寿命也大大提高，主要被用在高端固态硬盘和服务器缓存场景。

3. NetWare 操作系统

NetWare 操作系统是 1983 年由 Novell 公司推出的，NetWare 不仅是 Novell 操作系统，也是 Novell 网（一种高性能的局域网络）的核心。NetWare 操作系统是以文件服务器为中心，主要包含文件服务器、工作站与低层通信协议。

（1）文件服务器是实现 NetWare 操作系统的核心协议，主要负责处理站网络服务请求，提供运行软件和维护网络操作系统所需的最基本的功能，比如进程管理、文件系统管理、硬盘管理、服务器与工作站的连接管理、网络监控等内容，除此之外还提供文件与打印服务、数据库服务、通信服务、报文服务等功能。

（2）工作站软件是指在工作站上运行的，能把工作站与网络连接起来的程序系统。工作站软件的任务主要是确定请求方是谁，如果是工作站请求则传给文件服务器；如果是网络请求，则把请求转换成适当的格式，之后与其他管理信息和路由信息封装在一起，形成一个数据包，传给网站，最后验证从网卡接收的数据包，如果发生错误则要求重新发送。

（3）低层通信协议包含在通信软件之中，主要在服务器与工作站、工作站与工作站之间建立通信连接时提供网络服务。

4. UNIX 操作系统

Unix 操作系统的出现不仅推动了计算机系统及软件技术的发展，从某种意义上说，也推动了整个社会的进步。Unix 操作系统是一个多用户多任务的操作系统，既可以同时支持数十个乃至数百个用户通过各自的连接终端同时使用一台计算机，还允许每个用户同时执行多个任务。比如在处理字符图形时，用户可建立多个任务分别用于处理字符的输入，图形的制作和编辑。除此之外 Unix 还具有一系列特点。

1）功能强大，实现高效

Unix 操作系统提供了丰富的系统功能，能够使用户方便快速地完成许多其他操作系统所难实现的功能，比如目录结构和磁盘空间的管理结构都开始被其他操作系统借鉴。

2）开放性

Unix 操作系统能够广泛的配置在微型计算机、中型机、大型机等各种机器上，而且方便将已配置了 Unix 的机器进行联网。

3）丰富的网络功能

各种 Unix 版本普遍支持 TCP/IP，并已成为 Unix 系统与其他操作系统之间联网的最基本的选择，在 Unix 中包含网络文件系统 NFS 软件。客户 / 服务器协议软件等，实现了 Unix 系统和其他网络操作系统之间的网络互联。

5. Linux 操作系统

1）Linux 操作系统概述

Linux 系统是一个类似 Unix 的操作系统，Unix 是一种主流经典的操作系统，Linux 来源于 Unix，Linux 系统是 Unix 在计算机上的完整实现。Unix 操作系统是 1969 年由肯•汤普森（K.Thompson）工程师在美国贝尔实验室开发的一个操作系统，之后在 1972 年与丹尼斯•里奇（D.Ritchie）工程师一起用 C 语言重写了 Unix 操作系统，大幅增加了其可移植性，由于其良好而稳定的性能，在随后的几十年中又对其进行了不断的改进，使其迅速发展并在计算机领域中得到了广泛的应用。

Linux 系统增加了很多功能，并将其完善及发布到互联网上，使所有人都可以免费下载、使用它的源代码。Linux 早期的版本并没有考虑用户的使用，只是提供了最核心的框架，使得 Linux 编程人员可以享受编写内核的乐趣，但这样也保证了 Linux 系统内核的强大与稳定，随着 Internet 的发展与兴起，Linux 系统也迅速发展起来，许多优秀程序员都加入了 Linux 系统的编写行列之中。随着编程人员的扩大和完整的操作系统基本软件的出现，Linux 系统开发人员认识到 Linux 已经逐渐变成一个成熟的操作系统平台，1992 年 3 月，内核 7-0 版本的推出，标志着 Linux 第一个版本的诞生。

Linux 凭借优秀的设计，不凡的性能，加上 IBM、INTEL、CA、CORE、ORACLE 等国际知名企业的大力支持，市场份额逐步扩大，逐渐成为主流操作系统之一。如图 7-2 所示为 Linux kernel 的官方吉祥物——Tux，它是一只可爱的小企鹅，寓意着开放和自由，由 Larry Ewing 在 1996 年设计。

图 7-2　Linux 系统的标志

2）Linux 的主流发行版

Linux 得名于计算机业余爱好者 Linus Torvalds，是诞生于网络、成长于网络且成熟于网络的操作系统。Linux 系统基于开源的特性，是基于 Copyleft（无版权）的软件模式进行发布的，其实 Copyleft 是与 Copyright（版权所有）相对应的新名称，造就了 Linux 系统发行版本百花齐放的格局。目前已经有超过 300 个发行版本被开发出来，常用的版本如下。

（1）Ubuntu。

Ubuntu 是一个适合大多数使用场景的 Linux 发行版，相较于 Arch，它提供了更稳定的发布模式和更可靠的软件更新；相较于 CentOS，在支持新功能和新硬件上更加迅速。Ubuntu 每六个月发布一个版本，一般使用“两位发布年份 + 两位发布月份”编号，每间隔三个版本，会发布一个 LTS（长期支持）版，针对服务器等对稳定性有一定要求的场景，建议使用 LTS 版。最新发布的 LTS 版为 Ubuntu 20.04，本章节的其余内容也将基于此版本讲解。其 logo 如图 7-3 所示。

图 7-3 Ubuntu

（2）Arch Linux。

Arch Linux 相较于 Ubuntu，更加适合愿意体验最新特性且有一定技术能力的用户，它摒弃了大多数发行版定期发布版本的方式，取而代之的是时刻保持最新的滚动更新。滚动更新可以保证随时使用软件的最新版本，体验到最新的功能特性，但代价就是兼容性会较差。长期没有更新的软件包会遇到严重的版本依赖冲突问题（旧的软件包依赖旧版本的库，而新旧两版本的库无法很好地共存，这个问题在采用定期发布版本的发行版上很少发生，因为软件包的提供者会尽量保证为同一个版本提供兼容的依赖）。其 logo 如图 7-4 所示。

图 7-4 Arch Linux

（3）RHEL。

RHEL (Red Hat Enterprise Linux) 相较于上文介绍的两个发行版，最大的区别在于其由 Red Hat 公司商业发行，会收取一定的费用，更加适合企业等求稳的用户使用。这个版本提供的大多数软件包都经过了可靠完整的测试，同时针对漏洞也会在第一时间发布补丁，将使用风险降到最低。其 logo 如图 7-5 所示。

图 7-5 Red Hat

（4）CentOS。

CentOS (Community Enterprise Operating System) 可以看作是 RHEL 的免费版，其使用

RHEL 根据许可证要求开放的源代码构建，在质量上与之相似，但是更新及时性可能略差于后者。该发行版由于其免费和类似 RedHat 的特性，曾一度占领服务器市场，但随着人们出于对软件版本和使用难度的考虑，更多团队选择在服务器上部署 Ubuntu。其 logo 如图 7-6 所示。

图 7-6　CentOS

3）Linux 特色

Linux 和 Windows 操作系统具有很大的不同，下面介绍 Linux 系统的特点和与 Windows 系统的不同之处。

（1）Linux 设计思想。

Linux 系统的一大设计思想继承自 Unix，即一切皆文件 (Everything is a file)，这个思想决定了 Linux 下大多数资源皆可通过统一的文件系统接口进行访问，进程信息、各种设备（鼠标、键盘、存储器、屏幕），甚至套接字，皆会被操作系统内核及其驱动程序抽象为文件目录树中的一个路径，往往可以通过像读写一个文件那样进行访问，这为很多场景提供了便利。因此，更准确的说法是：一切皆文件描述符 (Everything is a file descriptor)。

比如，/proc 路径下存储了系统的许多配置和进程信息，每个路径都使用了 ugo（用户、用户组、其他用户）的权限信息进行访问控制，不需要专用的命令工具即可像读写一般的文件一样对这些信息进行访问。

（2）命令行界面 (CLI)。

与 Windows 不同，Linux 上大多数配置文件和参数均可通过命令行进行访问，Linux 将之称为终端 (Terminal)。每个终端将运行一个 shell 程序，负责将用户输入的命令转换为对程序的调用和对文件的访问，多数被广泛使用的主流终端还提供了自动补全、高亮等多种辅助功能，确保了使用体验和使用效率。

Linux 内核默认提供了 6 个文字终端，可使用 `Ctrl+Alt+F1~F6` 组合键进行切换，但由于其功能较少，甚至无法很好显示超出 ASCII 范围的字符，一般仅在系统故障等迫不得已的情况下使用。大多数时候 PC 上使用的 Linux 系统都安装了图形界面程序，使用基于 GUI 的虚拟终端可以获得更好的体验；而对于服务器，一般都使用 ssh 等远程访问工具通过网络进行访问。

（3）自由软件。

相较于 Windows，Linux 是真正意义上的自由软件，用户可以不受限制地修改和分发 Linux，同样也不能阻止其他人分发自己的 Linux 版本。而 Windows 则是微软公司的商业产品，购买和使用必须遵守微软公司的许可证。

自由的 Linux 同样刺激了自由的社区，Linux 上大多数软件都采用了类似的许可证，以自由软件的形式发布，自由软件社区形成了一种以开发者为中心、互利互惠的良好氛围。

注：什么是自由软件？

自由软件并不等于免费软件，它并要求使用者为其相关工作付费（就像 RHEL 一样），但不能限制使用者的自由，自由软件基金会 (FSF) 定义了以下 4 项基本自由。

①无论用户出于何种目的，都可以按照用户意愿，自由地运行该软件。

②用户可以自由地学习并修改该软件，以此来帮助用户完成自己的计算。作为前提，用户必须可以访问该软件的源代码。

③用户可以自由地分发该软件的拷贝，这样就可以帮助其他用户。

④用户可以自由地分发该软件修改后的拷贝。借此，用户可以把改进后的软件分享给整个社区，令他人也从中受益。作为前提，用户必须可以访问该软件的源代码。

技能点 3　Linux 操作系统安装

1. 虚拟机安装

1）Vmware 虚拟机简介

VMware 虚拟机是一款通过软件模拟的具有完整硬件系统功能的、运行在一个完全隔离环境中的完整计算机系统。通过 VMware 虚拟机，用户可以在一台物理计算机上模拟出一台或多台虚拟计算机。这些虚拟机完全可以像真正的计算机那样进行工作，例如其可以安装操作系统、安装应用程序、访问网络资源等。对于用户而言，VMware 虚拟机只是运行在其物理计算机上的一个应用程序，但是对于在 VMware 虚拟机中运行的应用程序而言，它就是一台真正的计算机。

VMware 虚拟机软件可以在计算机平台和终端用户之间建立一种环境，而终端用户则是基于这个软件所建立的环境来操作软件的。在计算机科学中，虚拟机是指可以像真实机器一样运行程序的计算机的软件实现。

因此，当在虚拟机中进行软件评测时，系统可能一样会崩溃，但是，崩溃的只是虚拟机上的操作系统，而不是物理计算机上的操作系统，并且，使用虚拟机的“Undo（复原）”功能，可以马上恢复虚拟机到安装软件之前的状态。

VMware Workstation 不需要重开机就能在同一台计算机中使用好几个虚拟机操作系统，主要的功能如下。

（1）不需要分区或重开机就能在同一台计算机中上使用两种以上的操作系统。

（2）完全隔离并且保护不同操作系统的操作环境及所有安装在操作系统上的应用软件和资料。

（3）不同的操作系统之间还能互动操作，包括网络、周边设备、文件分享及复制粘贴功能。

（4）具有恢复功能、快照功能、复制功能。

（5）能够设定并且随时修改操作系统的操作环境，如内存、磁盘空间、周边设备等。

2）Vmware 虚拟机安装

（1）下载 VMware-workstation-full-16.1.1-17801498 软件安装包，双击该安装包，如图 7-7 所示，弹出安装主界面。

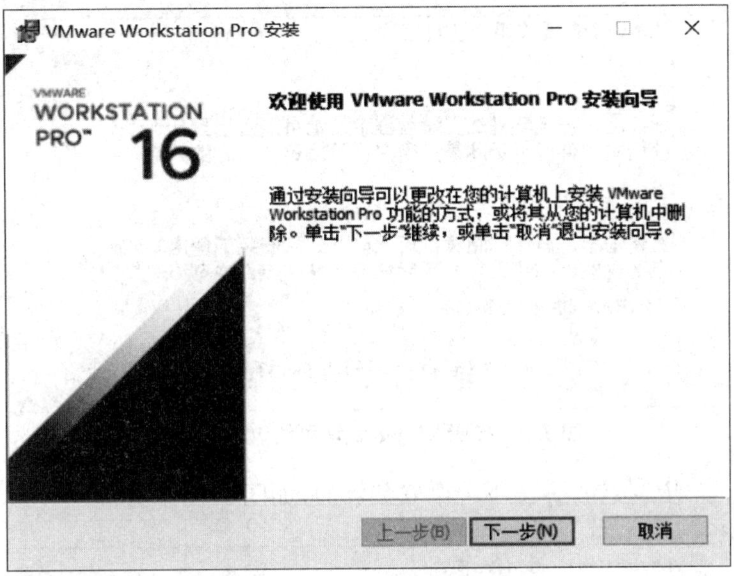

图 7-7 VMware 安装主界面

（2）单击“下一步（N）”按钮，弹出下一个安装界面，如图 7-8 所示。

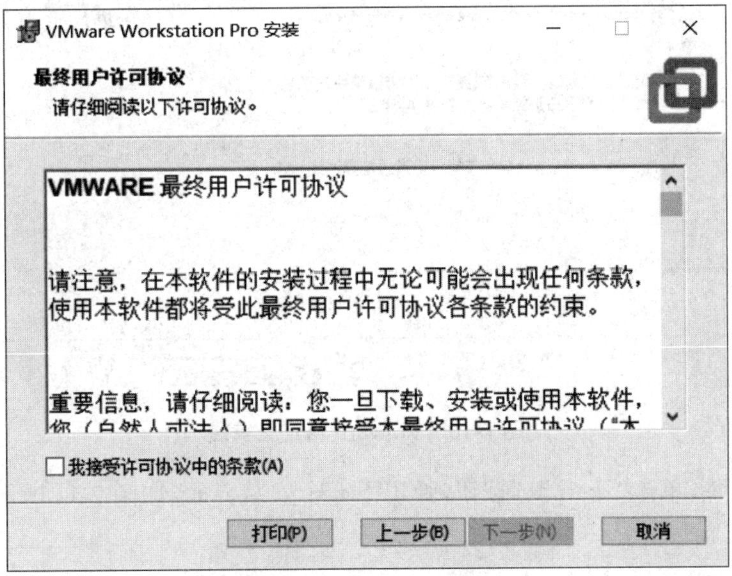

图 7-8 VMware 安装界面

（3）勾选“我接受许可协议中的条款（A）”复选框，单击“下一步”按钮，弹出下一个安装界面，如图 7-9 所示。

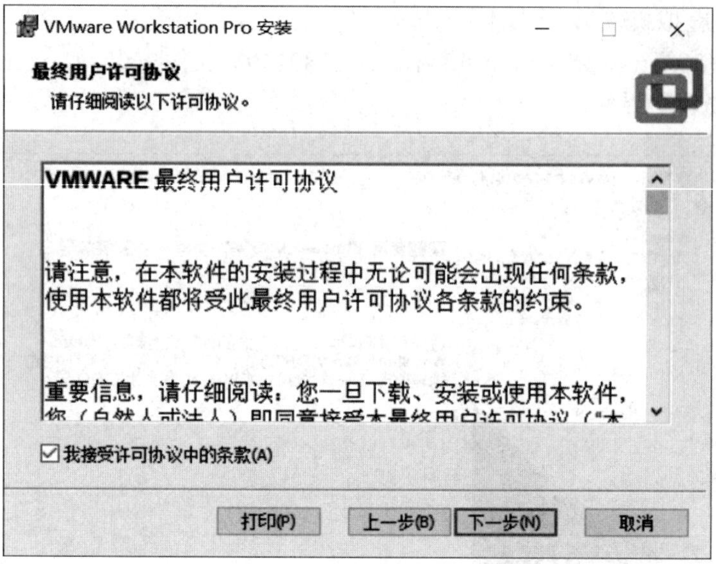

图 7-9 接受 VMware 许可协议中的条款

（5）单击“下一步”按钮，弹出下一个安装界面，如图 7-10 所示。

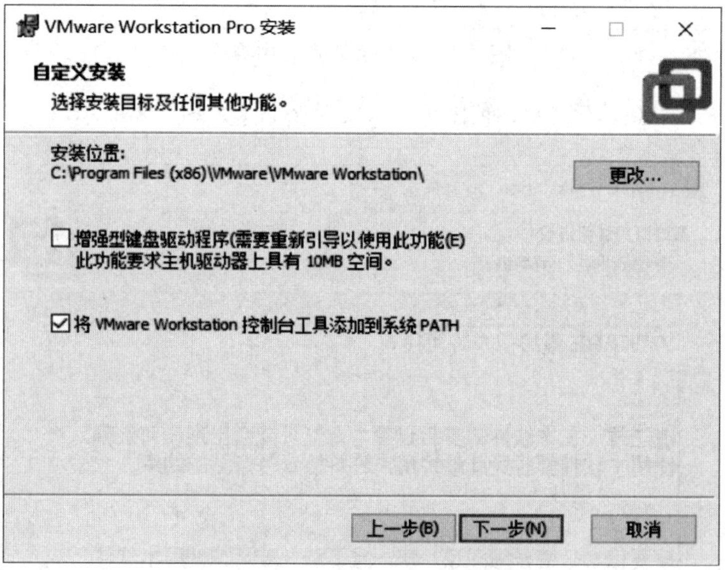

图 7-10 VMware 自定义安装

（6）默认安装，单击“下一步”按钮，弹出下一个安装界面，如图 7-11 所示。

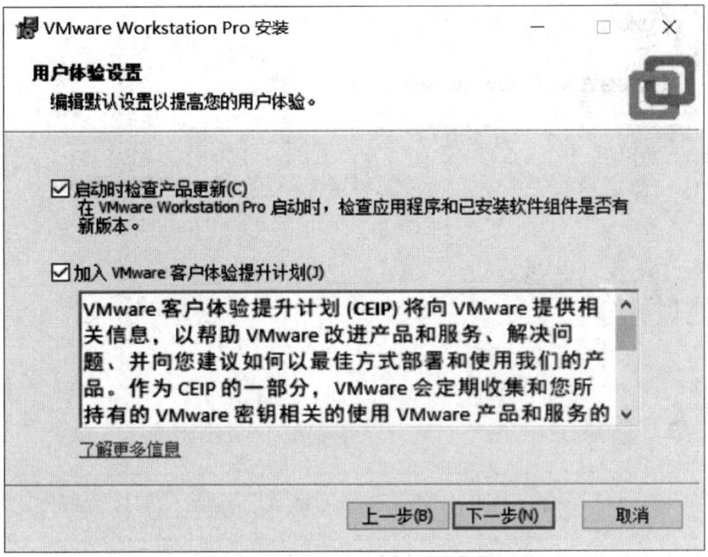

图 7-11　VMware 用户体验设置

（7）默认安装，单击“下一步”按钮，弹出下一个安装界面，如图 7-12 所示。

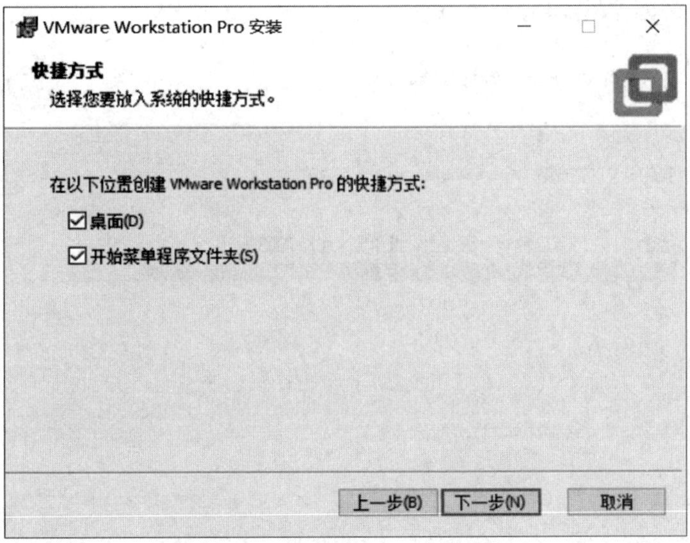

图 7-12　VMware 快捷方式

（8）默认安装，单击“下一步”按钮，弹出下一个安装界面，如图 7-13 所示。

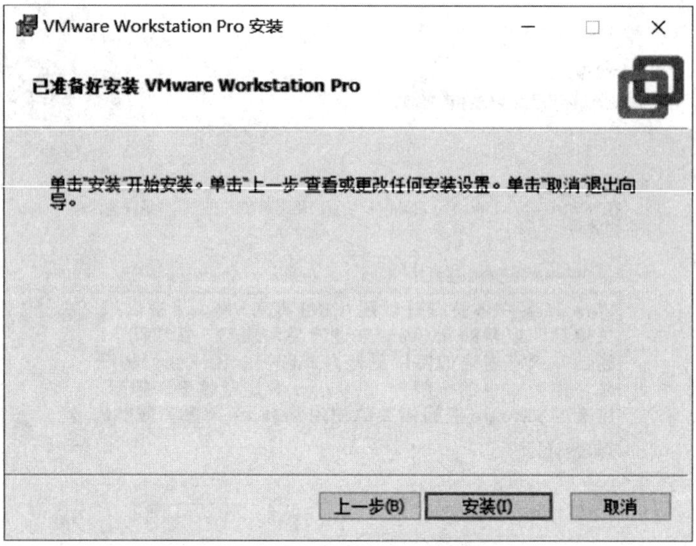

图 7-13　VMware 准备安装

(9)单击“安装”按钮,开始安装,如图 7-14 所示。

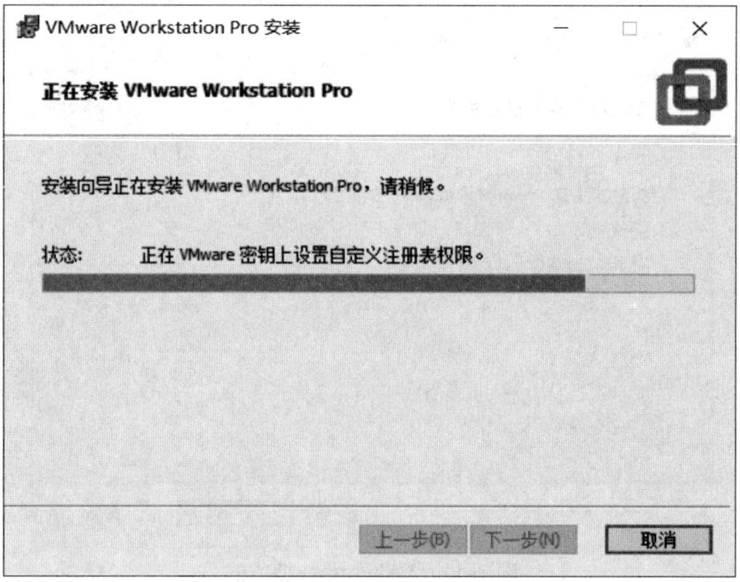

图 7-14　VMware 正在安装

(10)单击“完成”按钮,完成安装,如图 7-15 所示。

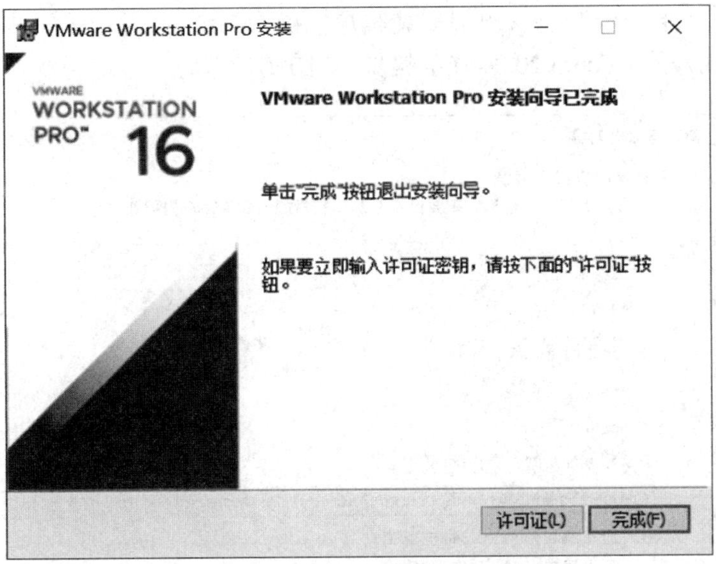

图 7-15　VMware 安装向导已完成

2. Linux 操作系统安装

第一步：创建虚拟机。点击“创建虚拟机”按钮，弹出新建虚拟机向导，如图 7-16 所示。

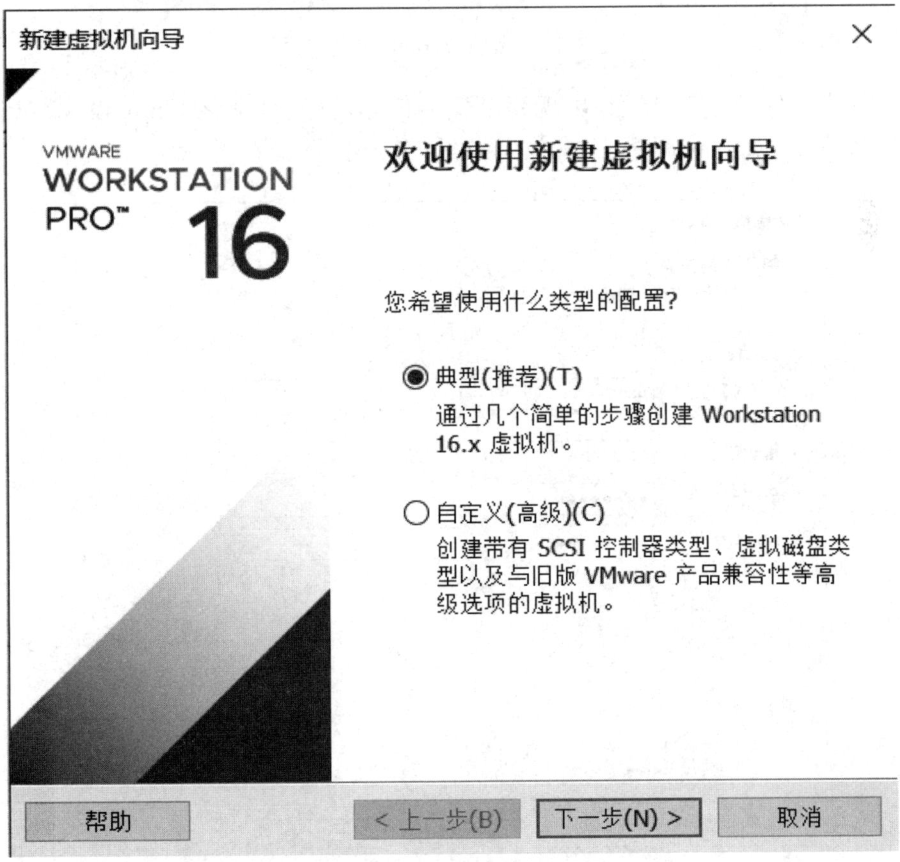

图 7-16　新建虚拟机向导

第二步：点击“下一步”按钮，出现安装客户机操作系统，此时选择安装程序光盘映像文件，选择本地下载好的 Ubuntu 20.04 光盘镜像，如图 7-17 所示。

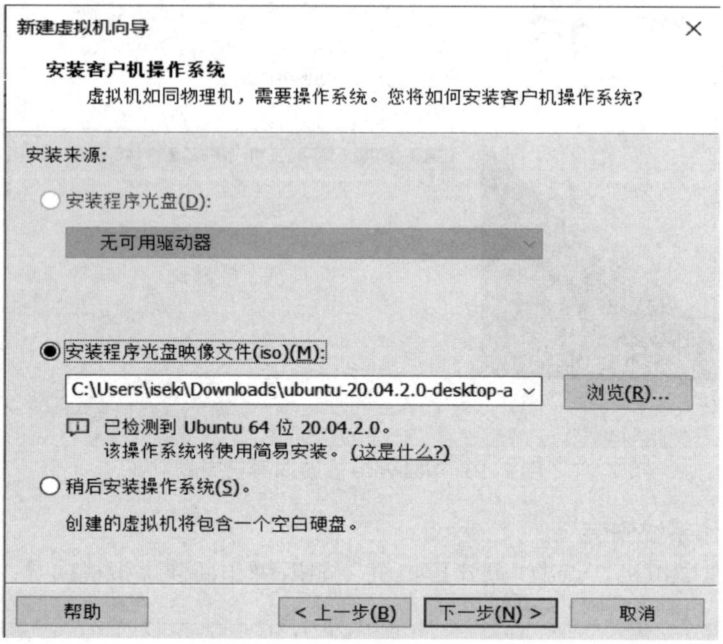

图 7-17　添加 Ubuntu 安装介质

第三步：点击“下一步”按钮，出现简易安装信息，开始个性化 Linux 设置，包含系统的全名、用户名、密码、确认密码等信息，效果如图 7-18 所示。

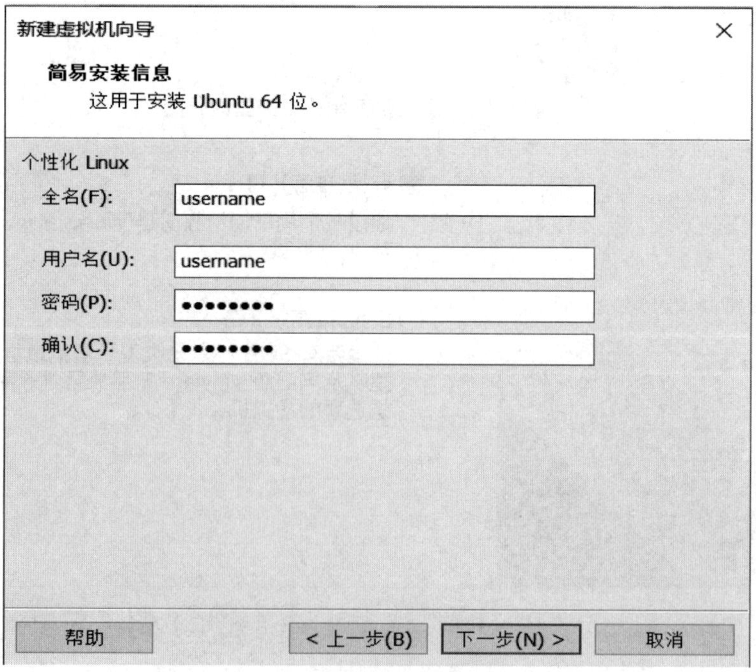

图 7-18　简易安装信息

第四步：点击“下一步”按钮，进入网络类型配置，选择“使用网络地址转换（NAT）（E）”，如图 7-19 所示。

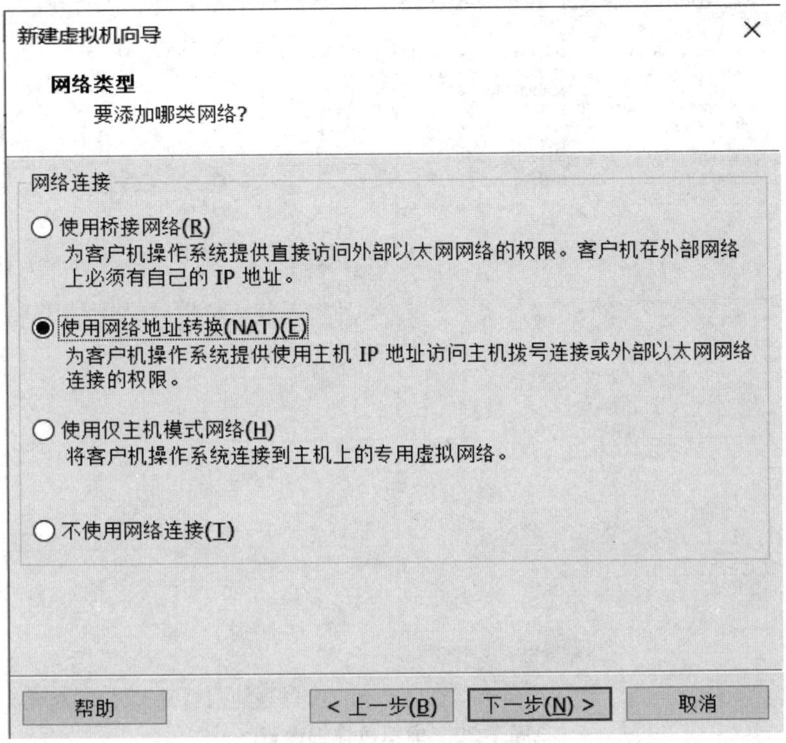

图 7-19　网络连接配置

说明：VMware 向导中提供了下述 3 种快捷网络连接模式。

（1）桥接网络：会直接将虚拟机操作系统的网络接口与物理机的某个特定的接口创建桥接，虚拟机将获得与物理机几乎相同的网络访问能力，但这也意味着虚拟机将暴露在建立桥接的网络下，如果该网络存在某种限制（如地址白名单）或存在某种不安全因素，则不宜选择此模式。

（2）网络地址转换 (NAT)：该模式下 VMware 会将虚拟机的网络流量进行地址转换，并通过物理机的网络接口进行传输。这在某些网络条件受限的环境中非常有用（如物理机正在使用 PPPoE 拨号连接或只能获得一个 IP 地址）。

（3）仅主机模式：该模式下 VMware 会创建一个启用了 DHCP 的虚拟网络，将虚拟机和物理宿主机共同加入该网络，VMware 不会自动在宿主机的路由表中添加对应的路由表项，因此默认情况下该网络将仅与宿主机连通。VMware 还提供更复杂的网络模式，例如可以将特定的几个物理机加入一个虚拟的网络，并在该虚拟网络中配置 DHCP 和 NAT 等。

注：Ubuntu 操作系统在安装时会通过网络下载一些可选项和自动更新，如果用户需要该虚拟机仅通过物理机上的代理程序进行连接，那么将虚拟机设定为仅主机模式是一个明智的选择。

第五步：点击“下一步”按钮，进入虚拟机设置，在该界面设置内存和硬盘的大小，如图 7-20 所示。

图 7-20　虚拟机详细设置

第六步:开启虚拟机并安装 Ubuntu20.04 操作系统。启动该虚拟机后即可看到该选项画面,如图 7-21 所示。

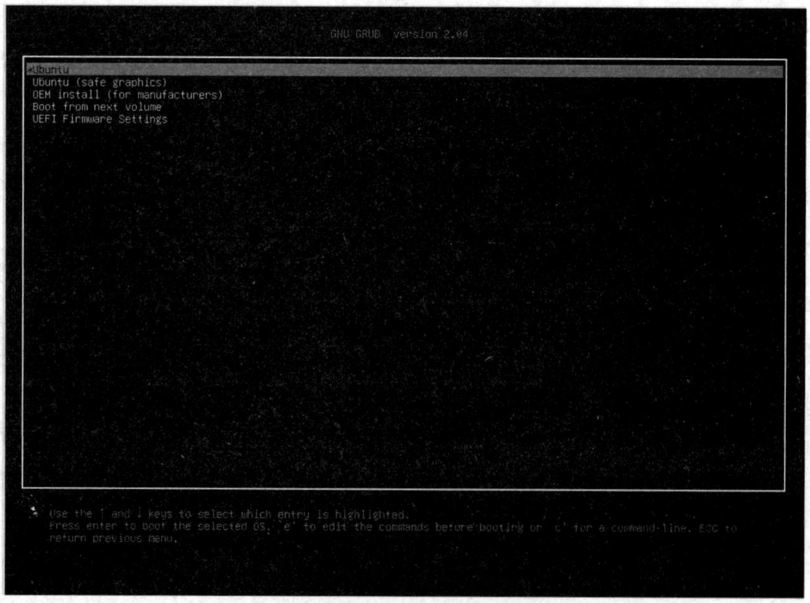

图 7-21　虚拟机安装介质引导界面

第七步：选择第一个选项即可启动 Ubuntu 的安装 Live CD，待初始化完成后，即可看到下面的 Ubuntu 安装器，如图 7-22 所示。

图 7-22　安装器欢迎界面

第八步：在这里可以简单地选择键盘布局设置，建议在输入框中尝试一下，确保选择的键盘布局是正确的，一般情况下可选择 Chinese/Chinese，如图 7-23 所示

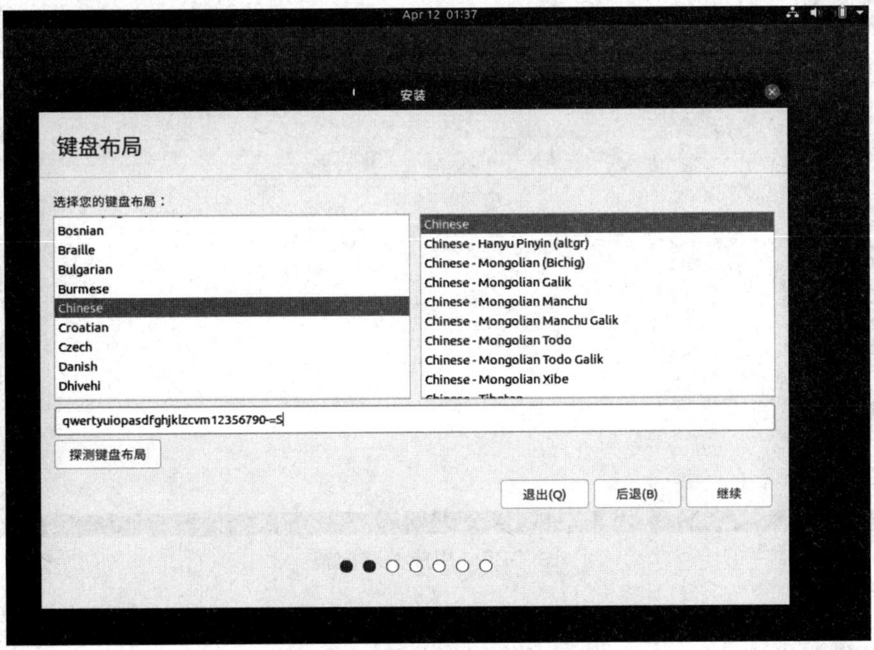

图 7-23　语言和键盘布局选择

第九步：可以选择简单清除整个磁盘并安装 Ubuntu，其他选项可用于自行指定安装所需的分区信息，如图 7-24 所示。

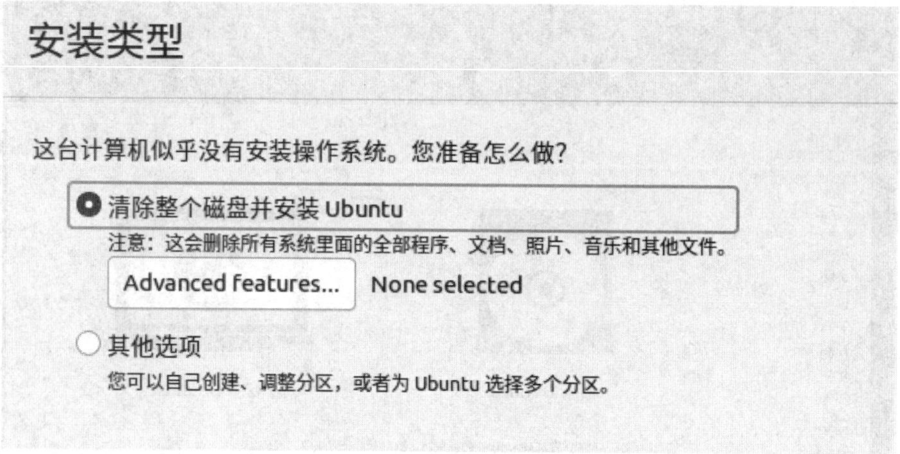

图 7-24　安装类型

第十步：安装前还需要设定地区信息和用户账户及密码，此处的密码需要牢记，在之后登录系统时会需要，如图 7-25 所示。

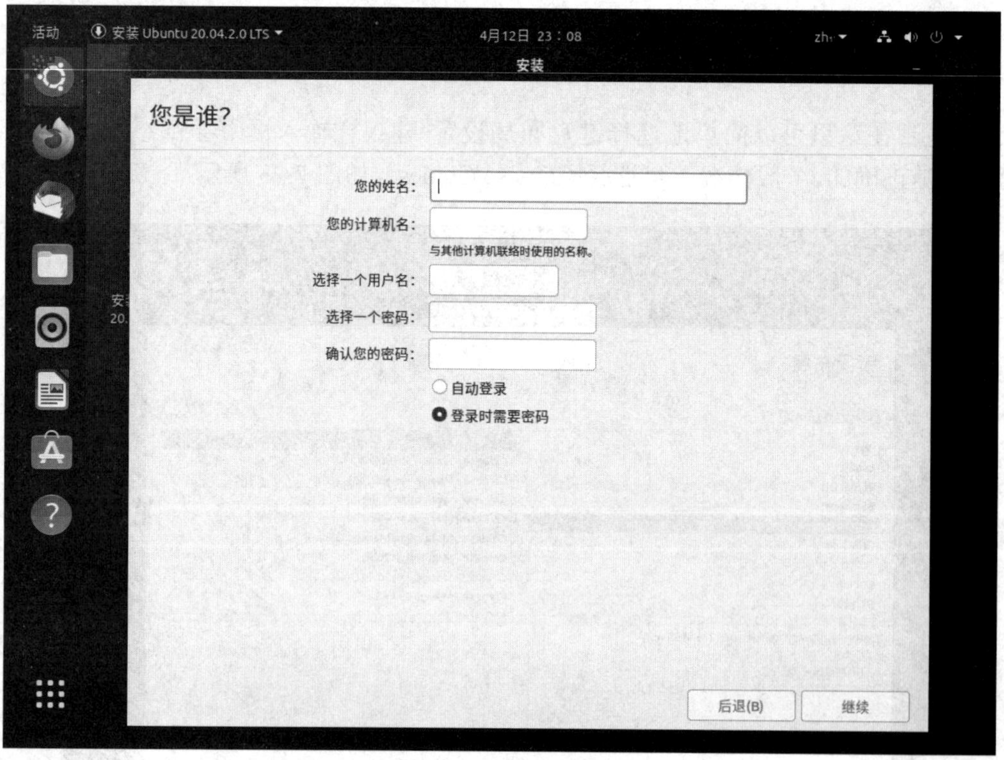

图 7-25　用户信息配置

第十一步：点击“继续”按钮后，Ubuntu 系统将开始安装流程，可以点击“正在下载……”字样左侧的三角，显示详细安装日志，如图 7-26 所示。

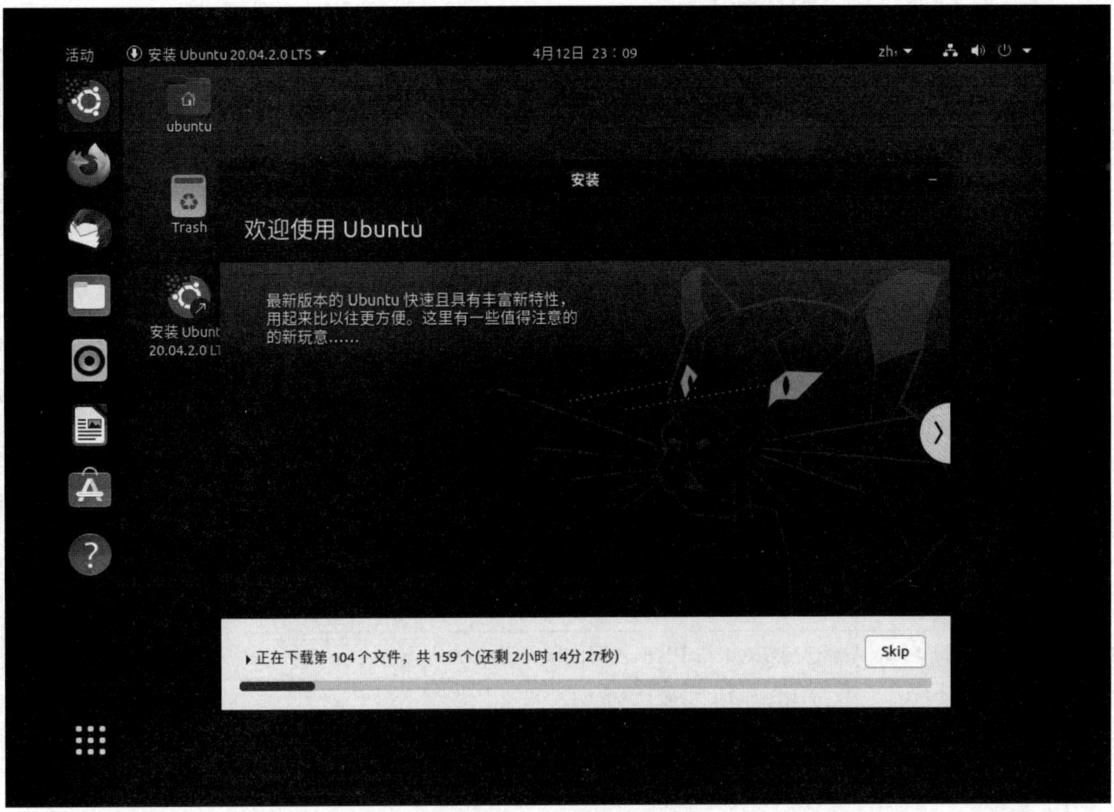

图 7-26　安装中界面

● 第十二步：待安装过程完成后，虚拟机会自动重启，输入之前设定的密码即可登录 Ubuntu 20.04 操作系统了。

技能点 4　Linux 网络常用管理命令

Linux 系统主机要与网络中其他主机进行通信，首先要进行正确的网络配置，网络配置通常包括主机名、IP 地址、子网掩码、默认网关、DNS 服务器等。

1. ifconifg 命令—管理网络接口命令

ifconfig 命令是一个可以用来查看、配置、启用或禁用网络接口的工具，是常用的网络工具之一。ifconfig 命令可以临时性地配置网卡的 IP 地址、子网掩码、网关等，使用 ifconfig 命令配置的网络相关信息，在机器重启后就不复存在，需要永久保存的话，可以保存在 /etc/sysconfig/network-scripts/ifcfg-ens33 文件中，ifconfig 命令的基本格式如下：

```
ifconfig [ 网络设备 ] [ 选项 ]
```

ifconfig 命令各选项及功能说明，如表 7-1 所示。

表 7-1 ifconfig 命令各选项及功能说明

选项	功能说明
up	启动指定网络设备 / 网卡
down	关闭指定网络设备 / 网卡
-arp	设置指定网卡是否支持 ARP 协议
-promisc	设置是否支持网卡的 promiscuous 模式，如果选择此参数，网卡将接收网络中发给它的所有数据包
-allmulti	设置是否支持多播模式，如果选择此参数，网卡将接收网络中所有的多播数据包
-a	显示全部接口信息
-s	显示摘要信息
add	给指定网卡配置 IPv6 地址
del	删除给指定网卡的 IPv6 地址
network< 子网掩码 >	设置网卡的子网掩码
tunnel< 地址 >	建立 IPv4 与 IPv6 之间的隧道通信地址
-broadcast< 地址 >	为指定网卡设置广播协议
-pointtopoint< 地址 >	为网卡设置点对点通信协议

2. hostnamectl 命令—设置查看主机名

使用 hostnamectl 命令可以修改查看主机名，其命令格式如下：

```
hostnamectl[ 选项 ][ 主机名 ]
```

hostnamectl 命令各选项及功能说明，如表 7-2 所示。

表 7-2 hostnamectl 命令各选项及功能说明

选项	功能说明
-h,--help	显示帮助
-version	显示安装包的版本
--static	修改静态主机名，也称为内核主机名，是系统在启动时从 /etc/hostname 内自动初始化的主机名
--transient	修改瞬态主机名，瞬态主机名是在系统运行时临时分配的主机名，由内核管理，例如，通过 DHCP 或 DNS 服务器分配的 localhost 就是这种形式的主机名
--pretty	修改灵活主机名，灵活主机名即允许使用特殊字符的主机名，使用 UTF8 格式的自由主机名，以展示给终端用户
-P, --privileged	在执行之前获得的特权
--no-ask-password	输入密码不提示

续表

选项	功能说明
-H, --host=[USER@]HOST	操作远程主机
status	显示当前主机名状态
set-hostname NAME	设置当前主机名
set-icon-name NAME	设置系统主机名
set-chassis NAME	为主机设置 icon 名

3. route 命令—管理路由

route 命令用来显示并设置 Linux 内核中的网络路由表，route 命令设置的主要是静态路由，要在两个不同子网间实现通信，需要一台连接两个网络的路由器或者同时位于两个网络的网关。需要注意的是，直接在命令下执行 route 命令添加的路由，不会永久保存，机器重启之后该路由就失效了，如果想要永久有效，可以在 /etc/rc.local 中添加 route 命令来保存该路由设置，其命令格式如下：

```
route [ 选项 ]
```

route 命令各选项及功能说明，如表 7-3 所示。

表 7-3　route 命令各选项及功能说明

选项	功能说明
-v	详细信息模式
-A	采用指定的地址类型
-n	以数字形式代替主机名形式来显示地址
-net	路由目标为网络
-host	路由目标为主机
-F	显示内核的 FIB 选路表
-C	显示内核的路由缓存
add	添加一条路由
del	删除一条路由
target	指定目标网络或主机，可以是点分十进制的 IP 地址或主机 / 网络名
netmask	为添加的路由指定网络掩码
gw	为发往目标网络 / 主机的任何分组指定网关

4. ping 命令—检测网络连通性

ping 命令是 Linux 系统中使用非常频繁的命令，用来测试主机之间网络的连通性。ping 命令使用的是 ICMP 协议，它发送 ICMP 回送请求消息给目的主机，ICMP 协议规定，目的主机必须返回 ICMP 回送应答消息给源主机，如果源主机在一定时间内收到应答，则认为主机可达，否则不可达，其命令格式如下：

```
ping [ 选项 ] [ 目标网络 ]
```

ping 命令各选项及功能说明，如表 7-4 所示。

表 7-4 ping 命令各选项及功能说明

选项	功能说明
-c< 完成次数 >	设置要求回应的次数
-f	极限检测
-i< 时间间隔秒数 >	指定收发信息的时间间隔
-l< 网络界面 >	使用指定的网络界面送出数据包
-n	只输出数值
-p< 范本样式 >	设置填满数据包的范本样式
-q	不显示指令执行过程，但开关和结尾的相关信息除外
-r	忽略普通的路由表，直接将数据包送到远端主机上
-R	记录路由过程
-s< 数据包大小 >	设置数据包的大小
-t< 存活数值 >	设置存活数值的大小（TTL）
-v	显示指令的详细执行过程

5. netstat 命令—查看网络信息

netstat 命令是一个综合的网络状态查看工具，可以从显示的 Linux 网络系统状态信息得知整个 Linux 系统的网络情况，包括网络连接、路由表、接口状态、网络链路和组播成员等信息，其命令格式如下：

```
netstat [ 选项 ]
```

netstat 命令各选项及功能说明，如表 7-5 所示。

表 7-5 netstat 命令各选项及功能说明

选项	功能说明
-a,--all	显示所有连接中的端口 Socket
-A< 网络类型 >,--< 网络类型 >	列出该网络类型连接中的相关地址
-c,--continuous	持续列出网络状态
-C,--cache	显示路由器配置的缓存信息
-e,--extend	显示网络其他相关信息
-F, --fib	显示 FIB

续表

选项	功能说明
-g,--groups	显示组播成员名单
-h,--help	在线帮助
-i,--interfaces	显示网络界面信息表单
-l,--listening	显示监控中的服务器的 Socket
-M,--masquerade	显示伪装的网络连接
-n,--numeric	直接使用 IP 地址，而不通过域名服务器
-N,--netlink,--sysmbolic	显示网络硬件外围设备的符号连接名称
-o,--times	显示计时器
-p,--programs	显示正使用的 Socket 的程序识别码和程序名称
-r,--route	显示路由表
-s,--statistics	显示网络工作信息统计表
-t,--tcp	显示 TCP 传输协议的连接状况
-u,--udp	显示 UCP 传输协议的连接状况
-v,--verbose	显示指令执行过程
-V,--version	显示版本信息

任务实施

Linux 系统下的网络配置

第一步：使用 ip addr 查看网卡分配情况，如图 7-27 所示。

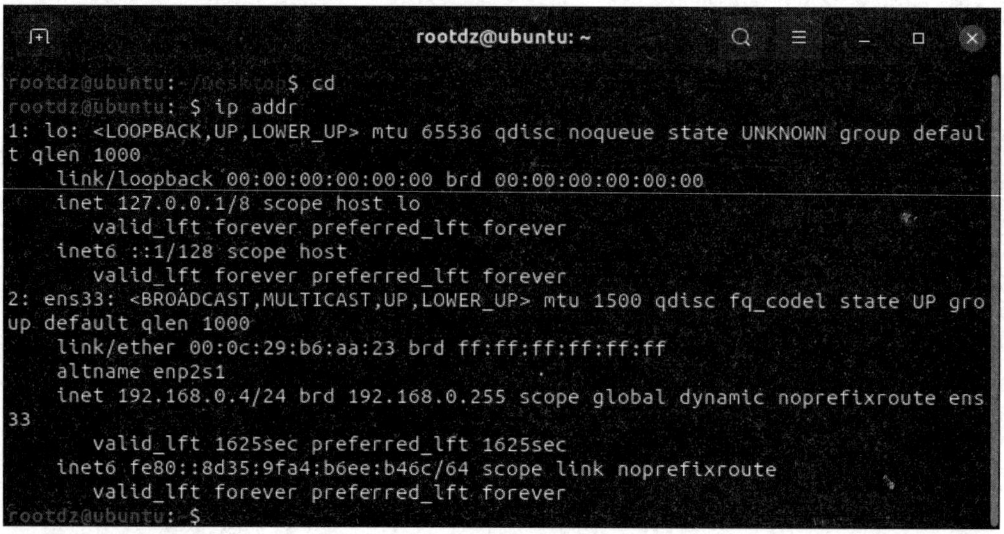

图 7-27　网卡分配情况

第二步：安装 ifconfig 并显示 ens33 的网卡信息，代码如下，效果如图 7-28 所示。

```
[root@localhost ~]# ifconfig ens33 down
[root@localhost ~]# ifconfig ens33 up
```

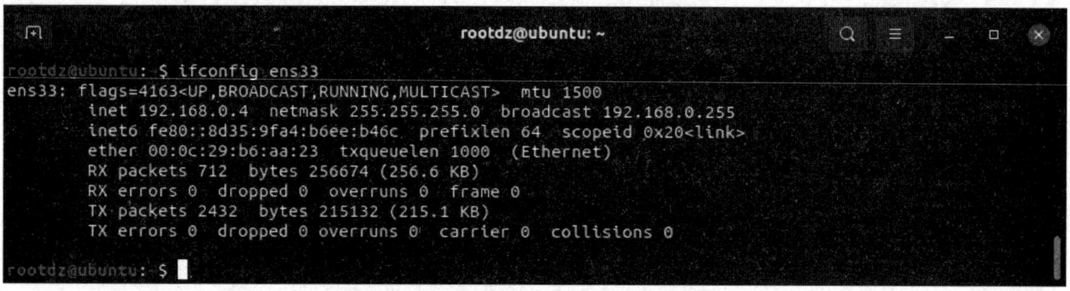

图 7-28　显示 ens33 的网卡信息

第三步：启动和关闭网卡，代码如下，效果如图 7-29 所示。

```
[root@localhost ~]# sudo ifconfig ens33 down
[root@localhost ~]# sudo ifconfig ens33 up
```

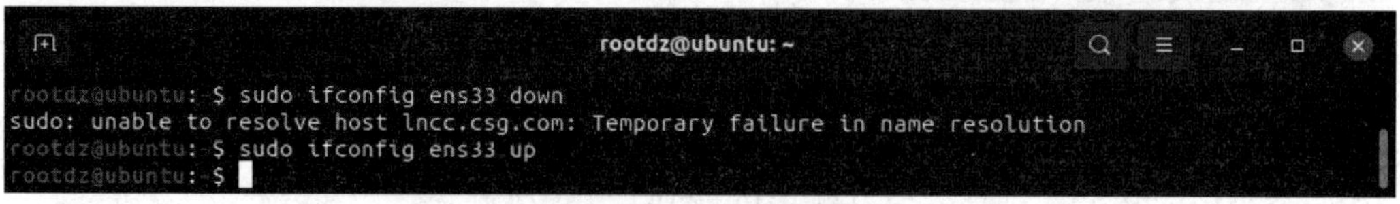

图 7-29　启动和关闭网卡

第四步：使用 hostnamectl 命令修改、查看主机名，效果如图 7-30 所示。

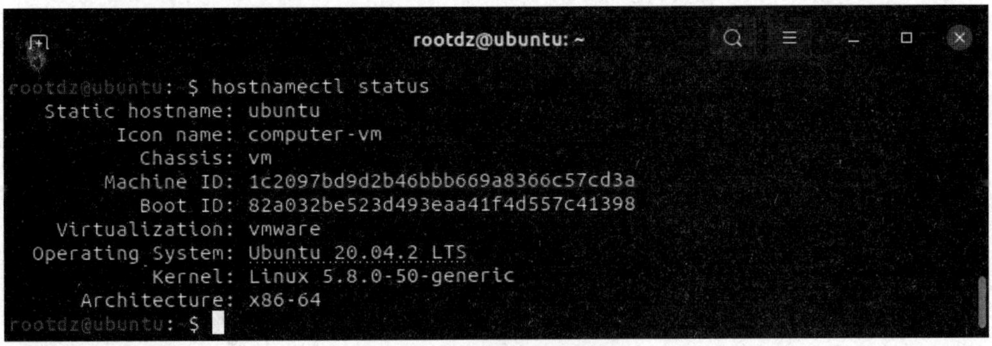

图 7-30　查看当前主机名

第五步：设置新的主机名，并查看相关信息，如图 7-31 所示。

图 7-31　设置新的主机名并查看相关信息

第六步：在 Linux 系统中使用不带选项的 ping 命令，会一直不断地发送检测包，直到使用组合键“Ctrl+C”终止，如图 7-32 所示。

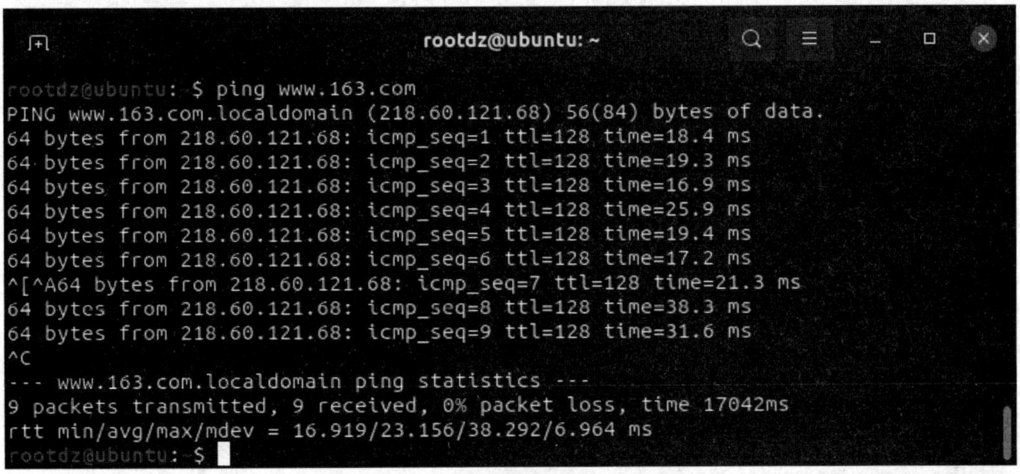

图 7-32　使用不带选项的 ping 命令

第七步：指定次数和时间，设置回应 4 次，时间间隔为 1 秒，如图 7-33 所示。

图 7-33 使用 ping 命令指定回应次数和时间间隔

任务总结

通过使用 VMware 虚拟机软件创建 Ubuntu20.04 虚拟机，掌握了常规虚拟化软件的使用和网络配置，同时熟悉了 Linux 操作系统的基本使用，安装了一个 Linux 虚拟机并熟练掌握常用的 Linux 网络管理命令。

英语角

ethernet	以太网	privileged	享有特权的
layer	层次	database	数据库
Service	服务	routing	路由

任务习题

一、选择题

1. netplan 的配置文件中，(　　)设备类型被用于以太网连接。

A. ethernets　　B. wifis　　C. bridges　　D. rendered

2. 下面 netplan 文件中(　　)会被完全忽略。

A. /lib/netplan/05-default.yaml　　B. /etc/netplan/05-default.yaml

C. /run/netplan/07-server.yaml　　D. /lib/netplan/01-akari.yaml

3. 如果正在使用 PPPoE 拨号网络连接网络，选择（　　）连接模式才能使 VMware 中的虚拟机操作系统连接到互联网。

A. 仅主机　　B. 桥接

C. NAT（网络地址转换）　　D. VLAN（虚拟局域网）

4.（　　）命令可以用来查看系统设置的默认网关。

A. ip address　　B. ip link　　C. ip neigh　　D. ip route

5.（　　）配置文件路径是默认的并且优先级最高。

A. /etc/netplan　　B. /var/netplan

C. /bin/netplan　　D. /tmp/netplan

项目八　校园网综合布线实例

学习目标

通过“根据不同的测试内容，选择测试仪器进行测试”案例的实现，了解综合布线的基本概念，熟悉综合布线的设计方式以及设计标准，掌握通信介质的选择与使用场景，具有应用综合布线验收测试的能力。

- 了解综合布线的概念及组成。
- 熟悉综合布线的设计原则与标准。
- 掌握通信介质的选择方法。
- 具有独立进行验收测试的能力。

学习路径

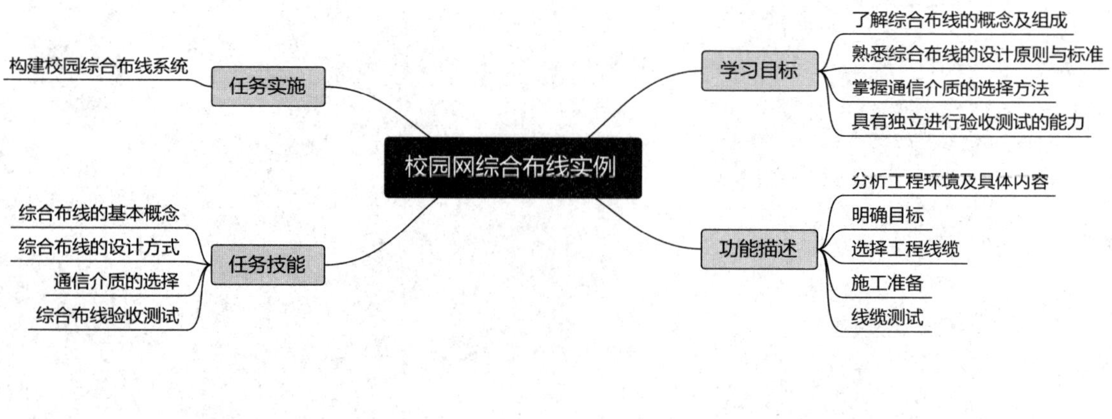

任务描述

【情景导入】

综合布线系统又称结构化布线系统，是目前流行的一种新型布线方式。它采用标准化部件和模块化组合方式，把语音、数据、图像和控制信号用统一的传输媒体进行综合，形成一套标准、实用、灵活、开放的布线系统。综合布线系统将计算机技术、通信技术、信息技术和办公环境集成在一起，实现信息和资源共享，提供迅捷的通信和完善的安全保障。相对于传统布线系统，其在兼容性、开放性、灵活性、可靠性、先进性和经济性等方面优点十分突出，而且在设计、施工和维护方面也给人们带来了许多方便。

【功能描述】

- 分析工程环境及具体内容。
- 明确目标。
- 选择工程线缆。
- 施工准备。
- 线缆测试。

任务技能

技能点 1　综合布线的基本概念

1. 综合布线的概念

综合布线技术主要运用在建筑物内与建筑群之间，它可以使各种网络设备和各种控制设备与管理系统连接起来，是一种模块化并且灵活性极高的技术。它在连接各个设备的同时也将设备与外部网络相连。综合布线技术还同时包含电信线路的连接点与网络设备之间的所有线缆的连接部件。

综合布线技术需要各个设备的配合，以及人员之间的通力合作。以一队人马要过独木桥为例，如果大家都只顾自己的利益、互不谦让，只能导致谁都过不去，但如果将自身利益放一放，把小我融入大我，就能让整个组织的运转更为高效，自身的目标也能最终达成。

2. 综合布线系统的组成

根据 GB50311 标准，综合布线系统可划分为 7 个子系统：工作区子系统、配线（水平）子系统、干线（垂直）子系统、设备间子系统、进线间子系统、管理子系统、建筑群子系统。综合布线设备典型组成如图 8-1 所示。

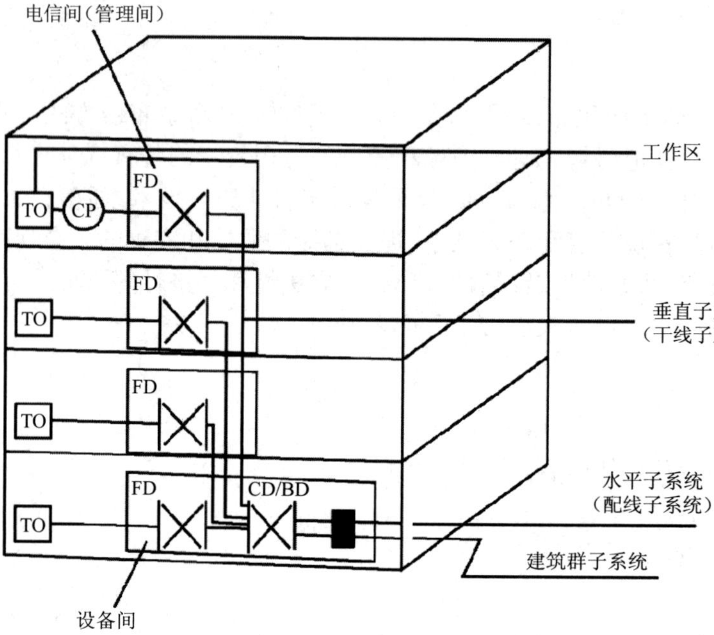

图 8-1 综合布线设备典型组成

（1）工作区：一个独立的终端设备即可划分为一个工作区。

（2）配线子系统：由信息插座、配线电缆或光缆、配线设备和跳线等组成。

（3）干线子系统：干线子系统应由设备间至电信间的干线电缆和光缆，安装在设备间的建筑物配线设备（BD）及设备缆线和跳线组成。

（4）建筑群子系统：建筑群子系统应由连接多个建筑物之间的主干电缆和光缆，建筑群配线设备（CD）及设备缆线和跳线组成。

（5）设备间：设备间是在每幢建筑物的适当地点进行网络管理和信息交换的场地。

（6）进线间：进线间是建筑物外部通信和信息管线的入口部位，并可作为入口设施和建筑群配线设备的安装场地。

（7）管理：管理应对工作区、电信间、设备间、进线间的配线设备、缆线、信息插座模块等设施按一定的模式进行标识和记录。

3. 综合布线系统的特点

相较于传统布线技术，综合布线在其兼容性、开放性、灵活性、可靠性、先进性和经济型等 6 个特点上占据优势，并且综合布线在传统布线的基础上进行了更多便利性的优化。

1）兼容性

兼容性是综合布线的主要特点。综合布线的兼容性让综合布线技术可以适用于多种应用系统。

过去，对大厦或大厦内的声音和数据线布线时，经常使用不同厂家的电缆、布线插座、连接器等。例如，用户交换机通常使用双绞线，计算机系统通常使用粗或细同轴电缆。这些设备的布线材料不同，连接它们的插头、插座、端子板也各不相同，互不兼容。如果需要更换终端机或电话机的位置，就要敷设新的电缆，并安装新的插座或适配器。

综合布线将语音、数据与监控设备的信号线经过统一的规划和设计，采用相同的传输媒体、信息插座、交连设备、适配器等，把这些不同信号综合到一套标准的布线中。由此可见，这种布线与传统布线相比大为简化，可节约大量的物资、时间和空间。

在使用时，用户可不用定义某个工作区的信息插座的具体应用，只把某种终端设备（如个人计算机、电话、视频设备等）插入这个信息插座，然后在管理间和设备间的交接设备上做相应的接线操作，这个终端设备就被接入各自的系统了。

2）开放性

以往的布线方式如果更换别的机器，就必须更换所有的布线。对于已经完工的建筑物来说，这样的操作是非常困难的，需要增加投资。而综合布线采用开放式体系结构，符合多种国际上现行的标准。

3）灵活性

以往的布线方式被密封，架构被固定，移动或追加装置是相当困难和麻烦的，也是不可能的。

而综合布线的每个信道都可以支持终端、以太网和令牌环网络工作站。所有设备的开通和变更不需要变更配线，只要进行对应的应用设备的增减和台架所需的跳跃管理即可。另外，小组网络也灵活多样，在同一房间里可以有多个用户终端。

4）可靠性

建筑系统的可靠性必须由选定布线的可靠性来保证，当各应用程序的系统布线不存在时，会引起交叉干扰。

综合布线采用高品质的材料和组合压接方式，实现了信息传输线路的高规格化。所有线槽及相关连接件均通过 ISO 认证，每个通道均使用专用仪器测试链路的阻抗及衰减率，保证电气性能。应用系统的布线全部采用点对点终端，任何一个链路的故障都不会影响其他链路的运行。这为链路运行维护和故障维修提供了便利，保障了应用系统的可靠运行。应用系统通常使用相同的传输介质，因此可以互相备份以增强备用冗余。

5）先进性

所有布线均采用国际最新通信标准，链路由 8 芯双绞线构成。类 5 双绞线可以具有 100 mhz 的带宽，类 6 双绞线可以具有 250 mhz 的带宽，类 6 双绞线可以具有 500 mhz 的带宽。根据特定用户的需求，可以将 fiber 带入桌面。声音中继采用铜线，数据中继采用光缆，为实时多媒体信息的同时传输提供了充足的带宽容量。

6）经济性

综合布线比以往的布线更有经济优势，主要的综合布线可以适应相当长时间的需求。传统布线改造需要时间，耽误工作造成的损失不能用金钱来计算。

特别是以电话为中心的通信网，逐渐转向 ISDN（综合服务数字网）和 VOIP 等，能够同时传输声音、数据、影像的综合通信网受到了越来越多的关注。因此，集成布线取代了单一、昂贵、复杂的传统布线，是“信息时代”的要求，也是历史发展的必然趋势。随着无线网络和物联网的飞速发展，将来的综合布线系统将有语音和数据传输的需求，需要满足 802.11 ac 等的高速无线网络的接入条件，选择适当的综合布线产品非常重要。用户的网络系统必须具有一定的容错能力，保障在出现意外的情况下用户能正常工作。选用的技术和设备是成熟的、标准化的。在条件允许的前提下，主干网和各种设备应有冗余备份，机房要有不间断电源。

4. 综合布线系统的意义

综合布线系统是 1985 年由美国电话电报公司（AT&T）贝尔实验室首先推出的，随着发展，综合布线系统的应用得到了广泛的认可，综合布线系统的意义有以下几个方面。

1）提高了网络的灵活性

目前，在校园、企业、政府部门中，信息网络是重要的资源，大多数机构不把用户安排在端口上，而是将用户从一个地方转移到另一个地方。以往的布线方式是在网络终端设备的位置设置布点，然后再进行布置。若工作空间的位置被改变，会导致重新布线（爬上天花板，为了连接墙内的电缆而卸下防漆的墙）和网络切断（设备追加时）。集成布线不仅能满足现在的需求，还能应对未来布线系统的挑战。利用综合布线系统，每个工作区域预先布线，因而在增加新用户时不需要重新布线。更重要的是，网络配置均在布线间的布线板上完成，无须接触用户端的连接，无须接触水平电缆。即使这样的重构，综合布线系统也可以快速地在相同的地方进行大规模的动作，例如整个工作组的整体移动，而不干扰网络中的其他用户。

2）具有相对独立的技术特性

现有的综合布线标准允许在普通双绞线上运行许多 Lsan 技术。迄今为止，选择某种传输介质就意味着选择某种网络技术，反之亦然。

3）降低了网络故障率

70% 网络故障是由布线系统引起的，所以布线系统的重要性是显而易见的。在按照综合布线设计的网络中，与网络相连的每台设备都有一个专用的介质连接。

用户设备、交换机 / 集线器的用户端口或布线系统本身发生任何故障，都可以隔离开单个用，如果使用类似同轴电缆的共享介质，则单个故障会使多个用户乃至整个局域网络陷入混乱。

4）简化了网络管理

由于所有的用户连接和集线器都集中在布线之间，因此网络故障的诊断、测试和修复将变得容易。测试设备和网络监控工具可以长期安装在布线之间，也可以直接安装在集线器内。布线间是测试用户设备、网络设备以及布线系统的重要位置，大部分修复工作也可以在这个中央区域进行。另外，所有决定性的网络设备，如接线板、LAN 集线器、交换机、路由器等，为了方便管理被统一放置在房间里，并为其提供稳定的电源。这些设备可以和普通用户隔离，防止未授权人员所有的 LAN 单点故障。

此外，整体布线结构清晰，便于管理和维护。传统的布线是使用各种各样的布线设施进行设计和施工的。在自动化水平高的大楼里，各种线路如麻。拉线时凿墙，不仅造成室外挖沟、难以管理，接线成本高，功能不足，而且也不适应形势发展的需要。布线是对这些缺点采取标准化措施，实现统一材料、统一设计、统一布线、统一安装工程，明确结构，便于集中管理和维护。

技能点 2　综合布线的设计方式

1. 综合布线系统的设计原则

1）系统性

在建筑物的所有区域内都要布有信息端口，当需要重新连接或布置工作站终端时就可以直接启动而无须重新布线。

2）标准化

为了使所有类型的网络和终端可以平稳地连接，系统的信息端口与使用的配套电缆需要统一标准，这样还能使系统维护和重新配置变得更加灵活方便。

3）先进性和延续性

系统选用的技术需要在长时间内保证不会过时，而且需要兼顾系统发展和向上的兼容性，不会因为技术升级而失去厂家的支持。

4）高性能价格比

需要选择合理的布线系统结构，系统使用的原材料、介质、接插件、电气设备需要有良好的物理和电气性能，而且价格适中。

5）实用性

系统设计时应充分考虑用户目前的需要以及后续发展的需求。

6）灵活方便

系统的结构设计需要做到配线容易，信息口设置合理，以达到即插即用的效果。

7）可管理

系统需采用标准积木式接插件，使其可进行配线管理。

8）扩充性好

系统需依照规范标准进行设计，采用易于扩充的结构和接插件，保证其后续扩充和更换的便利性。

2. 综合布线系统的设计标准

1）综合布线系统标准的种类

综合布线系统的国外标准主要有以下几种。

（1）ISO/IEC 11801：2010 信息技术—用户基础设施结构化布线

（2）ISO/IEC 14763：2012 信息技术—用户基础设施结构化布线的安装和操作。

（3）ISO/IEC 14763-3：2014 信息技术—用户基础设施结构化布线的安装和操作—光纤测试。

（4）ANSI/ EIA / TIA -569 商业大楼通信通路与空间标准。

（5）ANSI/ EIA / TIA -568-C 商业大楼通信布线标准。

（6）ANSI/ EIA / TIA -606-B 商业大楼通信基础设施管理标准。

综合布线系统的国内标准有以下几种。

（1）GB 50311-2016 综合布线系统工程设计规范。

（2）GB/T 50312-2016 综合布线系统工程验收规范。

（3）JGJ/T 454-2019 智能建筑工程质量检测标准。

2）ANSI/EIA/TIA-568A 标准简介

ANSI（American National Standards Institute 美国国家标准学会）学会成立于 1918 年，当时，美国的许多企业和专业技术团队，就已经开始了标准化工作，但因为各企业团队之间交流与协调效率低下，所以使整个标准化过程产生了不少的矛盾和问题。为了解决这些问题以提高标准化效率，数百个科技学会、协会组织和团体一同成立了一个专门的行业标准化机构，并制定了统一的通用标准。1918 年，美国材料试验协会（ASTM）、美国机械工程师协会（ASME）、美国矿业与冶金工程师协会（ASMME）、美国土木工程师协会（ASCE）、美国电气工程师协会（AIEE）等组织，共同成立了美国工程标准委员会（AESC）。美国政府的 3 个部（商务部、陆军部、海军部）也参与了该委员会的筹备工作。1928 年，美国工程标准委员会改组为美国标准协会（ASA）。为致力于国际标准化事业和消费品方面的标准化，1966 年 6 月，协会又改组成美利坚合众国标准学会（USASI）。1969 年 10 月 6 日更名为美国国家标准学会（ANSI）。

TIA（Telecommunications Industry Association 美国通信工业协会）：是专门制定通信配线及架构的标准组织。

EIA（Electronic Industries Association 美国电子工业协会）：是专门制定有关界面电气特性的组织。

TIA/EIA-568A 标准的目的如下。

（1）建立支援多厂商的通信配线标准。

（2）推动建筑物中结构化配线系统的计划与安装。

（3）建立各种配线系统的效率与技术标准。

3）ISO/IEC 11801 标准

2002 年 6 月，在美国通信工业协会（TIA）TR-42 委员会的会议上，正式通过了六类布线标准，该分类标准被归为 TIA/EIA-568B 标准的附录，标准的正式名称为 ANSI/TIA/EIA-568B.2-1-2002。同时该标准也被国际标准化组织（ISO）批准，标准号为 ISO/IEC 11801：2002。

与过去的标准相比，这两个标准的绝大部分内容是一致的。

新的六类标准在几个不同的方面对以前的草案进行了完善，TIA 指定六类系统组成的成分必须向下兼容三类、五类、超五类等布线产品，同时也必须满足混合使用的要求。六类布线标准对 100 Ω 平衡双绞线、连接硬件、跳线、通道和永久链路做了具体要求。六类布线标准的具体改善如下。

（1）六类线材性能的测试频率确定为 1-250MHZ 频率。

（2）六类布线系统在 200MHZ 时综合衰减串扰比（PS-ACR）需具有较大的余量，需提供 2 倍于超五类线材的带宽。为了确保整个系统有良好的电磁兼容性，标准还对线缆和其连接件的匹配提出了相关建议。

（3）六类线材相比于超五类线材主要改善了串扰以及回波损耗方面的性能，该改进主要是为了满足新一代全双工的高速网络对回波损耗性能的要求。

（4）六类标准中取消了基本链路模型（TIA）测试，保留了永久链路（ISO）和通道模型

（TIA/ISO）测试，从而保证两个标准在测试模型上达成了一致。

（5）在标准的正本中取消了现行的五类标准的定义。

（6）定义了六类标准测试的参数类别。

（7）添加了 ISO/IEC-11801：2002 Class E 与 ANSI/TIA/EIA-568B.2-1 标准的不同之处。

4）GB50311 与 GB50312 标准

GB 编号的标准指的是国家标准，简称国标，主要由国家质量技术监督局与建设部制定。综合布线系统工程设计具体实施的标准之一是《综合布线系统工程设计规范》（GB 50311—2007）。该标准起到正确导向的作用，其内容主要由总则、术语和符号、系统设计、系统配置设计、系统指标、安装工艺要求、电气防护及接地、防护 8 章组成。

而《综合布线系统工程验收规范》（GB50312—2007）是综合布线系统工程验收具体实施的标准之一。该标准需要与 GB50311 组合使用，其主要由总则、环境检查、器材及测试仪表工具检查、设备安装检验、缆线的敷设和保护方式检验（包括缆线的敷设和保护措施）、缆线终接、工程电气测试、管理系统验收和工程验收以及工程检验项目等内容组成。

技能点 3　通信介质的选择

1. 双绞线

双绞线是在综合布线工程中最常用的一种传输介质。其主要是由相互具有绝缘的两根新型铜线按一定的运动扭矩相互地移动绞合在一起的，这种方式类似于无线电话信号接收器的无线传播媒体，每根新的铜线都分别增加了一个绝缘保护层并且都分别具有各自的绝缘颜色以及分配上的标记。

与其他传输介质相比，双绞线在传输距离、信道宽度和数据传输速度等方面均受到一定限制，但价格较为低廉。

1）双绞线的性能指标

对于双绞线，应用双绞线的用户会更加关注包括衰减、特性阻抗、分布电容、直流电阻、近端串扰等指标特性。这些指标在一定程度上代表了传输的稳定性与效果。

（1）衰减。

衰减是沿链路的信号损失度量。衰减的程度与线缆的长度有关，长度越长其衰减也越严重。衰减用“dB”作为单位，其表示源传送端信号到接收端信号强度的比率，由于衰减随频率而变化，因此应测量在应用范围内的全部频率上的衰减。

（2）直流电阻。

直流电阻是指一对导线电阻的和，直流环路电阻会消耗一部分信号，并将其转变成热量。应用 11801 规格的双绞线的直流电阻不得大于 19.2 Ω。其每对导线电阻间的差异不能太大（小于 0.1 Ω），否则表示接触不良，必须要检查连接点。

（3）特性阻抗。

特性阻抗包括电阻及频率为 1~100 MHz 的电感阻抗及电容阻抗，它与一对电线之间的距离及绝缘体的电气性能有关。各种电缆有不同的特性阻抗，而双绞线电缆则有 100 Ω、

120 Ω 及 150 Ω 几种。

（4）串扰。

串扰分为近端串扰（NEXT）和远端串扰（FEXT），测试仪主要是测量近端串扰，由于存在线路损耗，因此远端串扰对测量值的影响较小。近端串扰损耗是测量一条非屏蔽双绞线链路中从一对线到另一对线的信号耦合。对于非屏蔽双绞线链路，NEXT 是一个关键的性能指标，也是最难精确测量的一个指标。随着信号频率的增加，其测量难度将加大。

NEXT 并不表示在近端点所产生的串扰值，它只表示在近端点所测量到的串扰值。这个量值会随电缆长度不同而发出变化，电缆越长串扰值变得越小，同时发送端的信号也会衰减，对其他线对的串扰也相对变小。大量的实验可证明，尽量在两个端点进行 NEXT 的测量，其最佳的测量距离是 40 m。在这个距离下，NEXT 相对更加准确。

大部分测试仪都配有相应设备，使得在链路一端就能测量出两端的 NEXT 值。NEXT 测试的结果参照表 8-1 和表 8-2。

表 8-1　各种双绞线连接为最大长度时各种频率下的衰减极限

频率（MHz）	最大衰减（20℃）					
	信道（100 m）			链路（90 m）		
介质类别	3 类	4 类	5 类	3 类	4 类	5 类
1	4.2	2.6	2.5	3.2	2.2	2.1
4	7.3	4.8	4.5	6.1	4.3	4.0
8	10.2	6.7	6.3	8.8	6	5.7
10	11.5	7.5	7.0	10	6.8	6.3
16	14.9	9.9	9.2	13.2	8.8	8.2
20	—	11	10.3	—	9.9	9.2
25	—	—	11.4	—	—	10.3
31.25	—	—	12.8	—	—	11.5
62.5	—	—	18.5	—	—	16.7
100	—	—	24	—	—	21.6

表 8-2　特定频率下的 NEXT 衰减极限

频率（MHz）	最小 NEXT					
	信道（100 m）			链路（90 m）		
介质类别	3 类	4 类	5 类	3 类	4 类	5 类
1	39.4	53.3	60.0	40.1	54.7	60.0
4	29.3	43.3	50.6	30.7	45.1	51.8
8	24.3	38.2	45.6	25.9	40.2	47.1
10	22.7	36.6	44.0	24.3	38.6	45.5

续表

频率（MHz）	最小 NEXT					
	信道（100 m）			链路（90 m）		
16	19.3	33.1	40.6	21	35.3	42.3
20	—	31.4	39.0	—	33.7	40.7
25	—	—	37.4	—	—	39.1
31.25	—	—	35.7	—	—	37.6
62.5	—	—	30.6	—	—	32.7
100	—	—	27.1	—	—	29.3

以上两个指标是 TSB67 测试的主要内容，但某些型号的测试仪还可以给出直流电阻、特性阻抗、衰减串扰比等指标。

（5）衰减串扰比（ACR）。

在某些频率范围内，有一个重要的参数就是串扰与衰减量的比例关系，它反映了电缆的性能。衰减串扰比有时也以信噪比（Signal-Noice ratio，SNR）来进行表示，它由最差的衰减量与近端串扰（NEXT）量值的差值计算得来。ACR 值较大，表示抗干扰的能力越强。一般系统要求至少大于 10 dB。

（6）电缆特性。

通信信道的品质是由它的电缆特性描述的。信噪比（SNR）是在考虑干扰信号的情况下，对数据信号强度的一个度量。如果 SNR 过低，将导致数据信号在被接收时，接收器不能分辨数据信号和噪音信号，最终引起数据错误。因此，为了将数据错误限制在一定范围内，必须定义一个最小的可接收的 SNR。

2）常用双绞线

（1）安普。

安普（AMP）是中国最常见的，也是最常用的一个品牌，遍布各大网线售卖的店铺，它以质量好、价格便宜的优点占据大量的市场。

安普的六类双绞线系统是由 Quantum UTP 线缆、Quantum 模块化信息插座系统、Quantum 模块化配线架系统和 Quantum 跳线等连接件组成。Quantum 六类系统提供了 200 MHz 的带宽，其 UTP 线缆模块化的连接由传统 110 系统或无须工具的模块化连接硬件组成，整个系统将很容易超越由 ISO/IEC 规定的六类布线应达到的性能标准。图示如图 8-2 所示。

（2）西蒙。

西蒙（Siemon）产品在综合布线系统中也是经常可以见到的，它相比安普品牌来说，档次要高许多，质量、技术特性都高出一个档次，当然其价格也高许多，所以在 DIY 市场中很难见到它的应用。

图 8-2　AMP 图示

西蒙 SYSTEM 6 系统的频率带宽超过 250 MHz，同时可以保证在 250 MHz 以内所有的性能参数都满足和超过六类标准草案的要求，西蒙公司可提供所有六类产品（连接硬件、线缆）及系统（基本链路和信道）的测试报告及第三方认证实验室（如 DELTA、ETL）的测试认证。图示如图 8-3 所示。

（3）朗讯。

朗讯（Lucent）经常出现在高端网络组件中，拥有强大的技术实力。朗讯以贝尔实验室为后盾，朗讯科技设计开发的端到端“六类”布线系统 SYSTIMAX GigaSPEED Solution，对网络中连接主机及计算机的布线系统的每一元件都进行了革新，更加优化了布线系统的端到端性能。

图 8-3　Siemon 图示

GigaSPEED 解决方案是一个性能超前的产品，其性能完全能达到及超过六类标准草案的指标。GigaSPEED 系统拥有 14 项世界专利，典型的 GigaSPEED 配置是水平系统 UTP 铜缆与垂直主干及建筑群子系统 SYSTIMAX 光纤的组。这种解决方案可为用户提供所需的网络性能，同时也为将来的网络应用和技术发展提供了充足的带宽。图示如图 8-4 所示。

（4）丽特。

丽特（NORDX/CDT）的千兆位六类 2400 系统采用 IBDN PS5 增强型连接和 IBDN 2400 系列非屏蔽电缆，能够提供 2.4 Gbps 的数据传输率，其电缆提供了较高的频带宽度和余量，以保证更广泛的应用。而丽特新的六类产品 IBDN System 4800 LX 将达到 4.8 Gbps 的数据传输率，它由新型的 IBDN 4800 LX 电缆、PS6 连接硬件和 PS6 标准线缆组成，能提供 300 MHz 的带宽性能。与当前的六类建议标准草案相比，IBDN System 4800 LX 在各项性能参数上都有显著提高。图示如图 8-5 所示。

图 8-4　Lucent 图示

图 8-5　NORDX/CDT 图示

（5）IBM。

IBM 的 ACS 银系列产品符合 ISO/IEC 11801 六类 /E 级标准草案、EN 50173 六类 E 级标准草案和 TIA/EIA 568 六类标准草案。ACS 银系列带宽达 200 MHz，可以更好地支持千兆以太网及其他使用 4 对线缆传的网络。

IBM ACS 银系列系统向下兼容五类或超五类，银系列和铜系列适用同类型配线架，易升级且保护投资。同时，IBM ACS 银系列产品是一个 100 Ω 铜缆系统，它可与 IBM ACS 水晶系列产品进行整合，以实现不同楼层之间、集线器和楼宇之间光缆的连接，这时水晶系列产品可以为水平系统上低速的银系列产品性能提供高速的连接。

图 8-6　IBM 图示

2. 光纤光缆

光纤通信是现代信息传输的重要方式之一。它具有容量大、中继距离长、保密性好、不受电磁干扰和节省铜材等优点。随着科技的不断发展，光纤也逐渐进入到人们的日常生活中，给我们带来了许多便利。

1）光缆的结构

按照被覆光纤在光缆中所处的状态，光缆分为紧结构与松结构两类。骨架型光缆是一种典型的松结构。光纤埋在骨架外周螺旋槽中，有活动余地。这种光缆隔离外力和防止微弯损耗的特性较好。

绞合型光缆当使用紧包光纤时是一种典型的紧结构，被覆光纤被紧包于缆结构中，但绞合型光缆使用松包光纤时，由于光纤在二次被覆塑料管中可以活动，仍属松结构。绞合型光缆的成缆工艺较为简单，性能良好。此外，还有带状光缆、单芯光缆等结构类型。光纤结构示意图如图 8-7 所示。

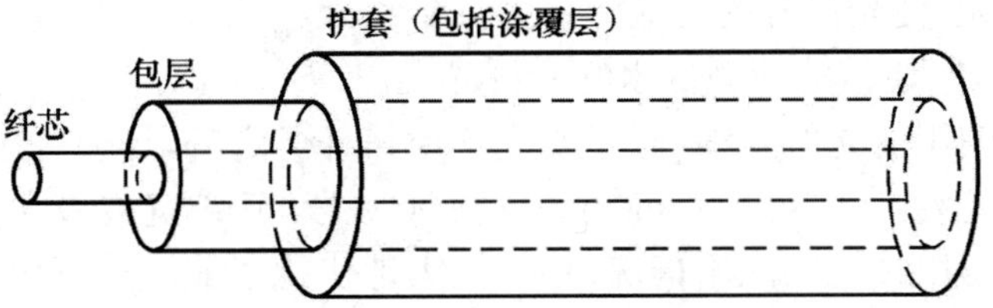

图 8-7　光纤结构示意图

2）光纤的分类

由于传输数据的不同以及所处环境的差异，光纤也分为许多类型。不同类型的光纤所适用的场景也是不同的。

（1）突变型。

突变型光纤的折射率一般低于纤芯，目的是为了提供了反射面，其纤芯折射率保持常数。而在纤芯与包层的界面上它的折射率发生了突变，纤芯中光线轨迹呈锯齿形折线。这种光纤模间色散大，带宽只有几十兆赫公里。常做成大芯径，大数值孔径光纤，以提高与光源的耦合效率，适用于短距离、小容量的通信系统。

（2）渐变型。

渐变型光纤，其中纤芯到玻璃包层的径向方向折射率逐渐变小，可使光按照正弦形式进行传播。纤芯中心折射率最高，沿径向渐变。

（3）单模光纤。

单模光纤是中心玻璃芯很细，只能传递单一模式的光纤，适合于远程通信。

（4）玻璃光纤。

玻璃光纤顾名思义主要是使用玻璃制成，其特点是熔点低，适用于制作大芯径、大数值孔径光纤。

（5）包层光纤。

包层光纤是一种以高纯石英作纤芯、塑料（如有机硅）作包层的突变型多模光纤。芯径和数值孔径较大，便于连接和耦合，适用于短距离、小容量系统。

（6）塑料光纤。

光纤材料主要是特制的高透明度的有机玻璃、聚苯乙烯等塑料，可做成突变型或渐变型多模光纤。在短距离情况下，塑料光纤是良好的传输介质，它的特点是柔软、加工方便、芯径和数值孔径大。

（7）被覆光纤。

被覆光纤是在拉丝后的光纤表面迅速施加一次被覆层，增加其强度，让光纤在一些特殊的环境下可保持正常，维持高强度，不致毁坏，延长寿命，也被称为一次被覆光纤。

为了进一步提高其耐压和抗弯折等机械性能，便于成缆和使用，往往在表面上再挤覆一层较厚的塑料层，这就是二次被覆光纤，也称被覆光纤。按照光纤在二次被覆护层中的松动状态，还可分为松包光纤和紧包光纤两类。

3）光缆的分类

（1）应用于长途通信的新型大容量长距离光纤光缆。

有效面积大、低色散维护的新型光纤光缆 G655，其相比于 G652 光纤光缆色散补偿更小、损耗也更小，可以使现有传输系统的容量升级至 10~40 Gbit/s，并便于在光纤光缆上采用分布式拉曼效应放大，使光信号的传输距离大大延长。

（2）应用于城域网通信的新型低水峰光纤光缆。

城域网通信所使用的光纤光缆，除了要完成通信任务之外，还要考虑简化设备以及成本问题。低水峰光纤光缆在 1 360~11 460 mm 的延伸波段，其带宽被极大地扩展了，也因为如此还要考虑非波分复用技能的应用情况，不仅极大地优化了非波分复用技术，增大了传输信道，并且增加了传输距离。

（3）应用于局域网的新型多模光纤光缆。

由于局域网和用户驻地网的高速发展，大量的综合布线系统也采用了多模光纤光缆来代替数字电缆，因此多模光纤光缆的市场份额逐渐加大。之所以选用多模光纤光缆，是因为局域网传输距离较短，虽然价格会贵一些，但是它所配套的光器件可选用发光二极管，其价格则比激光管便宜很多，拥有较大的芯径与数值孔径容易连接与耦合，相应的连接器、耦合器等元器件价格也低得多。

由于 ITU-T 尚未接受 62.5/125 μm 型多模光纤光缆标准，但由于局域网发展的需要，它仍然得到了广泛运用。而 ITU-T 推选的 G.651 光纤光缆，即 50/125 μm 的标准型多模光纤光缆，其芯径较小、耦合与连接相应更加困难，虽然在部分欧洲国家和日本有一些运用，但北美及欧洲大多数国家很少采用。对于这些问题，已有公司进行了改良，最新研制出新型的 50/125 μm 光纤光缆渐变型（G1）光纤光缆，对应的 62.5/125 μm 的多模光缆结构示意图如图 8-8 所示。

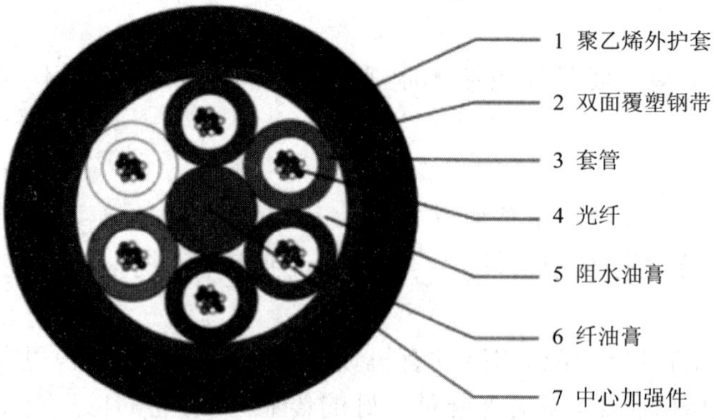

图 8-8 62.5/125μm 的多模光缆

4）光缆布放

光缆的布放需要遵守对应的技术规范准则，以及对周围的环境进行实际的考量。需要遵守的规范和要求有很多。

(1)入户光缆布放技术规范。

根据《综合布线系统工程验收规范》GB 50312—2007 的要求,光缆布放安装过程中应遵循以下技术规范。

①入户光缆敷设前应考虑用户住宅建筑物的类型、环境条件和已有线缆的敷设路由,同时需要对施工的经济性、安全性以及将来维护的便捷性和用户满意度进行综合判断。

②应尽量利用已有的入户暗管敷设入户光缆,对无暗管入户或入户暗管不可利用的住宅楼宜通过在楼内布放波纹管的方式敷设蝶形引入光缆。

③对于建有垂直布线桥架的住宅楼,宜在桥架内安装波纹管和楼层过路盒,用于穿放蝶形引入光缆。如桥架内无空间安装波纹管,则应采用缠绕管对敷设在内的蝶形引入光缆进行包扎,以起到对光缆的保护作用。

④由于蝶形引入光缆不能长期浸泡在水中,因此一般不适宜直接在地下管道中敷设。

⑤敷设蝶形引入光缆的最小弯曲半径应符合以下条件:敷设过程中不应小于 30 mm,固定后不应小于 15 mm。

⑥一般情况下,蝶形引入光缆敷设时的牵引力不宜超过光缆允许张力的 80%;瞬间最大牵引力不得超过光缆允许张力的 100%,且主要牵引力应加在光缆的加强构件上。

⑦应使用光缆盘携带蝶形引入光缆,并在敷设光缆时使用放缆托架,使光缆盘能自动转动,以防止光缆被缠绕。

⑧在光缆敷设过程中,应严格注意光纤的拉伸强度、弯曲半径,避免光纤被缠绕、扭转、损伤和踩踏。

⑨在入户光缆敷设过程中,如发现可疑情况,应及时对光缆进行检测,确认光纤是否良好。

⑩蝶形引入光缆敷设入户后,光缆分纤箱或光分路箱一侧预留 1.0 m,住户家庭信息配线箱或光纤面板插座一侧预留 0.5 m。

⑪ 应尽量在干净的环境中制作光纤机械接续连接插头,并保持手指的清洁。

⑫ 入户光缆敷设完毕后应使用光源、光功率计对其进行测试,入户光缆段在 1 310 nm、1 490 nm 波 长的光衰减值均应小于 1.5 dB,如入户光缆段光衰减值大于 1.5 dB,应对其进行修补,修补后还未得到改善的,需重新制作光纤机械接续连接插头或者重新敷设光缆。

⑬ 入户光缆施工结束后,需用户签署完工确认单,并在确认单上记录入户光缆段的光衰减测定值,供日后维护参考。

(2)室内光缆布放技术:墙体开孔与光缆穿孔保护。

第一步:根据入户光缆的敷设路由,确定其穿越墙体的位置。一般宜选用已有的弱电墙孔穿放光缆,对于没有现成墙孔的建筑物应尽量选择在隐蔽且无障碍物的位置开启过墙孔。

第二步:判断需穿放蝶形引入光缆的数量(根据住户数),选择墙体开孔的尺寸,一般直径为 10 mm 的孔可穿放 2 条蝶形引入光缆。

第三步:根据墙体开孔处的材质与开孔尺寸选取开孔工具(电钻或冲击钻)以及钻头的规格。

第四步:为防止雨水的灌入,应从内墙面向外墙面并倾斜 10° 进行钻孔,如图 8-9 所示。

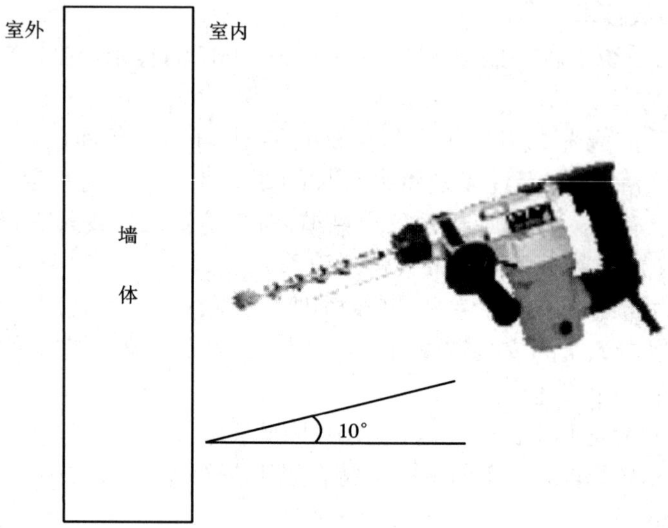

图 8-9　墙体开孔方式

第五步：墙体开孔后，为了确保钻孔处的美观，内墙面应在墙孔内套入过墙套管或在墙孔口处安装墙面装饰盖板。

第六步：如所开的墙孔比预计的大，可用水泥进行修复，应尽量做到洞口处的美观，如图 8-10 所示。

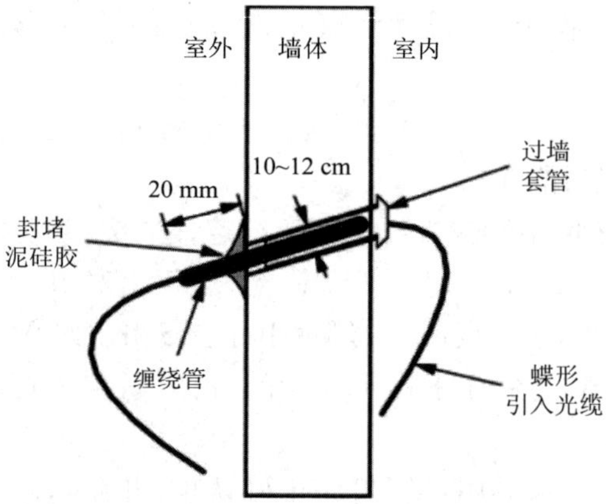

图 8-10　蝶形引入光缆穿墙保护方式

第七步：将蝶形引入光缆穿放过孔，并用缠绕管包扎穿越墙孔处的光缆，以防止光缆裂化。

第八步：光缆穿越墙孔后，应采用封堵泥、硅胶等填充物封堵外墙面，以防雨水渗入或虫类爬入。

第九步：蝶形引入光缆穿越墙体的两端应留有一定的弧度，以保证光缆的弯曲半径。

（3）明线布放：卡钉固定布缆。

第一步：选择光缆钉固路由，一般光缆宜钉固在隐蔽且人手较难触及的墙面上，卡钉扣间距 50 cm。在室内钉固蝶形引入光缆应采用卡钉扣，如图 8-11 所示；在室外钉固自承式蝶形引入光缆应采用螺钉扣，如图 8-12 所示。

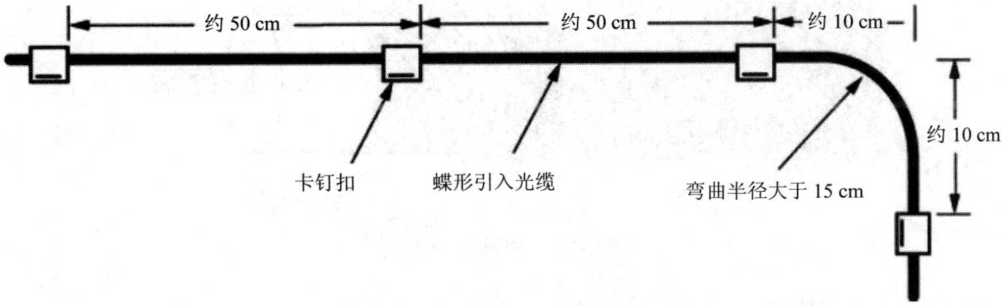

图 8-11　卡钉扣固定方式

第二步：在安装钉固件的同时可将光缆固定在钉固件内，由于卡钉扣和螺钉扣都是通过夹住光缆外护套进行固定的，因此在施工中应注意一边目视检查，一边进行光缆的固定，必须确保光缆无扭曲，且钉固件无挤压在光缆上的现象发生。

第三步：在墙角的弯角处，光缆须留有一定的弧度，从而保证光缆的弯曲半径，并用套管进行保护。严禁将光缆贴住墙面沿直角弯转弯。

第四步：采用钉固布缆方法布放光缆时需特别注意光缆的弯曲、绞接、扭曲、损伤等现象。

第五步：光缆布放完毕后，须全程目视检查光缆，确保光缆上没有外力产生。

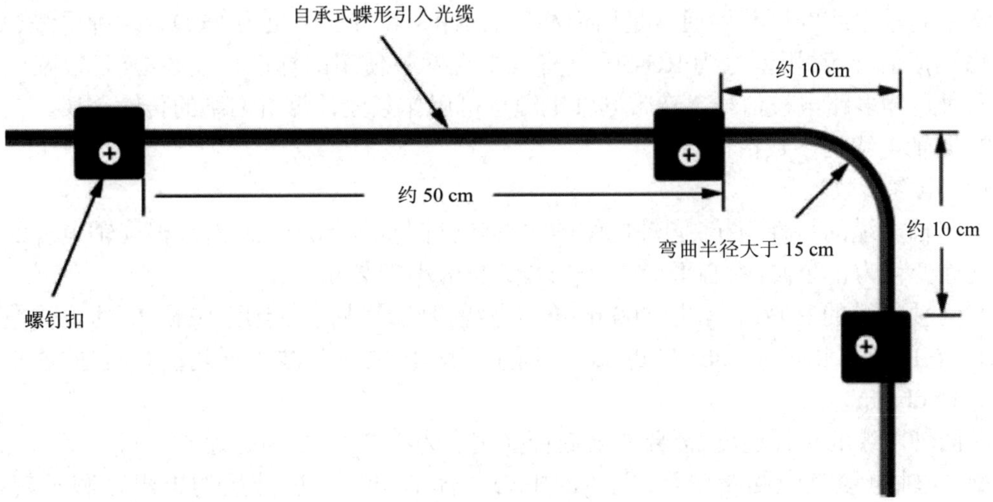

图 8-12　螺钉扣固定方式

3. 同轴电缆

1）同轴电缆的分类

同轴电缆可分为两种基本类型，基带同轴电缆和宽带同轴电缆。同轴电缆的结构如图 8-13 所示。

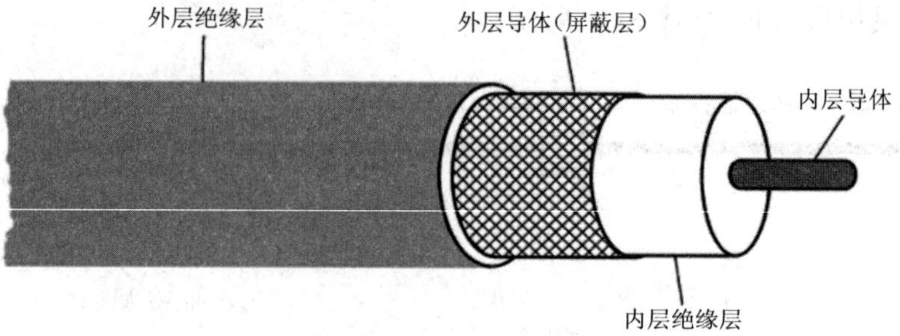

图 8-13 同轴电缆结构

(1)基带同轴电缆。

基带同轴电缆的屏蔽层通常是用铜做成的网状结构,其特征阻抗为 50 Ω。该电缆用于传输数字信号,常用的型号一般有 RG-8(粗缆)和 RG-58(细缆)。

粗缆与细缆最直观的区别在于电缆直径不同。粗缆适用于比较大型的局部网络,它的标准距离长,可靠性高;但是粗缆网络必须安装收发器和收发器电缆,安装难度大,因此总体造价高。相反,细缆则比较简单,造价较低;但由于安装过程中要切断电缆,因而当接头较多时容易产生接触不良的隐患。

无论是使用粗缆还是细缆连接的网络,故障点都会影响整根电缆上的所有机器,故障的诊断和修复都很麻烦。因此,基带同轴电缆已逐步被非屏蔽双绞线或光缆所取代。

(2)宽带同轴电缆。

宽带同轴电缆的屏蔽层通常是用铝冲压而成的,其特征阻抗为 75 Ω。这种电缆通常用于传输模拟信号,常用型号为 RG-59,是有线电视网中使用的标准传输线缆,可以在一根电缆中同时传输多路电视信号。宽带同轴电缆也可用作某些计算机网络的传输介质。

2)同轴电缆的参数指标

(1)电气参数。

①同轴电缆的特性阻抗:同轴电缆的平均特性阻抗为 50±2Ω,沿单根同轴电缆的阻抗的周期性变化为正弦波,中心平均值 ±3 Ω,其长度小于 2 m。

②同轴电缆的衰减:一般指 500 m 长的电缆段的衰减值。当用 10 MHz 的正弦波进行测量时,它的值不超过 8.5 db(17 db/km);而用 5 MHz 的正弦波进行测量时,它的值不超过 6.0 db(12 db/km)。

③同轴电缆的传播速度:需要的最低传播速度为 0.77 C(C 为光速)。

● 同轴电缆直流回路电阻:电缆的中心导体的电阻与屏蔽层的电阻之和不超过 10 mΩ/m(在 20 ℃下测量)。

(2)物理参数。

同轴电缆是由中心导体、绝缘材料层、网状织物构成的屏蔽层以及外部隔离材料层组成。

3)同轴电缆的质量检测

(1)查绝缘介质的整度。

标准同轴电缆的截面很圆整,电缆外导体、铝箔贴于绝缘介质的外表面。介质的外表面越圆整,铝箔与它外表的间隙越小,越不圆整间隙就越大。实践证明,间隙越小电缆的性能越好，另外，大间隙会使空气容易侵入屏蔽层进而影响电缆的使用寿命。

（2）测同轴电缆绝缘介质的一致性。

同轴电缆缘介质直径波动主要影响电缆的回波系数，此项检查可剖出一段电缆的绝缘介质，用千分尺仔细检查各点外径，看其是否一致。

（3）测同轴电缆的编织网。

同轴电缆的编织网线对同轴电缆的屏蔽性能起着重要作用，而且在集中供电有线电视线路中还是电源的回路线，因此同轴电缆质量检测必须查看编织网是否严密平整。方法是剖开同轴电缆外护套，剪一小段同轴电缆编织网，对编织网数量进行鉴定，如果与所给指标数值相符为合格，另外对单根编织网线用螺旋测微器进行测量，在同等价格下，线径越粗质量越好。

（4）查铝箔的质量。

同轴电缆中起重要屏蔽作用的是铝箔，它在防止外来开路信号干扰与有线电视信号混淆方面具有重要作用，因此对新进同轴电缆应检查铝箔的质量。

首先，剖开护套层，观察编织网线和铝箔层表面是否保持良好光泽；其次是取一段电缆，紧紧绕在金属小轴上，拉直向反向转绕，反复几次，再割开电缆护套层观看铝箔有无折裂现象，也可剖出一小段铝箔在手中反复揉搓和拉伸，经多次揉搓和拉伸仍未断裂，说明具有一定韧性，为合格品，否则为次品。

（5）查外护层的挤包紧度。

高质量的同轴电缆外护层都包得很紧，这样可缩小屏蔽层内间隙，防止空气进入造成氧化，以及屏蔽层的相对滑动引起电性能飘移，但挤包太紧会造成剥头不便，增加施工难度。检查方法是取 1 m 长的电缆，在端部剥离保护层，以用力不能拉出线芯为合适。

（6）查电缆成圈形状。

电缆成圈不仅是个美观问题，而且也是质量问题。电缆成圈平整，各条电缆保持在同一同心平面上，电缆与电缆之间成圆弧平行地整体接触，可减少电缆相互受力，堆放不易变形损伤，因此在验收电缆质量时对此不可掉以轻心。

4. 无线介质

传输线系统除同轴电缆、双绞线和光纤外，还有另一种不使用导线的方式，就是无线电通信，无线电通信利用电磁波或光波来传输信息，利用它不用敷设缆线就可以把网络连接起来。

无线电通信包括两个独特的网络：移动网络的无线 LAN 网络。利用 LAN 网，机器可以通过发射机和接收机连接起来；利用移动网，机器可以通过蜂窝式通信系统连接起来，该通信系统由无线电通信部门提供。

技能点 4　综合布线验收测试

综合布线系统工程检验项目及其具体内容如表 8-3 所示。

表 8-3　综合布线系统工程检验项目及其具体内容

阶段	验收项目	验收目的	验收内容	验收方式
施工前检查	环境要求	检查工程环境是否满足安装施工条件和要求	(1)土建施工情况：地面、墙面、门、电源插座及接地装置； (2)土建工艺：机房面积、预留孔洞	施工前检查
	器材检验	对设备器材的规格、数量、质量等进行核对检测，以保证工程进度和质量	(1)外观检查； (2)型号、规格、数量； (3)电缆及连接器件电气特性测试	
	安全、防火要求	保证施工人员安全和设备器材妥善存放	(1)消防器材； (2)危险物的堆放； (3)预留孔洞防火措施	
设备安装	电信间、设备间、设备机柜、机架	设备机柜、机架的安装应符合施工标准规定，以确保工程质量	(1)规格、外观； (2)安装垂直、水平度； (3)油漆不得脱落，标志完整齐全	随工检验
	通信引出端的位置、数量以及安装质量满足用户使用要求	通信引出端的位置、数量以及安装质量均满足用户使用要求	(1)规格、位置、质量； (2)各种螺钉必须拧紧； (3)标志齐全； (4)屏蔽层可靠连接	
电、光缆布放(楼内)	电缆桥架及线槽布放	保证各种线缆敷设安装	(1)安装位置准确； (2)安装符合工艺要求	隐蔽工程签证
	缆线暗敷(包括暗管、线槽、地板下等方式)	各种缆线敷设安装均符合标准规定	缆线规格、路由、位置符合布放缆线工艺要求	

续表

阶段	验收项目	验收目的	验收内容	验收方式
电、光缆布放（楼间）	架空缆线	架空缆线的敷设安装符合标准规定	（1）吊线规格、架设位置、装设规格； （2）吊线垂度； （3）缆线规格； （4）卡、挂间隔	随工检验
	管道缆线	管道缆线的敷设安装符合规定	（1）使用管孔孔位； （2）缆线规格； （3）缆线走向	隐蔽工程签证
	埋式缆线	直埋电缆、光缆的敷设安装符合标准规定	（1）直埋缆线的规格和质量符合设计规定； （2）敷设位置、深度和路由均符合设计规定； （3）缆线的保护措施切实有效	
	隧道缆线的安装敷设（包括缆沟、渠道）	隧道缆沟的缆线安装敷设符合标准规定	（1）缆线规格； （2）安装位置，路由	
	其他	符合相关标准规定	（1）通信路线与其他设施的间距； （2）进线室设施安装、施工质量	随工检验或隐蔽工程签证
系统测试	工程电气性能测试	系统和整体性能符合标准规定	（1）连接图； （2）长度； （3）衰减； （4）近端串扰； （5）近端串扰功率和； （6）衰减串扰比； （7）衰减串扰比功率和； （8）等电平远端串扰； （9）等电平远端串扰功率和；	竣工检验
	光纤特性测试	光缆布线链路性能符合标准规定	（1）衰减； （2）长度	
	系统接地	符合标准规定	衰减、回波损耗等测试结果符合标准规定	

1. 布线测试分类

综合布线验收测试是指用电缆、光缆测试仪对综合布线工程进行的现场验收测试。被测的对象通常有水平链路、垂直链路和骨干链路。

1）垂直链路测试 / 干线子系统

垂直链路测试 / 干线子系统通常是指干线子系统中的光缆和大对数电缆，其中的光缆则多数采用多模光缆（基于系统成本考虑），大对数电缆的等级则一般不超过超五类（Cat5e）。光纤测试等级多以一级测试（即损衰减 / 长度试）为主，少量高速链路（比如 10 G/40 G/100 G）会提高到二级（即损耗测试 + 高解析度 OTDR 测试评判）。

2）骨干链路测试 / 建筑群子系统

在骨干链路中被测对象多数是光缆（单模 / 多模）。对象一般是指楼群之间的光纤（建筑群子系统）。光缆的测试主要以一级测试为主（即测试衰减 / 长度），少数高速应用的用户会选择二级测试。

2. 验证测试与认证测试

测试电缆的通断、长度以及双绞线接头是否连接正常等一般测试被称为电缆的验证测试，并且验证测试不对电缆的电器指标进行检测。

按照国际上的电缆标准进行的测试被称为认证测试，认证测试包括电缆标准中的全部内容，如电缆的衰减、特性阻抗等指标。

通过了验证测试的电缆不能保证所安装的电缆可以支持 10 M 或 100 M 的信号，它并不测试电缆是否可以通过高速的网络数字信号，需要电缆通过了认证测试才可以保证这点。

3. 测试链路模型

基本链路模型在六类标准 CAT6 出来后，就被永久链路取代，表示面板模块到机房配线架上的模块之间的水平链路，按照电信工业联盟和电子工业联盟（TIA/EIA）的要求不能大于 90 m，而通道模型是在永久链路的基础上，加入用户跳线和设备跳线后，距离不能大于 100 m，所以两者在具体工程验收中一定要区分开来。因为两者在 TIA/EIA 的标准中，测试的要求是不一样的，相对来说永久链路要求比较严格。

另外在具体的验收当中，不能只对一个模型进行检测，很多人觉得只测试永久链路就可以了，但实际是不科学的。因为永久链路测试通过，通道模型不一定能通过，反过来，通道模型测试通过了，永久链路不一定通过。所以在实际工程中，尽量两个一起测试。基本链路模型与永久链路模型如图 8-14 和图 8-15 所示。

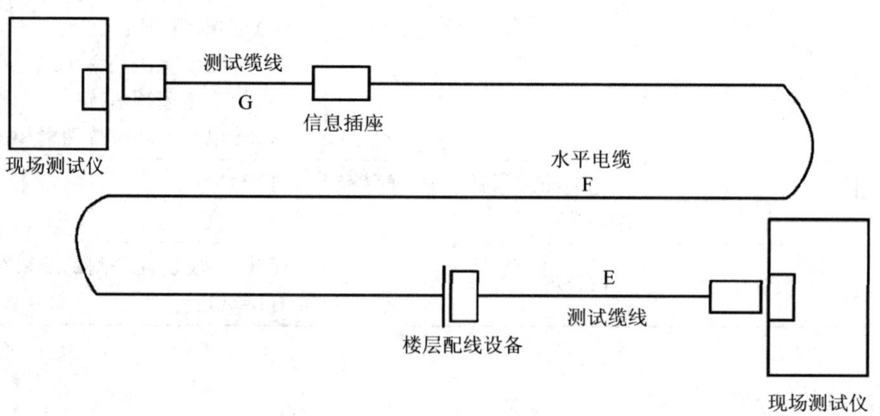

图 8-14 基本链路模型

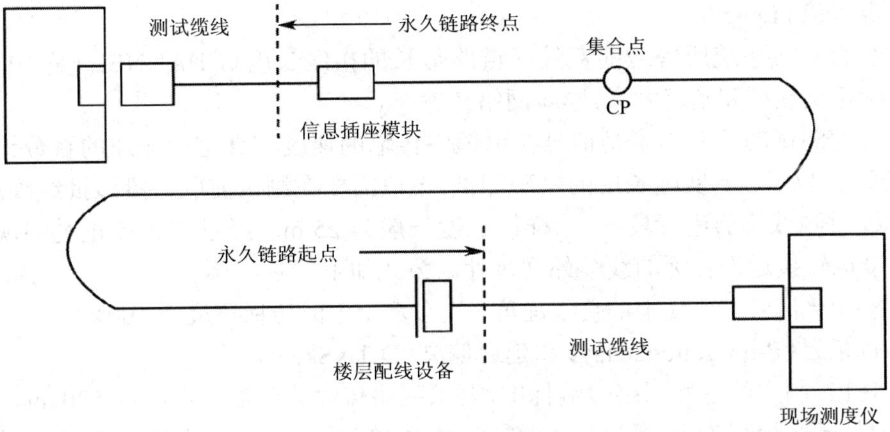

图 8-15　永久链路模型

4. 常用测试参数

对于布线完成之后的线路测试，一般有很多参数以供测试人员参考，对这些参数进行比对，即可得到测试的结果。参数标准也对应着传输介质的性能指标。

1）接点图（WireMap）

接线图的测试用于验证线路两端 RJ45 插头的电缆芯连接对应关系。在接点方面，一般遵循的是 T568A 和 T568B 两种接法，这两种接法在性能上是没有区别的，但工程中要求必须用同一种接法进行施工。布线过程中可能出现正确或不正确的连接图测试情况，如图 8-16 所示。

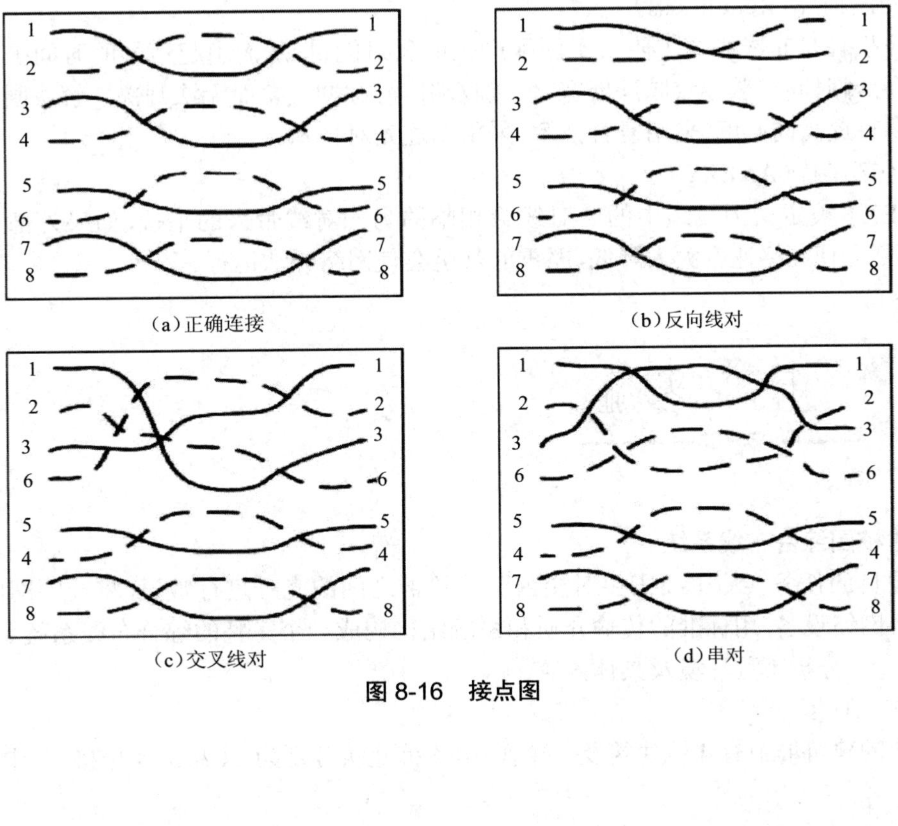

（a）正确连接　（b）反向线对　（c）交叉线对　（d）串对

图 8-16　接点图

2）链路长度（Length）

目前综合布线系统所答应的双绞线链路最长的接线长度（CHANNEL）是 100 m，假如长度超过指标则衰减和延迟太大，影响网络传输。

影响长度测试的重要因素是信号在电缆中传输的速度与真空中光速的百分比，一般用 NVP 值表示。为了达到实际长度的精确测试，该值需要在测试前取一段该批线缆的实际丈量长度样板对测试仪器进行校正，该样板长度一般为 25 m。经过事先校正过的现场测试，其链路长度比较接近于实际的线缆外观尺寸。公式如下。

NVP = 信号在电缆中的传播速度 / 光在真空中的传播速度 ×100%

3）传输延迟（PropagationDelay）和延迟偏离（DelaySkew）

因为 IEEE 制定的各种网络传输标准，要求网络传输的延迟不得超过 570 ms，所以需要在综合布线测试阶段对该项目进行测试，将传输延迟和延迟偏离的数值规定在 TIA/EIA568A-1 的规范内。

4）近端串扰（NEXT）

当使用带宽 100 Mbpsd 的网络传输时，近端串扰的影响是致命的，它会产生足以破坏源有信号的干扰信号，严重影响传输能力，以至于网络瘫痪。由于该数值无法精确测量，所以需要将链路两端的距离控制在 40 m 以内，以最大限度降低近端串扰的影响。

5）远端串扰（FEXT）

板层的厚度，线的长度、宽度、间距，信号的上升时间都会对串扰产生影响。线的耦合长度越长，对串扰的影响越大；线的间距越小，对串扰的影响越大；介质层厚度越大，对串扰的影响越大；信号的上升时间越短，对串扰的影响越大。

6）回波损耗（ReturnLoss）

回波损耗是布线系统中阻抗不匹配产生的反射能量，从而引起信号的时间扩散和频率选择性衰落，时间扩散导致脉冲展宽，使接收端信号脉冲重叠而无法判决。解决回波损耗的方案主要有提高同心度、采用复合技术、采用粘连先对技术。

7）外部串扰（ANEXT）

ANEXT 被定义为线缆中的一对线给相临的另一对线带来的干扰，如果外部串扰的影响过大，则会使网络速度大大降低，严重的甚至会使网络无法运行。

任务实施

构建校园综合布线系统

本项目的任务实施主要需要对楼内及建筑群之间的光纤进行敷设，将校园网的各信息点及主要网络设备，用标准的传输介质和系统结构构成一个完整的综合布线系统。

第一步：分析工程环境及具体内容。

1）施工环境

本次的建筑群中有 4 栋建筑及一个操场，4 栋建筑分别为 1、2、3、4 号楼，其中主要对 2

号信息中心楼的布线方法做重点介绍。

2 号楼一共 5 层，包括网管中心、图书馆、网络实训中心、动漫制作中心以及 12 个常用机房，计划信息点 200 个。2 号楼中的 4 层以及 5 层的基本结构如图 8-17 所示。

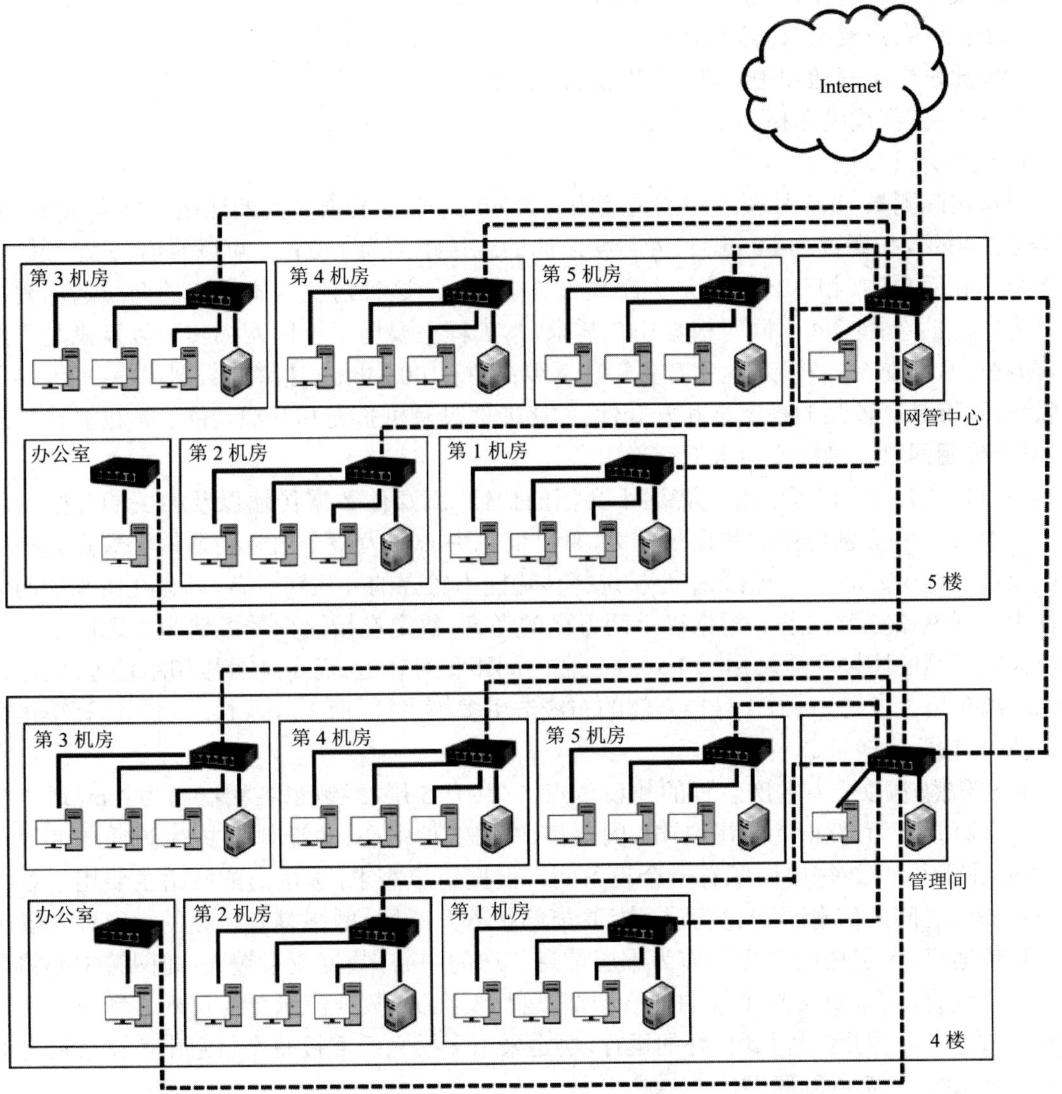

图 8-17　2 号楼网络工程结构图

2）工程具体内容

信息中心：5 层主控机房网络布线工程（强电、弱电布线，抗静电地板接地、改造，机房隔断建设，原布线线缆整理）。

1 号楼与 2、3、4 号楼主机房光纤连接敷设。

第二步：明确工程目标。

工程目标如下：

①支持高速率数据传输，能传输数字、多媒体、视频、音频信息；

②每个工作区有 2 个或 2 个以上的信息插座；

③每个数据信息插座有 4 对 UTP 电缆；

④所有接插件都采用模块化的标准间，以便兼顾不同厂家设备；

⑤布线系统要有易于安装、维护的明显识别标志；

⑥工作区布点要符合实际需要；

⑦能通过中国网通和中国教育网联入 Internet。

第三步：工程线缆选择。

1）选用光纤

根据实际测量，1、2 号楼之间的连接距离为 60 m，2、3 号楼之间的连接距离为 30 m，3、4 号楼之间的连接距离为 50 m，1、4 号楼之间的连接距离为 120 m。可以看出，整个校园建筑物分布相对集中，相互之间的最大距离仅为 120 m。这种情况为本方案的介质选用提供了较为广泛的选择空间。同时根据用户需求，本工程主要用于校园网的实现以及满足学院日常办公、对外交流、教学过程和教务管理需要；支持 100 Mbit/s 速率的数据传输；能够接入互联网；网络具有较强的稳定性和安全性；网络能够具有可扩充和升级功能。考虑到具体应用，整个校园网以 2 号楼作为数据交换中心。

在日常应用中，有可能涉及普通小文档的传输、流媒体数据传输以及相关的互联网应用。其中流媒体信息传输的数据量较大，且以信息中心作为整个信息传输的汇聚点。在介质以及设备选用方面，应为信息中心楼选择传输能力较强的介质和设备，以免在将来的网络运行中造成网络瓶颈问题。根据以上两方面的考虑，决定在校园内的各建筑物之间选用光纤作为主干网的连接介质。由于 1、2、3 号楼的间距相对较近，而 1、4 号楼相距较远，因此从传输距离角度上考虑，1、2、3 号楼之间的布线选用多模光纤，而 1、4 号楼之间则选择单模光纤，它的传输距离较远。

学院信息中心楼为本次工程的建设重点，它共有 5 层，经测量各楼层高为 4 m，最大数据传输垂直距离为 20 m，包括图书馆、阅览室、网络实训中心、动漫制作中心、网管中心以及 12 个常用机房，此外每层楼配有一个设备间。根据用户需求，本楼内的网络主要用于各楼层和各部门之间的信息传送、交流与沟通；能够接入互联网；网络具有较强的稳定性和安全性。具体地讲，各层楼的管理间作为本层信息传送的中心，数据流量较大；而网管中心将全楼的信息进行汇合，负责整个楼的网络调试、运行及维护，数据流量更为可观。针对以上这些情况，为使全楼的网络得到良好的运行，决定采用多模光纤连接整个信息中心楼楼层之间的垂直子系统，并接入互联网。

信息中心楼的每层都配有设备间 1 间、办公室 1 间和不同用途的实训室、机房，各层楼房间分布情况类似。现以 3 楼为例进行介质选择方案的分析。这层可以看作一个水平子系统，设备间、办公室和机房之间的最大水平距离不超过 60 m。从用户需求上看，主要用于日常教学、楼层内部网络的日常管理、运行与维护；网络具有较强的稳定性和安全性；网络能够具有可扩充和升级功能。其余各层的布线环境大致相同。针对以上情况可以看出，每层楼的设备间、办公室和机房之间的数据传输量适中，但对网速要求较高，适于选择多模光纤进行布线。

2）选用双绞线

信息中心楼每层楼的机房，一般配有 50 台左右的计算机，整个机房的最大距离不超过

20 m。从用户需求上看，机房主要用于日常教学、课程设计以及综合实训；能够具有较高的网速，支持网络广播教学；网络具有较强的稳定性和安全性。针对以上情况可以看出，机房主要作为教学设施来使用，对于用户的需求不是很高，数据传输量也相对较小，而且布线的范围小，这种环境适于选择非屏蔽双绞线进行布线。

通过以上的分析，可以证明本任务中的介质选择方案是可行的。

第四步：施工前的准备。

1）成立施工管理队伍

信息中心楼是整个校园网连接的中心，通过它能够使整个校区互联形成统一的校园网。因此，安排好施工项目管理队伍，建立和谐的内外部施工环境是至关重要的。

①乙方项目管理负责人 1 人。

②乙方项目施工人 8 人。

③甲方基建处联络人 1 人，负责建筑物说明。

④甲方资产处负责人 1 人，负责施工安排与联络。

2）熟悉施工图纸

根据信息中心楼工程设计方案，网管中心建立在信息中心楼 5 层 501 房间，以此房间为中心进行布线，网络采用星型结构，使用锐捷 RG-S6506 作为骨干交换机。其中，501 房间为网管中心；201 房间、301 房间、401 房间为设备间，101 房间为管理间。层间使用光纤连接作为主干线，层内光纤接到桌面，其余局域网使用超 5 类非屏蔽双绞线布线。

3）检查施工现场

信息中心楼是新建楼宇，符合 GB/T 50312—2000《建筑与建筑群综合布线系统设计规范》；设备间、配线间安排合理，每间面积为 1 m，预留地槽、暗管、孔洞的位置、数量、尺寸符合设计要求；所有设计要求的预留暗管系统都已安装完毕，特别是接线盒已安装到管路系统中。以上检查合格说明施工现场已具备施工条件，可以进行施工。

4）施工工具准备

根据信息中心楼网络布线工程建设需要，需要准备不同类型和不同品种的施工工具，主要包括：

①线槽、线管和桥架施工工具（电钻、钢锯、切割机、电工工具箱等）；

②线缆敷设与端接工具（线缆牵引工具、线缆标识工具、剥线钳，光纤端接工具等）；

③线缆测试工具（压线钳、打线工具、线缆线序测试仪、线缆认证测试仪等）。

第五步：使用专业的测试仪器进行双绞线网络测试。

由于双绞线专业测试工具很多，下面以 Fluke 公司的测试仪为例，实施双绞线网络测试。

Fluke 公司的 DSP-100 与 DSP-4000 系列测试仪可以用来对安装的局域网双绞电缆线和同轴电缆进行认证、测试以及故障诊断。该测试仪使用了新的测试技术，它将脉冲测试信号和数字信号处理结合起来，提供了快速、精确的测试结果以及高级的测试能力。这里重点介绍 DSP- 4300 及其系统测试的方法。

（1）DSP-4300 测试仪的随机配置如下。

① DSP-4300 主机和智能远端。

② Cable Manger 软件。

③ 16 MB 内部存储器。

④ 16 MB 多媒体卡、PC 卡读取器。

⑤ Cat6/5e 永久链路适配器。

⑥ Cat6/5e 通道适配器。

⑦ Cat6/5e 通道、流量监视适配器。

⑧ 语音对讲耳机。

⑨ AC 适配器、电池充电器、便携软包。

⑩ 用户手册和快速参考卡。

⑪ 仪器背带。

⑫ 同轴电缆（BNC 接头）。

⑬ 校准模块。

⑭ RS-232 串行电缆。

⑮ RJ45 到 BNC 的转换电缆。

（2）根据光纤的测试要求，DSP-4300 测试仪还可以使用以下常用选配件。

① DSP-FTA440S 多模光缆测试选件，其中包括使用波长为 850 nm 和 1 300 nm 的 VCSEL 光源、光缆测试适配器、用户手册、SC/ST50 μm 多模测试光缆 ST/ST 单模测试光缆和 ST/ST 适配器。

② DSP-FTA430S 单模光缆测试选件，其中包括使用波长为 1 310 nm 和 1 550 nm 的激光光源、光缆测试适配器、用户手册、SC/ST 单模测试光缆、ST/ST 单模测试光缆和 ST/ST 适配器。

③ DSP-FTA420S 多模光缆测试选件，其中包括使用波长为 850 nm 和 1 300 nm 的 LED 光源、光缆测试适配器、用户手册、SC/ST 62.5 μm 多模测试光缆、ST/ST62.5 μm 多模测试光缆和 ST/ST 适配器。

④ DSP-FTK 光缆测试包，其中包括一个光功率计 DSP-FOM、一个 850/1 300 nm LED 光源 FOS- 850/1 300、两条多模 ST-ST 测试光纤、一个多模 ST-ST 适配器、说明书和包装盒。

（3）DSP-4300 电缆测试仪的简要操作方法在综合布线测试过程中主要使用的是 DSP-4300 测试仪的主机部分和智能远端部分，它们分接在被测试链路的两端。图 8-18 所示为典型的基本连接的测试图。

整个测试工作主要由主机部分进行控制，它负责配置测试参数，发出各种测试信号，智能远端部分接收测试信号并反馈回主机部分，主机根据反馈信号识别被测链路的各种电气参数。主机部分有一个简易的操作面板，由一系列功能键及液晶显示屏组成；另外还有一系列接口用于各种通信连接。DSP-4300 测试仪主机部分的正面示意图如图 8-19 所示。

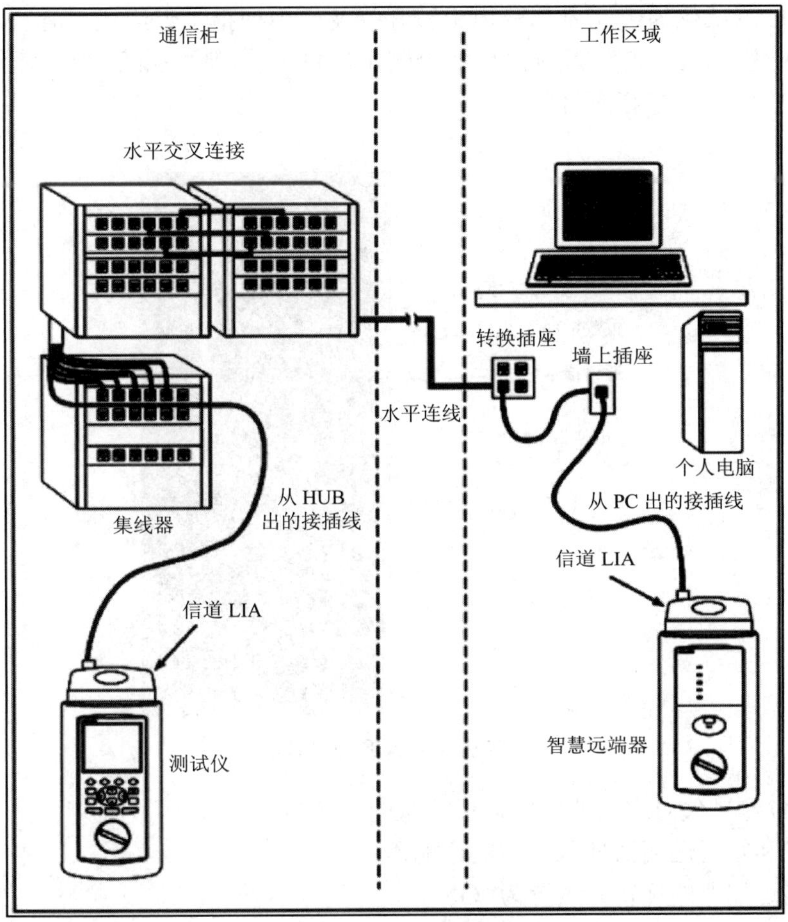

图 8-18　典型基本连接测试图

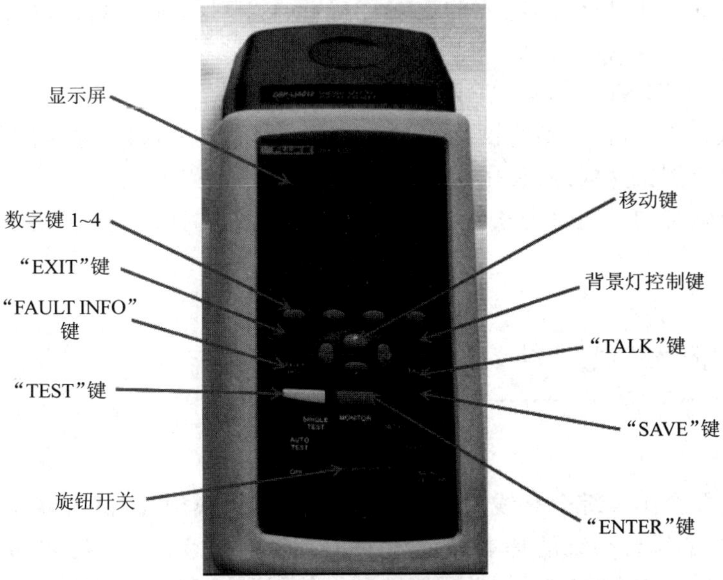

图 8-19　DSP-4300 测试仪主机部分的正面及侧面示意图

DSP -4300 测试仪的远端器部分由旋转开关及一系列指示灯组成，如图 8-20 所示。如果测试项目通过，则“PASS”指示灯亮；如果测试项目失败，则“FAIL”指示灯亮。如果在测试过程中，则“TESTING”指示灯闪烁。

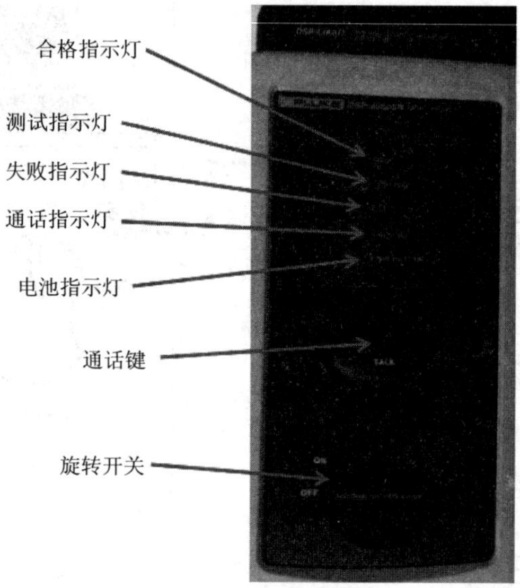

图 8-20　智能远端器

DSP -4300 测试仪对双绞线电缆通道测试的步骤如下。

①为主机和智能远端器插入相应的适配器。

②将智能远端器的旋转开关置为“ON”。

③把智能远端器连接到电缆连接的远端。对于通道测试，用网络设备接插线连接。

④将主机上的旋转开关转至“AUTOTEST”档位。

⑤将测试仪的主机与被测电缆的近端连接起来。对于通道测试，用网络设备接插线连接。

⑥按主机上的“TEST”键，启动测试。

⑦自动测试完成后，使用数字键给测试点编号，然后按“SAVE”键保存测试结果。

⑧所有信息点测试完成后，使用串行电缆将测试仪和 PC 相连。

⑨使用随机附带的电缆管理软件导入测试数据，生成并打印测试报告。

任务总结

本次任务主要介绍了综合布线系统的测试标准、测试模型、测试内容以及测试仪器的使用方法，并对所学的综合布线的基本概念、设计方式、通信介质选择，综合布线验收测试知识进行综合应用。学完本章内容后使学员能够独立使用测试工具对综合布线进行验收测试。

英语角

Institute	机构	Association	协会
Industry	行业	Telecommunications	电信
Unshielded	无屏蔽的	Quantum	量子
Attenuation	衰减		

任务习题

一、填空题

1. 将一对或多对双绞线放入 _____ 中，就成了双绞线。

2. 光纤通信是现代信息传输的重要方式之一。它具有 ____、____、____、____ 和 ____ 等优点。

3. 同轴电缆可分为两种基本类型：______ 和 ______。

4. 根据 GB50311 标准，综合布线系统划分为 7 个子系统：工作区子系统、____、____、____、____，____ 和建筑群子系统。

5. 认证测试是根据国际上某个电缆标准来进行测试。它包括验证测试的全部内容及标准测试电缆的指标如 ____、____ 等。

二、简答题

1. 验证测试与认证测试的区别是什么。

2. 基本链路模型为什么被永久链路模型替代？